上海国际金融中心
结构设计

张 坚 刘桂然 编著

同济大学出版社
TONGJI UNIVERSITY PRESS

内 容 提 要

上海国际金融中心由3栋超高层塔楼和1座巨型廊桥组成。由于建筑造型及其设计功能的需求，在结构设计中遇到了较多技术难题，如塔楼采用钢管混凝土框架-双核心筒-巨型支撑创新性结构体系，在超高层中应用了全国面积最大的索网幕墙、巨型廊桥与三栋塔楼相连、深基坑引起的土体回弹、大跨度预应力混凝土屋盖、地下室顺逆结合作法等。本书系统介绍了上海国际金融中心结构设计中的关键问题和相应的解决方法。主要内容包括工程概况、结构方案设计、荷载与作用、基础设计、基坑围护结构设计、塔楼抗震设计研究、廊桥抗震设计研究、连体抗震设计研究、强约束边缘构件钢板剪力墙研究、金融剧场大跨预应力结构研究、廊桥人致振动研究、廊桥抗连续倒塌研究及索网幕墙设计研究等。

本书作为复杂超限高层和大跨项目的结构设计和研究总结，对未来同类型工程具有重要的参考价值及借鉴意义，可供土木工程结构设计人员、科研人员及高等院校师生学习参考。

图书在版编目(CIP)数据

上海国际金融中心结构设计 / 张坚，刘桂然编著
.--上海：同济大学出版社，2021.3
ISBN 978-7-5608-9711-0

Ⅰ. ①上… Ⅱ. ①张… ②刘… Ⅲ. ①国际金融中心
—金融建筑—结构设计—上海 Ⅳ. ①TU247.1

中国版本图书馆CIP数据核字(2021)第009303号

上海国际金融中心结构设计
张 坚 刘桂然 **编著**
责任编辑 马继兰 **责任校对** 徐逢乔 **封面设计** 陈益平

出版发行 同济大学出版社 www.tongjipress.com.cn
(地址:上海市四平路1239号 邮编:200092 电话:021-65985622)
经 销 全国各地新华书店
排 版 南京月叶图文制作有限公司
印 刷 上海安枫印务有限公司
开 本 787mm×1092mm 1/16
印 张 13.25
字 数 331 000
版 次 2021年3月第1版 2021年3月第1次印刷
书 号 ISBN 978-7-5608-9711-0

定 价 78.00元

序

在上海陆家嘴金融贸易区的核心地区、杨高路与世纪大道交汇处附近，矗立着一组庞大的建筑群，它由3栋呈品字形分布的高层办公楼组成，其间以长达160 m的廊桥相连，这就是上海金融交易广场(上海国际金融中心项目)。它是上海作为国际金融中心走向世界的桥头堡，其巨大的建筑体量、明快的立面造型和通透的建筑效果，给人以清新和谐的印象。

由于建筑追求高大宽敞的中庭和通透的效果，采用了相距达26 m平行布置的双核心筒，而且部分楼层楼板没有布设，只有少数楼层满铺楼板，这种建筑布局严重削弱了结构整体刚度。建筑立面大面积采用索网幕墙，其索力对相对纤弱的外框架也产生了可观的内力和变形，必须妥善处理。在总面积达50余万平方米的建筑中，地下室建筑面积占比较大，其包含地下剧场等大空间公共活动建筑，给深层地下室的设计与施工带来诸多需要特殊处理的问题。

综上所述，该工程项目因其巨大的建筑体量、复杂多样的功能、特殊的建筑风格以及对建筑空间的特殊要求，对结构设计提出了很高的要求，需要在专业结构研究的基础上妥善应对。

本书作者在工程设计过程中，从保证建筑功能和完美实现建筑艺术特点出发，进行了多方面的结构分析和研究，提出了钢框架-双核心筒-巨型支撑结构体系，并对其进行了基于结构性能的多方案比选，从而给出了合理可行的实施方案。并对其他如大跨连廊结构及其与相邻主楼的连接、大面积索网幕墙与主体结构之间的相互影响、大面积深层开挖产生的回弹影响等较复杂的结构设计与施工都进行了深入细致的研究，并取得了良好的成果，保证了整个工程的结构安全合理，其建筑效果得到充分展现，并形成了一个富有特色的创新结构体系。

本书作为复杂超限高层和大跨项目的结构设计和研究总结，对同类型建筑工程具有重要的参考价值。

汪大绥

2021年3月

前　言

上海国际金融中心项目(上海金融交易广场)位于上海市浦东新区竹园商贸区地块内,张家浜河以北、杨高南路与世纪大道交会处西南角,占地面积约5.5万 m^2,总建筑面积约51万 m^2。包括上海证券交易所塔楼、中国证券登记结算有限公司塔楼、中国金融期货交易所塔楼三栋超高层塔楼和廊桥以及5层整体地下室。其中,上海证券交易所塔楼地上32层,屋顶标高210 m;中国证券登记结算有限公司塔楼地上22层,屋顶标高147 m;中国金融期货交易所地上30层,屋顶标高190 m。

本项目由美国Murphy/Jahn建筑设计事务所完成建筑方案和建筑初步设计工作;上海建筑设计研究院有限公司设计团队合作完成了本项目结构方案设计、结构初步设计和结构施工图设计,建筑和机电专业合作完成了初步设计并完成了建筑施工图设计工作。建设施工过程中,总承包单位上海建工四建集团有限公司、钢结构加工安装单位上海市机械施工集团有限公司和中建钢构上海分公司、幕墙施工单位江河创建集团股份有限公司和沈阳远大铝业工程有限公司等参建单位精诚合作,高水平地完成了本项目的施工,圆满地实现了设计意图。

由于建筑造型和功能的需要,塔楼结构平面中,较多楼层双核心筒之间的中庭楼板缺失,仅有少量楼层存在完整平面将两个核心筒连接。为将两个核心筒所在的结构单元形成整体作用,在两个核心筒之间设置了3道巨型支撑,从而形成了钢框架-双核心筒-巨型支撑这种创新型结构体系。为实现通透的大空间效果,超高层塔楼采用了尺寸为26 m×117 m的超大索网幕墙,这也是目前为止全国超高层建筑中面积最大的索网幕墙。由于索网幕墙中拉索巨大的预应力,给主体结构的设计造成了较多困难,为此进行了特别的结构研究和设计。

项目中的超长廊桥共有3层,距地面40 m高度,跨度约160 m,廊桥的3层桥面分别与3栋塔楼的7层、8层和9层连接并形成一个整体。通过分析廊桥与塔楼采用滑动、固定和阻尼连接等不同连接方式的区别,最终设计利用廊桥下方两栋楼电梯间筒体作为廊桥的自身支撑结构,在连接3栋塔楼处利用复摆式滑动支座形成与主体塔楼的弱连接,实现了既可把廊桥的竖向荷载传递到塔楼,又避免廊桥与塔楼形成复杂联动效应,保证了廊桥与塔楼的结构安全性。

工程基坑开挖深度为27～28 m,在大体量和大面积的土方开挖情况下,土体卸载引起的抗拔桩承载力损失及对桩身结构的影响也是本项目中的重要特点。在本项目设计时，桩基考虑了基坑开挖土体回弹的影响，尤其是地下室的抗拔桩。地下室施工中采用了顺逆结合作法，对地下室和基坑支护设计都提出了较高要求。此外，本项目中其他关键结构设计问题也一并在本书中详细陈述。

本书共四篇，分 13 章。第一篇为工程基本概况，主要介绍了工程背景情况、建筑结构设计方案和设计荷载的取值研究。第二篇为基础及基坑围护设计研究，主要包括基础设计和基坑围护结构设计。第三篇为主体结构设计研究，主要包括塔楼抗震设计研究、廊桥抗震设计研究和连体抗震设计研究。第四篇为其他关键结构专题设计与研究，主要包括强约束边缘构件钢板剪力墙研究、金融剧场大跨预应力结构研究、廊桥人致振动研究、廊桥抗连续倒塌研究和索网幕墙设计研究。

本书编写工作历时一年多的时间，全书由张坚和刘桂然负责组稿定稿，各章分工如下：第 1，2，3 章张坚、刘桂然、丁颖；第 4 章张坚、刘桂然；第 5 章翁其平、徐中华、陈永才、刘桂然；第 6，7，8 章张坚、刘桂然、崔家春、程熙；第 9 章林峰、张坚、刘桂然；第 10，11，12，13 章张坚、刘桂然。

“上海国际金融中心”结构设计的相关研究工作得到了上海市科学技术委员会、上海竹园工程管理有限公司、华东建筑集团股份有限公司和同济大学的大力支持。在“上海国际金融中心”结构设计过程中，得到了上海建筑设计研究院有限公司各位领导和许多专家与同行的关心、指导和帮助，在此谨表示衷心的感谢！同时还要感谢参与本书整理的唐冬玥博士，以及参与过本工程结构设计的虞炜、汤卫华、吴亚舸、贺雅敏、屠静怡、陈世泽和苏朝阳等工程师。最后，由衷感谢上海建筑设计研究院有限公司“上海国际金融中心”设计团队的各位同仁在结构设计与施工过程中给予的支持和配合。特别感谢中国工程院院士、全国工程勘察设计大师江欢成先生，以及全国工程勘察设计大师、华东建筑设计研究总院资深总工程师汪大绥先生，在本项目设计和施工过程中的关心和指导。

感谢上海竹园工程管理有限公司对“上海国际金融中心”结构设计的大力支持以及为本书出版提供的成果资料。本书介绍的内容引用了上海岩土工程勘察设计研究院有限公司、华东建筑集团股份有限公司、同济大学等单位在结构设计前期所做的杰出工作，在此一并表示感谢。同时，本书的编写过程中也参考了很多国内外同行的相关资料、图片及论著，并尽其所能在参考文献中予以列出，如有疏漏之处，敬请谅解。

张　坚　刘桂然

2021 年 3 月于上海

目　　录

第三篇　主体结构设计研究

第一篇

工程基本概况

第 1 章　工 程 概 况

1.1　工程背景

上海证券交易所、中国金融期货交易所、中国证券登记结算有限责任公司是上海金融系统的重要组成部分，承担着提高上海金融市场地位，提升上海在亚太地区乃至全世界金融影响力的历史使命与重任。在此背景下，建设国内乃至国际高端的金融类办公建筑是实现规划目标、提升影响力的重要前提。打造具有时代性与标志性的国际一流金融中心成为上海金融系统发展必不可少的环节之一。根据中国证监会、上海市政府的相关要求，依据浦东新区核心地区整体构思和功能定位，在金融、贸易功能为主导的区域内建设金融中心，结合竹园金融商贸区、竹园商务公园的开发建设，最终实现"陆家嘴金融贸易区东扩"的区域规划目标，三家单位在陆家嘴东区的竹园商贸区拟建上海国际金融中心项目。

上海国际金融中心的建设将有效地满足上海证券交易所(以下简称"上交所", SSE)、中国金融期货交易所(以下简称"中金所", CFFEX)、中国证券登记结算有限责任公司(以下简称"中结算", CSDCC)3 家单位的办公需要，将为公司主营业务快速增长、办公人员不断扩充、金融衍生品业务启动并高效发展提供必要保障。同时，金融发展基地的建设也为"金融业务高端化，金融布局产业化，金融发展快速化，产业发展集约化"提供了全面的保证。2018 年 7 月 2 日，上海市地名办批复项目正式名称为"上海金融交易广场"。启用后的上海金融交易广场将成为资本市场的集聚地、服务实体经济的大本营、上海国际金融中心走向世界的桥头堡。

1.2　建筑设计概况

项目位于上海市浦东新区竹园商贸区地块内，张家浜河以北、杨高南路与世纪大道交会处西南角(图 1-1)。

本项目地下 5 层，地上 22～32 层，占地面积 55 287.2 m^2，总建筑面积519 160 m^2，其中地上建筑面积 269 612 m^2，地下建筑面积 249 548 m^2。本项目包括 3 栋超高层办公楼，分属 3 家业主单位：上交所项目建筑高度 200 m，总建筑面积 230 253 m^2，其中地上建筑面积 125 261 m^2，地下建筑面积 104 992 m^2；中金所项目建筑高度 180 m，总建筑面积 184 839 m^2，其中地上建筑面积 93 827 m^2，地下建筑面积 91 012 m^2；中结算项目建筑高度 138.22 m，总建筑面积 104 068 m^2，其中地上建筑面积 50 524 m^2，地下建筑面积53 544 m^2。3 栋办公楼 7 层、8 层以及 9 层的连廊区域中分别包含 16 142 m^2，7 446 m^2，6 512 m^2 的公益性建筑面积，主要是对外开放的投资者教育中心、培训中心、博览中心和展示中心等区域。

图 1-1 基地原始场地

塔楼采用独特的建筑布局概念，分体式核心筒将建筑平面划分为两部分，在立面与核心筒之间可以自由跨度设置结构柱。这样，首层大堂大可贯穿整个楼层，开敞通透，又在 3 栋塔楼之间形成呼应。站在中央广场上，便可透过建筑一直望到外围的景观，甚至远眺南边的黄浦江。

大堂上方，3 栋塔楼在不同位置设置了类似的通高贯穿式大厅，延续了建筑的开放性并相互呼应。为了加强平面上两个部分的联系，在不同楼层架设了横跨大厅的连廊及空中花园。如首层大堂一样，这些贯穿式大厅将自然光充分引入建筑内部。中央广场下方是两层地下广场层，处于中心位置的是国际会议中心，是除廊桥部分外的另一个公共开放区。该区域由下沉式雕塑公园进入，公园围绕会议中心形成宽敞且幽静的露天空间。国际会议中心的圆形屋顶是一个巨大的倒影池，水从池中溢出顺着国际会议中心的外墙流下，成为一道别致的景观。

地面以上的 3 栋塔楼均属于一类高层建筑，塔楼及地下室耐火等级均为一级。地下车库为Ⅰ类车库，总共设有 2 198 个车位，其中 170 个为绿色环保车位。不设置人防设施。

在每座塔楼的地面首层入口大堂设有可到达地下广场的公共扶梯和楼梯。地下一层的其他功能包括连通的大型公共拱廊、UPS 和数据存储中心、商业零售、健身中心、餐饮、商业以及物业管理中心。西南侧为拥有 3 个装卸平台的大型装卸区，服务于上交所及中金所；西北侧另设 4 个装卸平台，服务于中结算，并与该层其他功能分开。

地下二层广场的功能包括大型餐厅、公共餐饮区、技术区、保安处以及金融会议中心休息厅区域和空间。同时，在这一层还为每栋塔楼分别设置了大型车辆下客区，由每栋塔楼底部的独立车行坡道驶入。

地下三层及地下五层大部分设为停车区域，其余部分设置能源中心和相关的设备机房。非机动车停车库在地下一夹层内集中设置。

3 栋塔楼的大堂最高处达 40 m，采用双核心筒，在 7 层、8 层廊桥将 3 栋塔楼连接为一体，7 层、8 层的层高为 10.0 m，设有投资者教育中心、博览中心和展示中心等。

上交所塔楼内3～6层层高5.75 m,设有数据机房。9层层高10.0 m,设有员工餐厅、厨房。在10层设有员工活动中心,包括健身房、台球、乒乓球等场地,在接近连廊的挑空处层高10.0 m,设有羽毛球场地。在11层、19层设置设备兼避难层,12～27层为标准层,层高5.0 m,设为员工办公层。28～30层层高5.5 m,设有行政办公层。31层为会议接待层,两个核心筒之间的中庭高度22.0 m,设玻璃顶。

中金所项目设有银行专区、结算会员区、物业服务和行政办公区、数据机房,其中数据机房为A类机房,根据业务需要,按每个工位6～10个端口配置(包括分机或直线语音端口、IP PHONE端口、千兆外网铜缆端口、内网千兆铜缆端口和内网光纤端口)。

中结算项目设有营业厅(配置营业柜台、客户等待区、前台服务区、自助业务查询区、后台员工办公位)、文印间、资料室、文件柜、茶歇区、票据交换区、投资者教育中心、教育培训演播厅、投资者教育展演厅(阶梯式)、自助服务区、证券存管展示厅、对外接待室、多功能厅、管理人员办公室、服务室、控制室和休息准备室等设施。行政办公室有隔音要求,会议室要求满足视频的需要并具有隔音功能,因此需要配置设备间,会议室门外还应设置显示使用状态的电子显示屏。

国际会议中心设计容纳800名观众,计划用来举办国际金融会议、金融行业高峰论坛、上市仪式、新闻发布、综艺歌舞、音乐会、音乐剧、戏剧、戏曲、公司年会,功能丰富多样;采用可变混响装置,在声学上满足不同混响时间的要求,可以同时满足国际会议和各种类型的演出的要求,是一个多功能场所。

1.3 结构设计概况

3栋塔楼上部建筑均采用钢管混凝土框架-双核心筒-巨型支撑结构,楼盖采用钢梁、钢筋桁架楼承板混凝土组合楼盖,出屋面处均有高25 m的玻璃幕墙构件(图1-2)。塔楼结构平面中,较多楼层双核心筒之间的中庭楼板缺失,仅有少量楼层存在完整平面将两个核心筒连接(图1-3)。为将两个核心筒所在的独立结构单元连成整体,在两个核心筒之间设置了3道巨型支撑,从而形成框架-双核心筒-巨型支撑的结构体系(图1-4)。其中,混凝土核心筒墙体厚度为400～550 mm,混凝土强度等级为C40～C60;框架柱直径为800～1 200 mm,钢牌号为Q390GJ-C;主要框架梁截面为H800×350×16×30,钢材牌号为Q390B;巨型支撑截面为矩形560×1 060×80×80,钢牌号为Q390GJ-C。

廊桥共有3层,距地面高度40 m,跨度约160 m,廊桥的3层桥面分别与3栋塔楼的7～9层连接。廊桥与塔楼通过复摆式滑动支座相连,既可以把廊桥的竖向荷载传递到塔楼,又避免廊桥的侧向力传递到塔楼,造成塔楼与廊桥的联动效应。廊桥有两个支撑筒体位于地下室金融剧场两侧。

本工程地下室共5层,局部区域为6层,地下室埋深约30 m,平面尺寸约168 m×312 m,为超长结构。地下各结构层均为梁板结构,因层高的限制,框架梁采用宽扁梁(800～1 000)mm×600 mm结构方案。

图 1-2　建筑三维效果图

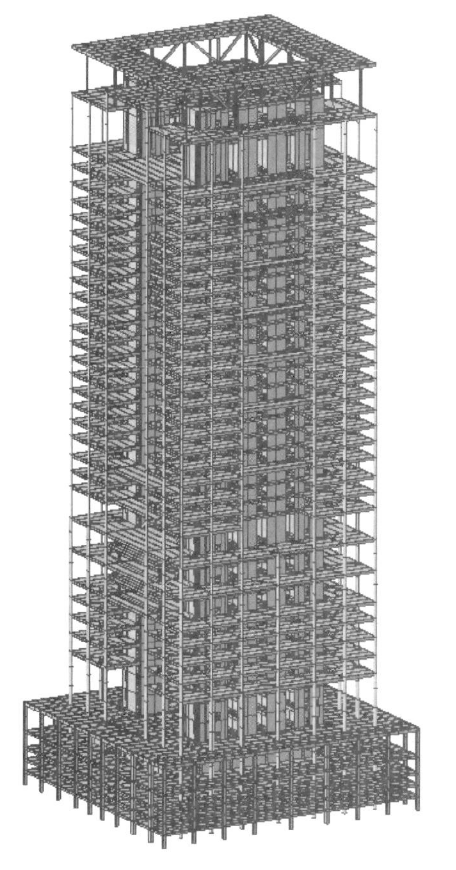

图 1-3　塔楼三维模型

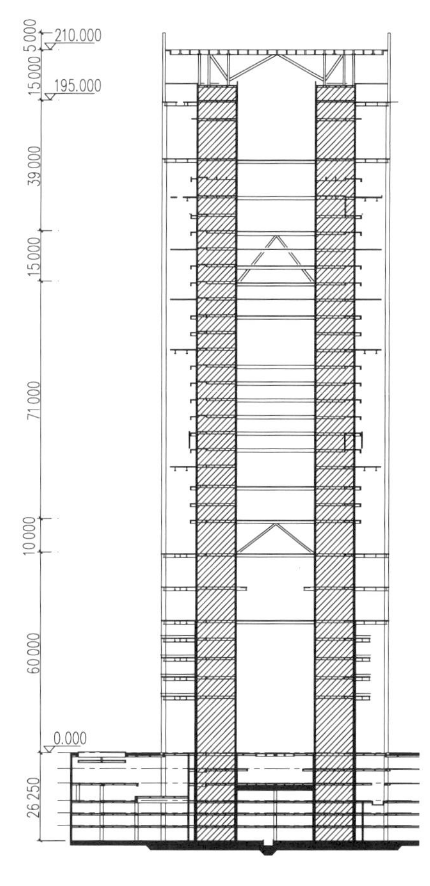

图 1-4　塔楼结构立面图

第 2 章　结构方案设计

2.1　塔楼结构体系选择

塔楼建筑平面外轮廓接近方形，但在平面布置中设置了两个对称的核心筒，核心筒之间的距离约 26 m。因较多楼层为了实现大中庭效果，核心筒之间水平构件缺失，形成了类似双塔平面的结构(图 2-1)。

图 2-1　塔楼典型楼层平面图

按照该建筑平面布置，初步选定了钢框架-混凝土核心筒结构体系。但经过方案计算，由于中庭连接的大量缺失，两个核心筒间的联系过少，整体结构的抗侧刚度严重不足。在此前提下，迫切需要在满足建筑效果和功能要求的前提下，增设简洁高效的抗侧力构件。结构设计从两根独立的悬臂柱通过之间增加缀板或缀条后，形成更高抗侧刚度的格构柱概念出发，考虑在两个核心筒间增加巨型支撑。巨型支撑桁架可以对两个核心筒形成有效的水平抗弯约束，使结构由双核心筒的独立剪切型变形变为双核心筒强连接的弯曲型变形，从而大大提高整体结构的抗侧刚度。在此概念下，最终对塔楼形成了双核心筒-巨型支撑这一新型混合结构体系。

该体系类型在国际上较为罕见。整个结构的两个核心筒利用立面上3层巨型支撑连接为一体，每层支撑在平面中设置两道，分别连接在两个核心筒的外侧墙体。在该结构体系中，巨型支撑起到了至关重要的作用，巨型支撑设置的位置和截面大小直接影响结构的整体性能。为定量确定支撑对塔楼结构的作用，对支撑做了参数化分析研究。通过分析支撑对结构基本周期的影响(图2-2)以及支撑对层间位移角的影响(图2-3)，最终在结构设计时采用了效率最高的支撑截面。

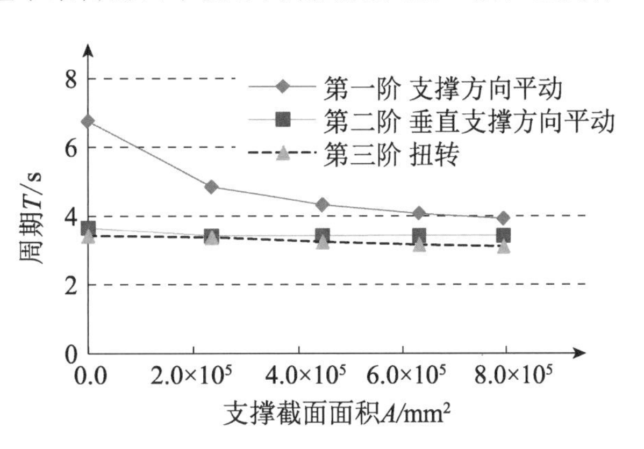

图2-2　支撑对结构基本周期的影响

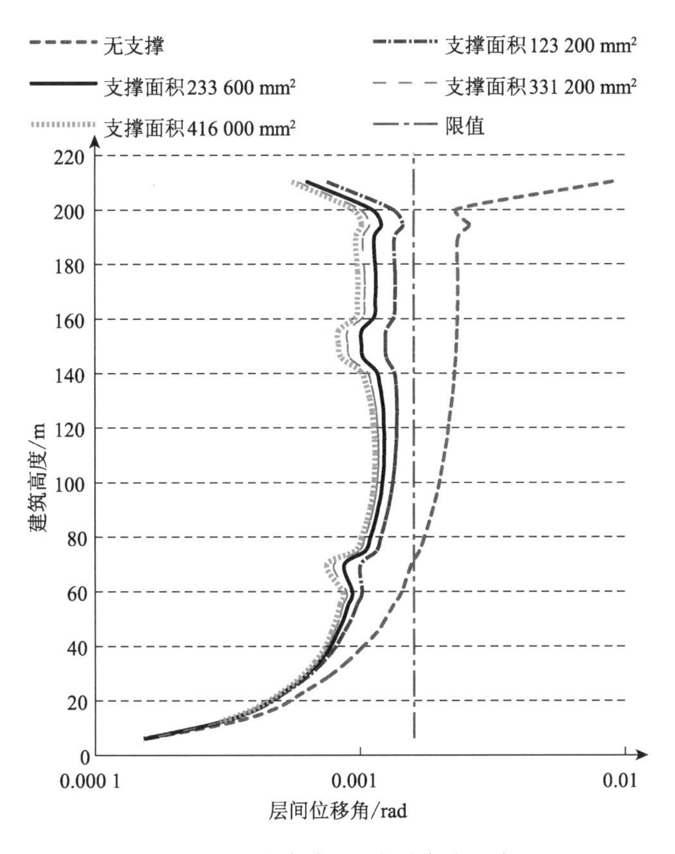

图2-3　支撑对层间位移角的影响

另外,为确保支撑的承载力和延性,对巨型支撑构件进行了单独的有限元分析。分析结果显示,构件的屈曲承载力约为 70 000 kN,大于多遇地震作用下的构件设计内力(33 000 kN),且该构件可以满足中震弹性的要求。同时由分析结果也发现,构件最终破坏时是端部节点板先屈服,而后才是整个构件发生屈曲,属于延性破坏形式。

2.2 巨型廊桥结构体系选择

由于建筑功能的需要,超长廊桥将 3 栋塔楼连系为一个整体(图 2-4)。在结构设计时需要考虑这种连系在保持廊桥跟主楼相连的同时,又要防止在侧向荷载作用下廊桥与主楼撞击。

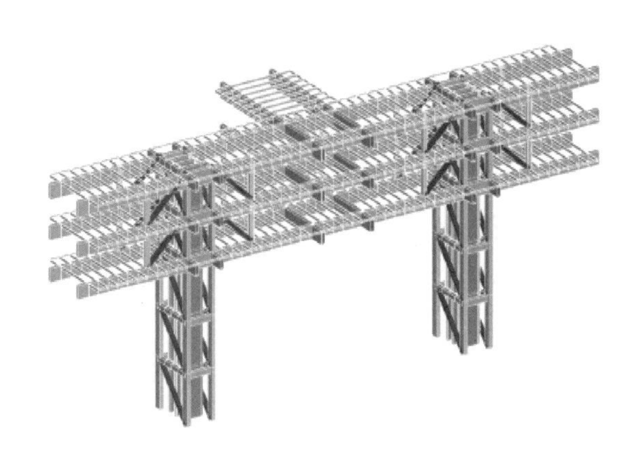

图 2-4 廊桥结构三维模型

结构方案选择时,分析了廊桥与塔楼采用滑动、固定和阻尼连接等不同连接方式的区别,考察了不同连接方式下弹性和弹塑性行为。最终设计利用廊桥下方 2 栋楼电梯间筒体作为廊桥的自身支撑结构,在连接 3 栋塔楼处利用复摆式滑动支座形成与主体塔楼的弱连接(图 2-5),即廊桥的竖向荷载分别由廊桥 2 个筒体及 3 栋塔楼搁置端承担,水平荷载由廊桥的核心筒承担。通过该设计,避免了廊桥的侧向力传递到塔楼,保证了廊桥与塔楼的结构安全性,同时又实现了廊桥与塔楼的建筑连通。连体部分的具体研究详见本书第 8 章。

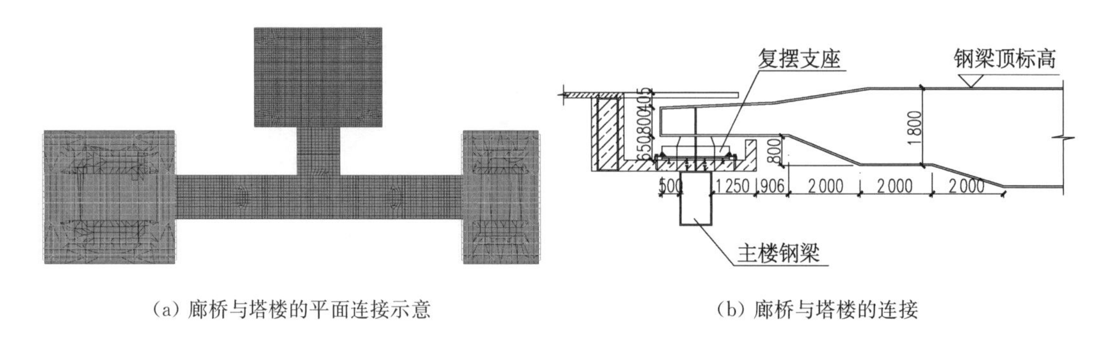

(a) 廊桥与塔楼的平面连接示意　　(b) 廊桥与塔楼的连接

图 2-5 廊桥与塔楼的连接方式及复摆支座示意

2.3 基础设计

基础采用桩+筏板形式。上交所、中金所塔楼核心筒以及廊桥筒体下采用直径

1 000 mm、有效桩长约 48 m 的钻孔灌注桩，单桩竖向承载力特征值为 10 000 kN；上交所、中金所塔楼外围框架柱下及中金所塔楼范围采用直径 850 mm、有效桩长 35 m 的钻孔灌注桩，单桩竖向承载力特征值 7 500 kN；地下室抗拔采用直径 850 mm、有效桩长 35 m 的钻孔灌注桩，单桩抗拔承载力特征值 4 000 kN。

上交所、中金所塔楼及廊桥筒体下底板厚度 2.5 m，中结算塔楼厚度 2.0 m，纯地下室其余区域 1.4 m。塔楼处钻孔灌注桩的桩端持力层为第$⑦_2$层粉砂土。桩端采用后注浆施工工艺；地下室其他部位处钻孔灌注桩，其桩端亦进入第$⑦_2$层粉砂土。经沉降计算，发生最大沉降的位置位于上交所塔楼范围内，最大沉降值为 22 mm。

2.4　地下室设计

本工程地下室共 5 层，局部区域为 6 层，地下室埋深约 30 m，平面尺寸约 168 m×312 m，为超长结构。因建筑功能和效果的需要，提出了超长结构不设置永久缝。为解决超长结构不设缝带来温度作用和混凝土收缩引起的安全问题，在地下室的楼板上采用了预应力及施工后浇带的方法。地下各结构层均为梁板结构，因层高的限制，框架梁结构方案采用宽扁梁[(800～1 000)mm×600 mm]。另外，围护墙采用地下连续墙方案，地下室部分采用逆作法，主楼采用顺作法(图 2-6)。

图 2-6　逆作区梁板和顺作区底板现场施工

第3章　荷载与作用

3.1　风荷载

按照《建筑结构荷载规范》(GB 50009—2012)，上海地区50年重现期的基本风压w_0为0.55 kN/m²，项目周边环境取C类地貌。

由于本项目体型的复杂性，为准确评估建筑所受风荷载大小，委托加拿大Rowan Williams Davies & Irwin Inc.(RWDI)对本项目进行风洞试验研究。根据建筑图纸，RWDI制作了1∶500缩尺的大楼模型，模型试验在RWDI的2.4 m×0.41 m边界层风洞中进行，模型试验中包括大楼周围580 m半径范围内所有建筑地貌，如图3-1所示。

图3-1　风洞试验照片

RWDI的边界层风洞是通过具有粗糙地板的较长工作段和上风口特殊设计的紊流尖劈来模拟自然风场的平均风速剖面和紊流度。试验模型安装在试验段的转盘上，通过转动模型来模拟不同的风向。

为了预计结构在不同回归期下的响应，风洞试验结果需要结合当地的气候统计模型。上海受夏季和冬季的季候风影响，4月至8月期间通常为夏季季候风，而11月至2月是冬季季候风，3月、9月和10月为过渡性月份。图3-2的风向玫瑰图给出了上海2001—2005年的年风记录，风向玫瑰图显示

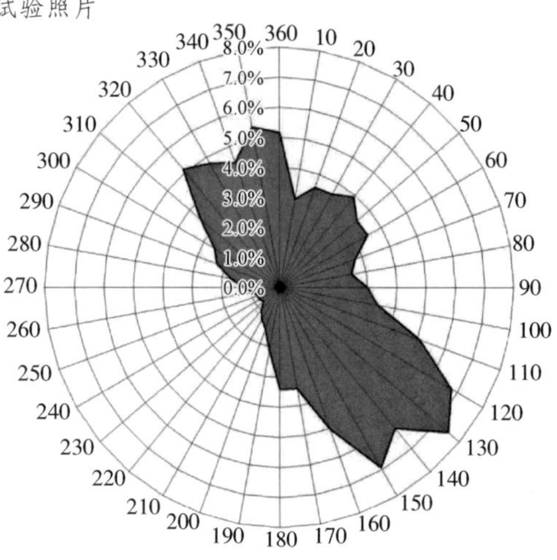

图3-2　风向玫瑰图:年风记录
(2001—2005年,上海)

主风向为西北偏北或东南风。

作用在大楼结构上的水平风荷载会产生基底倾覆力矩与扭矩，预计这些风致结构响应是为了保证所设计的大楼结构系统能安全地抵抗风荷载。在刚性风洞试验模型中，通常采用两种试验技术预计大楼的风致结构响应，分别为高频测力天平技术以及高频压力积分技术，这两种试验技术都以模态分析理论作为数学基础，从而得到结构风致响应。

将RWDI公司2011年12月19日提供的《上海国际金融中心风致结构相应研究》中风洞试验结果与规范(GB 50009—2012)计算结果进行对比，如表3-1所示，可以得到：各楼 X 方向规范计算风荷载大于风洞实验结果，Y 方向规范计算风荷载小于风洞实验结果，施工图设计按二者包络结果进行。

表3-1　风洞试验结果与规范计算结果对比

风载作用位置	风载试验内容	风载下最大底层力			
		F_x /kN	M_y /(kN·m)	F_y /kN	M_x /(kN·m)
SSE	100年重现RWDI风洞试验结果	22 852	2 659 017	30 652	3 753 877
	规范GB 50009:2012(100年重现)	23 960	3 067 195	24 194	3 099 432
	Divergence 差异	5%	15%	−21%	−17%
CFFEX	100年重现RWDI风洞试验结果	12 782	1 399 002	23 947	2 791 986
	规范GB 50009:2012(100年重现)	14 984	1 732 209	19 482	2 257 359
	Divergence 差异	17%	24%	−19%	−19%
CSDCC	100年重现RWDI风洞试验结果	17 480	1 547 005	15 847	1 598 018
	规范GB 50009:2012(100年重现)	17 305	1 625 199	10 062	946 177
	Divergence 差异	−1%	5%	−37%	−41%

3.2　地震作用

上海岩土工程勘察设计研究院有限公司提供了《上海国际金融中心工程场地地震安全性评价报告》(工程编号:2011-P-023)，本项目工程场地地震安全性评价工作应包括5个部分:区域和近场区地震活动性评价；区域和近场区地震构造评价；地震危险性概率分析计算；场地土层地震反应和设计地震动参数的确定；地震地质灾害评价。

其中确定潜在震源时，除考虑近场震源外，由于本项目为自振周期较长的超高层建筑，因此考虑远场大地震震源的影响。在区域以外，历史上发生的远场大地震中对本区域影响最大的为1668年7月25日郯城发生的8.5级地震。极震区北至莒县,南至新沂,沿沂沭断裂带呈北北东向分布,沂沭断裂带是一条延伸长、规模大、切割深、活动时间长的复杂断裂带,它形成于元古代,至今仍在活动。分析表明,远场大震对反应谱5 s处影响较大。

由于本工程三座塔楼之间有刚度较大的连接体连接,整体跨度较大。地震发生时,从震源释放出来的能量以地震波的形式传递到地表各塔楼,其接收到的地震动存在差异。这种差异是由于地面上不同测点与震源的相对位置导致的,它被称为行波效应。因此本项目采用了考虑行波效应的地震动时程,并考虑了地震波入射的4个方向,如图3-3所示。

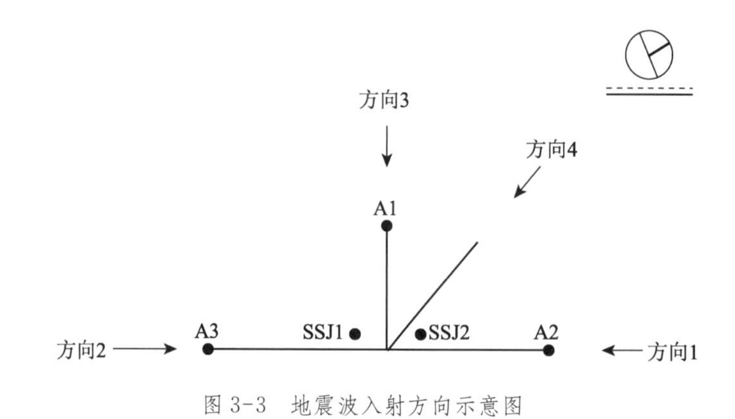

图3-3 地震波入射方向示意图

根据安评报告,本工程场地属于Ⅳ类场地,可不考虑断裂错动的影响。在抗震设防烈度7度条件下,可不考虑地基土液化和软土震陷的影响。报告建议采用50年超越概率63%和50年超越概率10%乘以0.35两种结果作为小震作用下截面验算标准。工程场地地表水平向地震动峰值加速度及反应谱参数值如表3-2所示。

表3-2 工程场地地表水平向地震动峰值加速度及反应谱参数值(0.04阻尼比)

超越概率值	A_{max}/(cm·s^{-2})	α_{max}	T_1/s	T_g/s	η	β_m	γ
50年63%	41	0.110	0.1	0.6	1.07	2.5	1.12
50年10%×0.35	42	0.112	0.1	1.0	1.07	2.5	1.12
50年10%	120	0.321	0.1	1.0	1.07	2.5	1.12
50年2%	218	0.583	0.1	1.1	1.07	2.5	1.12

目前一般公认,抗震设计时中大震均按照规范设计,小震将按照安评与规范的包络结果进行设计。小震作用下,安评场地谱和规范设计反应谱对比以及相应的根据规范反应谱和场地反应谱得到的基底剪力如图3-3、图3-4所示。

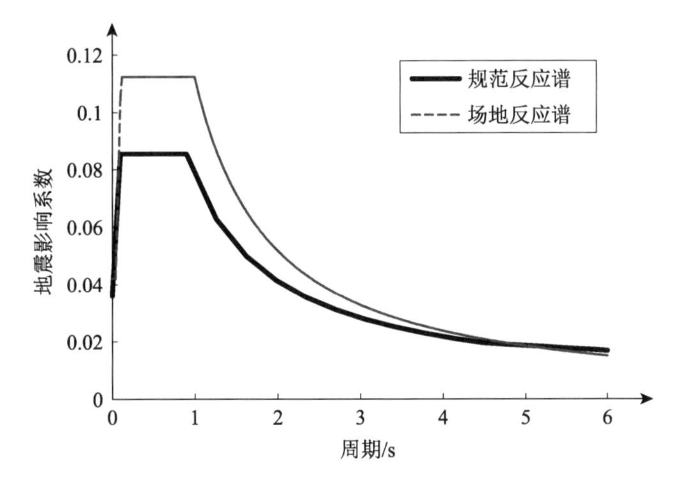

项目	规范反应谱 基底剪力/kN		场地反应谱 基底剪力/kN		场地谱/规范谱	
	X 向	Y 向	X 向	Y 向	X 向	Y 向
CSDCC	34 319	35 782	42 565	44 278	124%	124%
SSE	59 781	53 713	72 526	64 972	121%	121%
CFFEX	38 983	46 721	47 338	56 240	121%	120%

图 3-4　安评场地谱和规范设计反应谱对比(50 年超越概率 10%乘以 0.35)

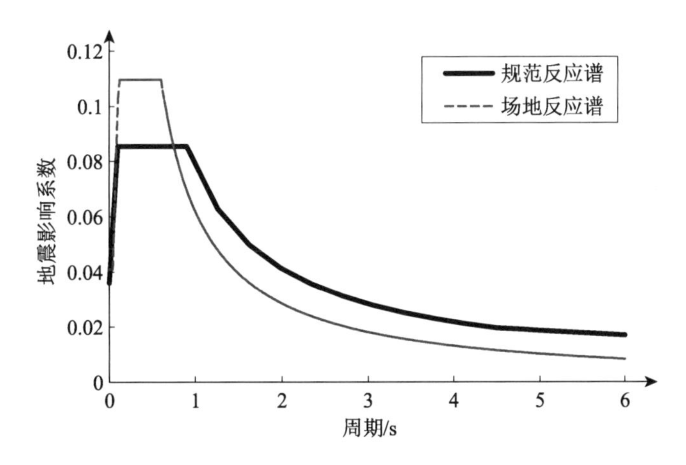

项目	规范反应谱 基底剪力/kN		场地反应谱 基底剪力/kN		场地谱/规范谱	
	X 向	Y 向	X 向	Y 向	X 向	Y 向
CSDCC	34 319	35 782	29 991	27 802	87%	78%
SSE	59 781	53 713	43 509	40 987	73%	77%
CFFEX	38 983	46 721	28 333	35 548	73%	76%

图 3-5　安评场地谱和规范设计反应谱对比(50 年超越概率 63%)

根据图 3-4、图 3-5 可以发现：分析安评报告提供参数（50 年超越概率 63%和 50 年超越概率 10%乘以 0.35 反应谱）的加速度峰值及曲线形态系数十分接近，但场地特征周期 T_g 差别较大，导致计算结果不同。

按 50 年超越概率 10%乘以 0.35 计算比按规范计算的结果大 24%，而按 50 年超越概率 63%比规范小 27%。施工图设计将按照上海抗震规范规定的反应谱实行。

3.3 使用活载

根据建筑使用功能，楼面恒载按实际考虑，主要楼面使用活荷载标准值如表 3-3 所示。

表 3-3 主要楼面活荷载取值

功能区域	活荷载标准值/kPa
办公室、会议室	3.5
数据机房	12.0
餐　厅	2.5
厨　房	4.0
储藏室、库房	5.0
走廊、门厅	2.5
消防疏散楼梯	3.5
设备机房	7.0
消防车道（单向板）	35.0
消防车道（双向板）	20.0
屋顶花园	3.0
上人屋面	2.0
不上人屋面	0.5

其余设备用房按实际荷载取值，未注明楼面荷载按《建筑结构荷载规范》（GB 50009—2012）取值。

第二篇

基础及基坑围护设计研究

第 4 章　基础设计

4.1　地质勘查

本工程所有建筑单体的结构使用年限均为 50 年，上部结构安全等级均为一级。岩土工程勘察报告由上海岩土工程勘察设计研究院有限公司提供(勘探工程编号:2011-G-028)。

4.1.1　地基土的物理力学性能

地基土的物理力学性能列于表 4-1，工程地质剖面图如图 4-1 所示。

表 4-1　土层物理力学性质参数

土层号	土层名称	含水量 w /%	重度 γ /(kN·m^{-3})	饱和度 S_r /%	空隙比 e	压缩模量 $E_{s0.1\sim0.2}$ /MPa
①	填土					
②	粉质黏土	31.9	18.4	95	0.914	5.09
③	淤泥质粉质黏土	41.2	17.4	96	1.163	3.73
$③_{夹}$	黏质粉土	31.7	18.4	95	0.899	9.26
④	淤泥质黏土	49.2	16.7	97	1.396	2.79
⑤	粉质黏土	36.3	17.8	94	1.052	4.16
⑥	粉质黏土	24.8	19.4	94	0.719	6.4
$⑦_{1-1}$	黏质粉土夹粉质黏土	27.9	18.9	95	0.797	8.9
$⑦_{1-2}$	砂质粉土	30.9	18.5	96	0.869	12.23
$⑦_{2}$	粉砂	27.3	18.8	94	0.781	13.77
$⑨_{1}$	粉砂	24.8	19.1	93	0.72	14.59
$⑨_{2-1}$	砾砂	17.3	20.4	86	0.523	17.03
$⑨_{2-2}$	粉砂	23.5	19.5	95	0.667	14.54
⑪	细砂	20.9	19.7	90	0.617	13.74

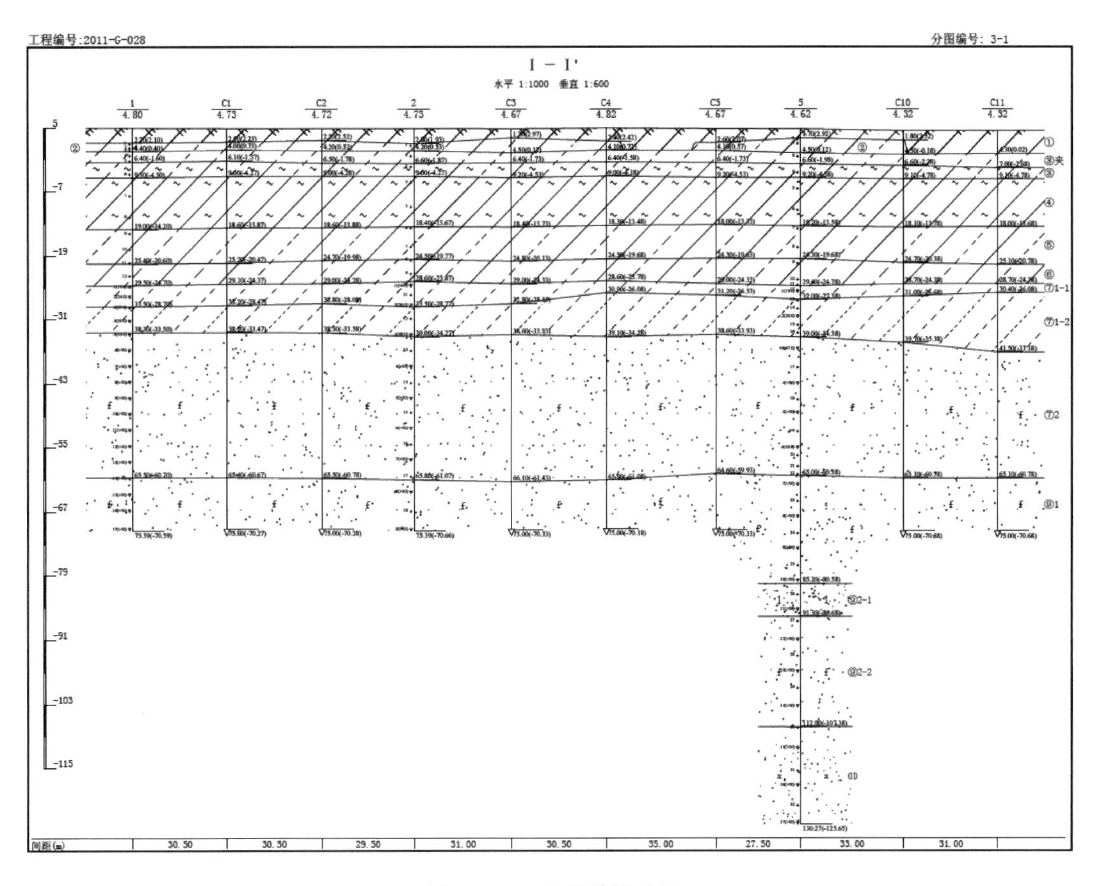

图 4-1 工程地质剖面图

4.1.2 地基承载力

地基承载力列于表 4-2。

表 4-2 地基承载力

土层号	土层名称	比贯入阻力 P_s 值/MPa	锥尖阻力 q_c 值/MPa	固结快剪强度指标		地基承载力特征值 f_{ak}/kPa
				c/kPa	φ/(°)	
②	粉质黏土	0.75	0.66	18	18.5	80
③	淤泥质粉质黏土	0.53	0.65	11	20.5	60
③夹	黏质粉土	1.39	1.51	7	28.5	85
④	淤泥质黏土	0.58	0.62	14	11.0	50
⑤	粉质黏土	1.01	0.95	16	13.5	65
⑥	粉质黏土	2.33	2.04	45	15.0	160

注:f_{ak}仅作为评价土层工程特性之用。具体设计应根据实际基础的形状、尺寸和埋深进行计算,必要时宜考虑软弱下卧层(第③,④层)强度的影响及进行变形验算。

4.1.3 回弹试验成果

开挖回弹量直接影响到基坑的稳定性和建筑物的后期沉降，本工程地下室开挖深度在 25～29 m，基坑开挖时影响范围涉及第②～⑨$_1$ 层，基础底板位于第⑥层下部和第⑦$_{1-1}$层顶部。固结回弹试验结果如表 4-3 所示。

表 4-3 固结回弹模量试验结果

土层号	土层名称	回弹模量平均值/MPa			
		$E_{s_{0.15\sim0.025}}$	$E_{s_{0.2\sim0.025}}$	$E_{s_{0.3\sim0.025}}$	$E_{s_{0.4\sim0.025}}$
③	淤泥质粉质黏土	13.23	—	—	—
④	淤泥质黏土	8.19	—	—	—
⑤	粉质黏土	—	12.41	—	—
⑥	粉质黏土	—	—	19.28	—
⑦$_{1-1}$	黏质粉土夹粉质黏土	—	—	—	54.79
⑦$_{1-2}$	砂质粉土	—	—	—	63.93

4.1.4 桩基设计用土层参数

根据上海市工程建设规范《岩土工程勘察规范》(DGJ 08-37—2002)、《地基基础设计规范》(DGJ 08-11—2010)及行业标准《建筑桩基技术规范》(JGJ 94—2008)，综合分析土工试验及原位测试相关成果，推荐各层土的桩侧极限摩阻力标准值 f_s 和桩端极限端阻力标准值 f_p 如表 4-4 所示。

表 4-4 桩侧极限摩阻力及桩端极限端阻力

土层号	土层名称	层底埋深/m	静探 P_s 值/MPa	预制桩(钢管桩)		钻孔灌注桩		抗拔承载力系数
				f_s/MPa	f_p/MPa	f_s/MPa	f_p/MPa	
①	填土	—	—	—	—	—	—	—
②	粉质黏土	2.90～5.50	0.75	15	—	15	—	0.60
③$_夹$	黏质粉土	5.50～7.60	1.39	6 m 以上 15 6 m 以下 30	—	6 m 以上 15 6 m 以下 25	—	0.60
③	淤泥质粉质黏土	8.70～9.30	0.53	25	—	20	—	0.60
④	淤泥质黏土	18.00～19.00	0.58	25	—	20	—	0.70
⑤	粉质黏土	23.90～25.40	1.01	50	—	40	—	0.80
⑥	粉质黏土	28.00～30.30	2.33	80	—	60	—	0.70
⑦$_{1-1}$	黏质粉土夹粉质黏土	30.30～33.50	3.84	75	—	55	—	0.70

(续表)

土层号	土层名称	层底埋深/m	静探 P_s 值/MPa	预制桩(钢管桩)		钻孔灌注桩		抗拔承载力系数
				f_s/MPa	f_p/MPa	f_s/MPa	f_p/MPa	
⑦$_{1-2}$	砂质粉土	35.40～41.60	9.76	100	—	60	—	0.70
⑦$_2$	粉砂	63.50～67.90	22.05	120	10 000	70	2 500	0.70
⑨$_1$	粉砂	83.50～85.70	23.65	—	—	70	2 500	0.75

说明：

(1) 表中各土层的 f_s 和 f_p 值除以安全系数 2 即为相应的特征值。

(2) 对钻孔灌注桩，表中各土层的 f_s 和 f_p 值适用于桩径≤800 mm 的情况。当桩径>800 mm 时，表中 f_s 和 f_p 值宜考虑尺寸效应系数进行适当折减。

(3) 对钢管桩，应考虑敞口钢管桩的闭塞效应系数 η。

(4) 根据上海地区工程经验，后注浆灌注桩桩端极限阻力 f_p 值的端阻力增强系数可取 2.0～3.0，桩端以上 20～30 d 范围内 f_s 值的后注浆侧阻力增强系数宜取 2.0～2.5。

(5) 灌注桩后注浆桩端注浆水泥量(单位：t)宜不小于桩径(单位：m)的 5 倍，宜分两次注浆。

4.1.5 桩基沉降计算用压缩模量

通过野外采取土样进行室内压缩试验，对各土层的压缩性指标进行了分层统计，按桩基条件采取各土层自重应力至自重应力加附加应力段范围内的压缩模量 E_s 值，同时对砂土结合现场静力触探、标准贯入试验、旁压试验、波速试验成果综合分析，确定沉降计算用压缩模量 E_s 如表 4-5 所示。

表 4-5 桩端下土层压缩模量

土层号	土层名称	由 e-p 曲线确定 E_s /MPa	静探试验 $E_s=3.5P_s$ /MPa	标贯试验 $E_s=1.2$ N /MPa	旁压试验 $E_s=2.0E_m$ /MPa	波速试验 $E_s=(E_d/15)$ /MPa	E_s 建议值 /MPa
⑦$_2$	粉砂	37.0	77.0	72.0	67.0	42.0	70.0
⑨$_1$	粉砂	45.0	83.0	89.0	64.0	47.0	75.0
⑨$_{2-1}$	砾砂	61.0	—	125.0	62.0	57.0	80.0
⑨$_{2-2}$	粉砂	59.0	—	103.0	50.0	64.0	75.0
⑪	细砂	56.0	—	135.0	—	98.0	80.0

4.1.6 桩基持力层建议

第⑦$_2$ 层粉砂，场地内遍布且分布稳定，层顶埋深一般为 35.40～41.60 m，绝对标高一般为－30.71～－37.18 m，厚度一般为 23.6～31.1 m，静力触探 P_s 最小平均值为 22.05 MPa，实测标准贯入击数>50 击/30 cm，呈密实状态，土性佳，其下直至压缩层深度范围内均为第⑨层密实砂土，有利于沉降量的控制，宜优选第⑦$_2$ 层中下部作为桩基持力层，桩端入土深度宜为 55.00～63.00 m。

第⑨$_1$层粉砂，分布稳定，层顶埋深一般为 63.50～67.90 m，绝对标高一般为 −59.28～−63.23 m，厚度一般为 17.0～20.2 m，静力触探 P_s 最小平均值为 23.65 MPa，实测标准贯入击数>50 击/30 cm，呈密实状态，土质极佳，其下直至压缩层深度范围内均为第⑨$_2$层密实砂土，有利于控制沉降量，若拟建中金所塔楼、中结算塔楼及上交所塔楼对单桩承载力要求很高，对沉降控制很严格时，则宜比选第⑨$_1$ 层作为桩基持力层，桩端入土深度宜为 70.00 m 左右。

4.2 桩基设计概述

4.2.1 桩基设计考虑因素

本项目地面以上由 3 栋超高层建筑组成，非主楼区域地面以上无裙楼，7～9 层连桥有两个支撑筒体位于地下室金融剧场两侧。地下室 5 层，实际开挖深度在 25～29 m(从自然地坪算起)。决定桩基设计的主要因素如下：

(1) 上部荷载差异显著。非主楼的地下室处于抗拔状态，主楼区域和连桥筒体区域处于受压状态。

(2) 3 栋塔楼基底荷载分布差异显著，核心筒下基底荷载较大、周边框架柱下相对较小。3 栋塔楼基底荷载也有较大差异。

(3) 基础开挖深度大，桩基设计需要考虑基坑土体回弹的影响。

(4) 地下室局部跨层，特别是金融剧场部分，连看台在内只有 3 层楼板，局部只有 2 层楼板。荷载分布差异较大。

(5) 基坑围护和施工是否逆作影响桩基的设计。

4.2.2 桩基设计原则

1. 项目设计主要建议

在业主主持下，曾对本项目基坑围护方案和工程桩桩型选择召开过两次专家咨询会。汇总主要意见如下：

(1) 围护墙采用地下连续墙方案，建议地下室采用逆作法，主楼可顺作。

(2) 桩型采用桩端后注浆工艺的钻孔灌注桩。

2. 遵循的原则

根据专家意见，桩基设计主要原则如下：

(1) 工程采用钻孔灌注桩。考虑到本基地第⑦$_2$ 和⑨$_1$ 层的砂土层相连，为控制桩底沉渣，提高单桩承载力，结合浦东同土层分布的基地工程经验，采用大注浆量桩底后注浆工艺。

(2) 主楼和连桥筒体区域采用抗压钻孔灌注桩。考虑到荷载差异明显，应减小 3 栋塔楼和连桥筒体的沉降差异。同时对每幢塔楼，应减少核心筒与外围柱之间的沉降差异。将塔楼边缘部分桩的桩长按计算缩短，采用“变刚度调平设计”，尽量减小沉降差异。

（3）地下室非主楼区域采用抗拔钻孔灌注桩，抗拔钻孔灌注桩应结合荷载情况尽量均匀布置，达到底板受力均匀。

（4）桩基均应考虑基坑开挖土体回弹的影响，尤其是地下室的抗拔桩。

（5）考虑地下室逆作法的立柱桩，并作为地下室抗拔桩使用。

4.2.3 桩基设计方案

根据以上考虑因素和原则，本项目基础型式采用桩＋筏板型式。上交所与中金所塔楼核心筒下采用直径 1 000 mm、有效桩长 48 m 的钻孔灌注桩，注浆量 5 t，单桩竖向承载力特征值为 10 000 kN；上交所、中金所塔楼核心筒外围框架柱下及中结算塔楼范围采用直径 850 mm、有效桩长 35 m 的钻孔灌注桩，注浆量 4 t，单桩竖向承载力特征值 7 500 kN；地下室抗拔采用直径 850 mm、有效桩长 35 m 的钻孔灌注桩，注浆量 4 t，单桩抗拔承载力特征值 4 000 kN。

4.3 土体回弹对桩基承载力影响的初步研究

4.3.1 研究背景

由于本项目地下室开挖面积达 5 万多平方米，地下室开挖深度 25～29 m，且有较大区域为纯地下室（该区域开挖深度约 25.5 m），因而桩基抗浮问题也是本项目设计的关键问题之一。与小型浅埋的地下室项目相比，深大地下室结构抗拔桩设计面临的特殊问题是如何考虑大体量深层土体开挖卸荷对抗拔桩承载特性的影响，目前，上海地区还缺乏成熟的工程经验，急需进一步进行相关的现场试验研究和理论分析工作。目前采用数值模拟方法分析本工程深大基坑土方开挖对抗拔桩承载特性的影响，作为土体回弹性对桩基承载力影响的初步研究。

4.3.2 分析方法

为简化分析工作，这里仅分析本项目基坑土方开挖对抗拔桩单桩的影响。本项目纯地下室部分基坑开挖深度约为 25.5 m，抗拔桩采用桩端后注浆灌注桩，桩径 850 mm，入土深度约 60 m，有效长度为 35 m。灌注桩单桩可采用轴对称模型进行模拟分析。抗拔桩的计算分析模型关键在于桩与土之间接触面相互作用的合理模拟和桩周边土体模型及计算参数的选取（图 4-2）。

本次采用桩土理想弹塑性库仑摩擦模型，分析桩土之间的相互作用及相对滑动，其表达式如下：

$$t_{\mathrm{eq}}=\sqrt{t_1^2+t_2^2}\ ;\ t_{\mathrm{eq}}\leqslant t_{\mathrm{crit}}\ ;\ t_{\mathrm{crit}}=\min(\mu p,\ t_{\max}) \tag{4-1}$$

式中 t_{eq}——桩与土接触面上的剪应力；

t_1，t_2——接触面两个正交方向上的剪应力分量；

t_{crit}——接触面上剪应力的极限值，即临界剪应力；

p——接触面上的法向应力；

μ——接触面上的摩擦系数；

$t_{\max}$——设定的接触面极限剪应力。

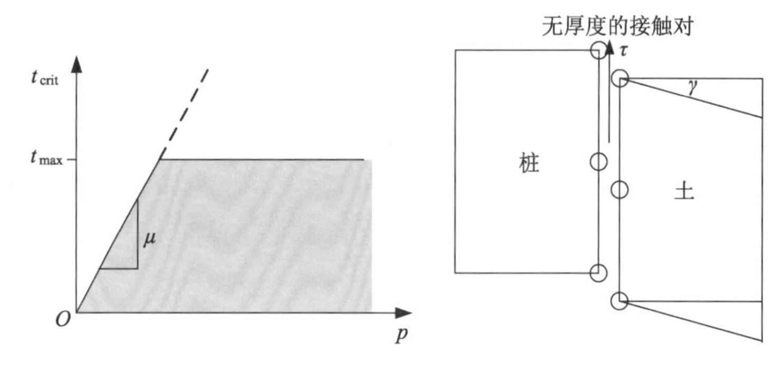

图 4-2 接触面模型示意图

本次分析土体本构关系采用修正剑桥模型，该计算模型已经在上海地区众多基坑工程对周边环境的影响分析中得到广泛应用，并进行了相关的研究工作，积累了一定的工程经验，为本次分析奠定了良好的基础，桩的本构关系采用线弹性模型。分析模型中桩、土体均采用四节点等参元单元，有限元模型示意如图 4-3 所示。计算模型的底边设置竖向和水平向固定支座，对称轴施加水平向固定支座，模型的右边界设置竖向和水平向固定支座，模型顶面为自由面。

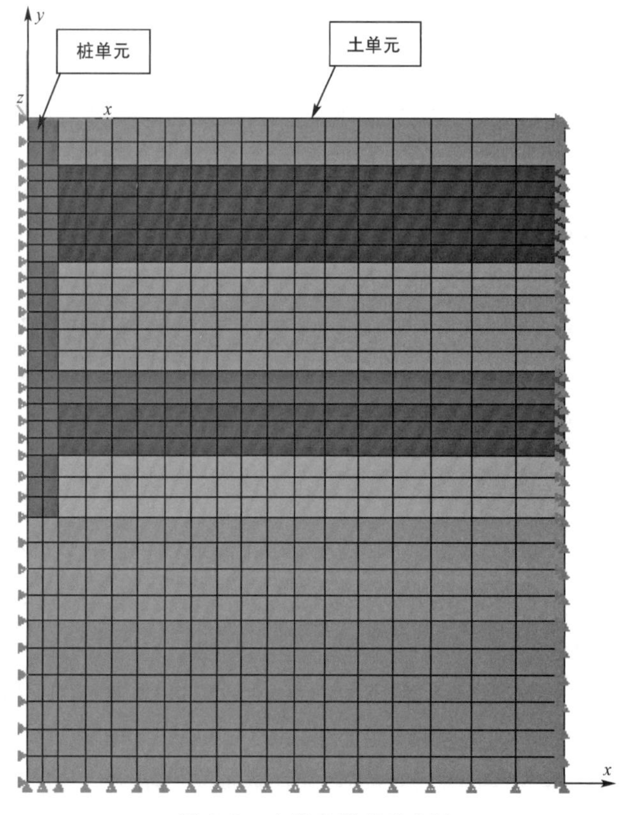

图 4-3 有限元模型示意图

计算模型分析过程如下：首先按照上述方法建立单桩分析模型，土体模型为按照实际土层厚度建立的分层地基模型，为验证该模型的有效性，先采用该计算模型对地面上抗拔桩的承载特性进行模拟，背景工程采用陆家嘴招商银行上海大厦的单桩抗拔试验资料，将模拟分析结果与原位试验结果进行对比分析，得到相关的计算参数供本工程参考。然后利用验证过的模型参数和分析模型模拟分析本工程基坑土方开挖对抗拔桩承载特性的影响。具体分析步骤如下：

第一步模拟地面试桩过程。首先计算考虑桩土相互作用的初始地应力场，且使初始位移为零；然后在单桩桩顶分级施加强迫位移，直至达到单桩极限承载力，模拟在地面上进行抗拔桩的试桩过程，得到地面试桩模拟分析的荷载-位移（Q-S）曲线。

第二步模拟基坑开挖完成后的试桩过程。同样首先计算考虑桩土相互作用的初始地应力场，且使得初始位移为零；然后模拟基坑土方开挖，将基坑开挖深度范围内的土体从上而下利用有限元中的单元逐步"杀死"，来模拟基坑土方分层开挖，然后再在单桩桩顶分级施加强迫位移，直至达到单桩极限承载力，模拟在基坑开挖到坑底的抗拔试桩过程，得到相应的桩顶荷载-桩顶位移（Q-S）曲线。

第三步，将第一步和第二步的结果进行对比，分析基坑土方开挖对抗拔桩承载力的影响。

4.3.3　既有项目实例验证

为了验证分析过程，采用本计算模型模拟分析招商银行上海大厦单桩试桩结果，该试桩桩长为 59 m，桩径 700 mm，试桩加载到地基土的极限支承力，得到了完整的荷载变形 Q-S 曲线，且桩身埋设相当数量的应变计，实测也得到了桩侧摩阻力分布。图 4-4 给出了模拟分析结果与原位试验结果的对比，可以看出原位试验和模拟分析得到的极限承载力都近 6 000 kN，相应的位移约为 60 mm，模拟分析结果和实测结果的一致性是比较好的；此外也进行了实测桩侧摩阻力与模拟分析结果的对比分析，二者之间的一致性也较好。通过上述对比分析，说明本分析模型和相应的计算参数是基本合理的。

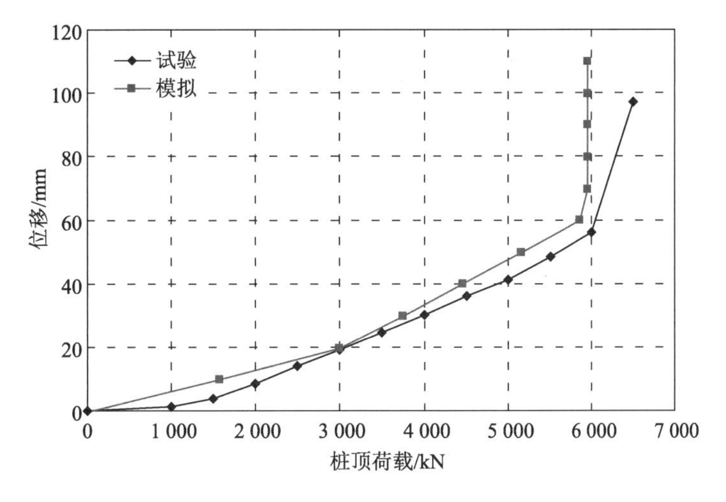

图 4-4　数值模拟分析与试验结果 Q-S 对比

4.3.4 本项目分析结果

招商银行上海大厦位于浦东陆家嘴地区，其地质条件与本工程有一定的相似性，参照招商银行上海大厦的分析计算模型和参数，建立本工程的计算模型，土体模型在 x（水平向）和 y（竖向）两个方向的尺寸分别为 120 m 和 95 m。本工程纯地下室部分基坑开挖深度约为 25.5 m，抗拔桩采用桩端后注浆灌注桩，桩径 850 mm，入土深度为 59 m，有效长度为 35 m，计算模拟分析中基坑每次土方开挖的范围假定为整个模型范围，即为 120 m（由于模型为轴对称模型，其模拟的基坑土方开挖半径为 120 m，即直径为 240 m 的基坑土方开挖），基坑土方分为四次开挖，参照土层剖面图（C38 号孔），基坑土方开挖深度依次为 4.4 m，8.9 m，18.4 m，25.5 m。本工程计算模型如图 4-5 所示，共约 7 700个单元。计算模型的底边设置竖向和水平向固定支座，对称轴施加水平向固定支座，模型的右边界设置竖向和水平向固定支座，模型顶面为自由面。按照前述方法分别进行地面试桩过程和基坑开挖至坑底后的试桩过程，然后进行分析比较。

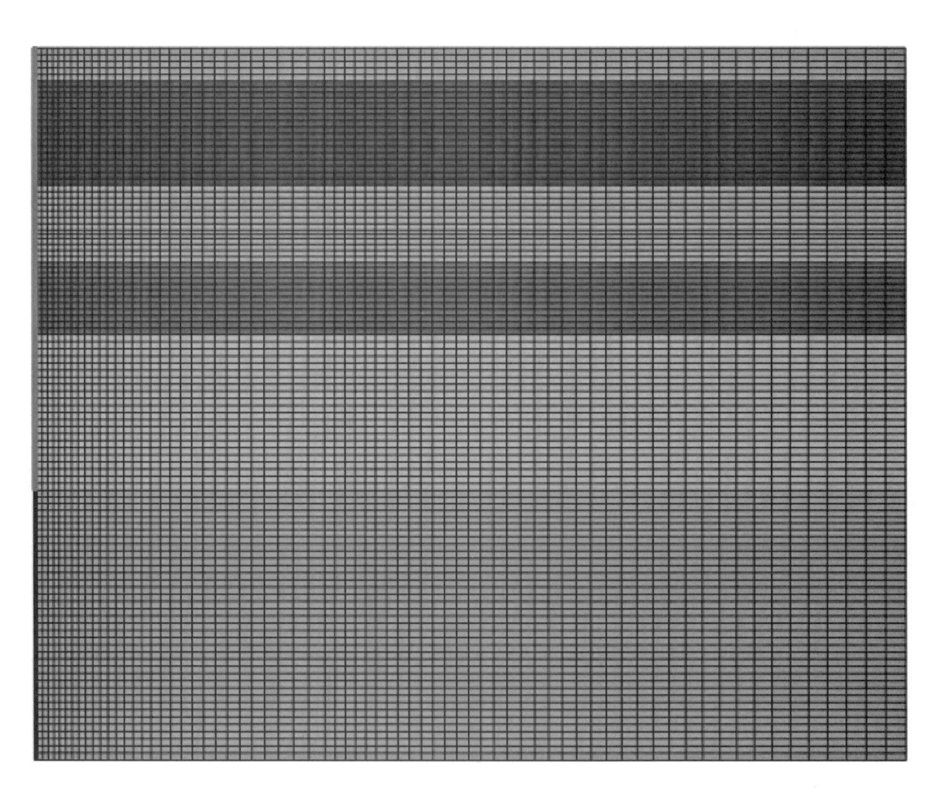
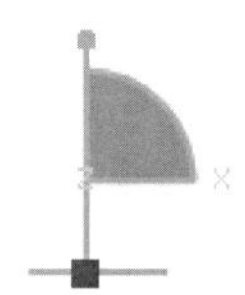

图 4-5　金融中心计算模型示意

图 4-6 给出了本工程地面试桩的数值模拟分析得到的荷载-位移（Q-S）变形曲线，其中单桩抗拔极限承载力约为 7 470 kN，相应的桩顶位移约为 63 mm。需要说明本次模拟计算参数参考陆家嘴招商银行上海大厦试桩模拟模型资料，为常规灌注桩，没有考虑桩端后注浆的影响。

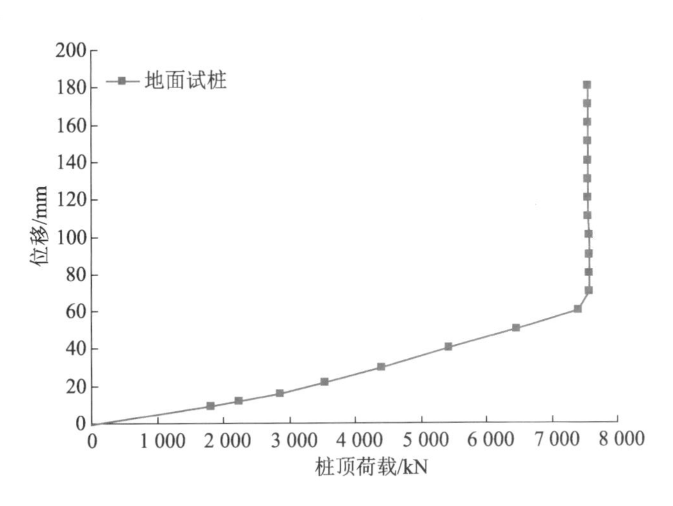

图 4-6 地面试桩桩顶荷载-桩顶位移(*Q*-*S*)变形曲线数值模拟

图 4-7 和图 4-8 给出本工程基坑开挖到底时土体内部的竖向应力和位移图,可以看出,随着基坑土体的开挖,土体位移逐渐增大。

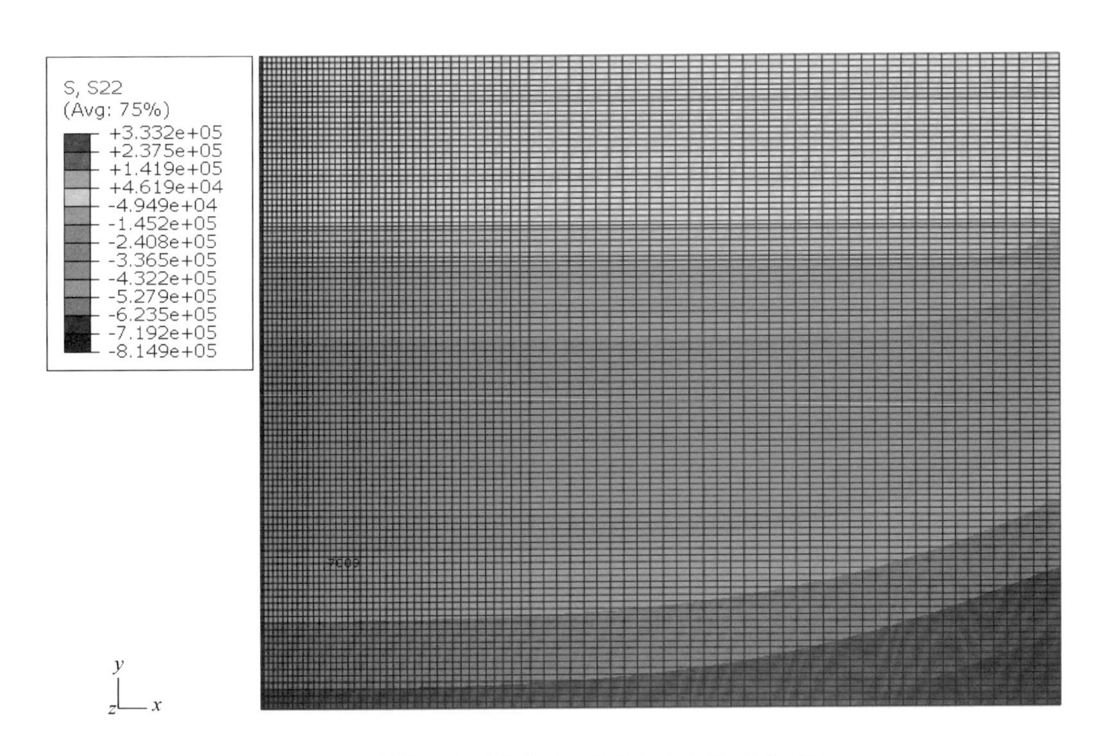

图 4-7 基坑开挖到坑底时土体竖向应力图(单位:Pa)

基坑开挖到坑底,然后在桩顶施加荷载,得到的桩顶荷载-桩顶位移(*Q*-*S*)变形曲线如图 4-9 所示,最大桩顶荷载约 3 300 kN,桩顶位移约 63 mm。图 4-9 同时也给出了地面试桩的模拟分析结果,地面试桩的最大桩顶荷载为 7 470 kN,可以看出基坑开挖后单

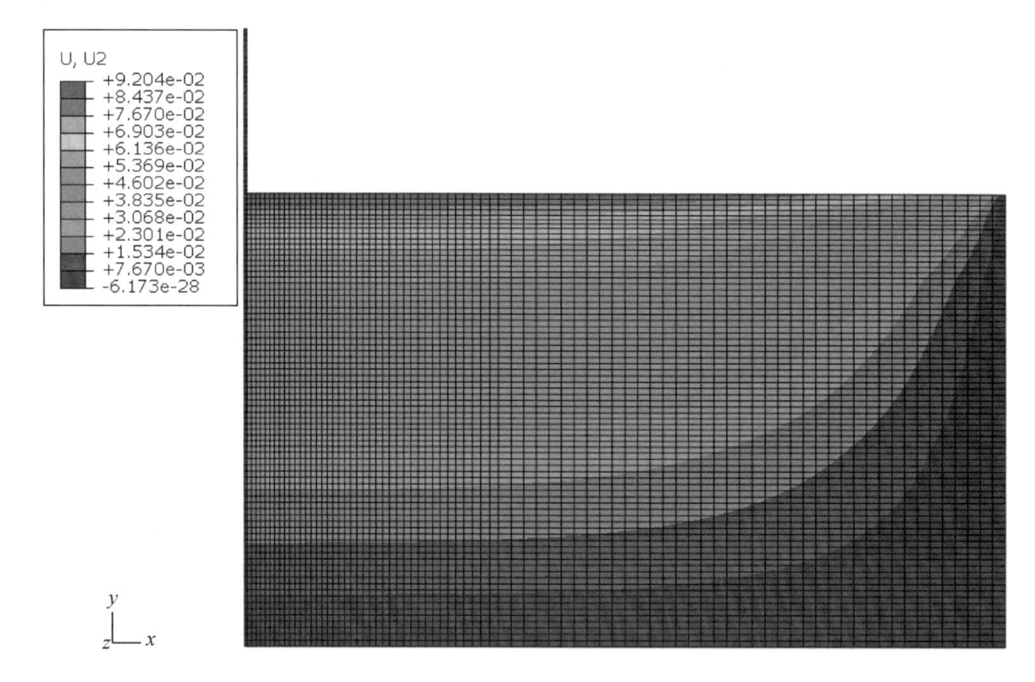

图 4-8 基坑开挖到坑底时土体竖向位移图(单位:m)

桩极限承载力有较大的降低幅度,约为地面试桩最大荷载的 44%。模拟分析表明,基坑土方开挖对单桩抗拔承载力的影响不可忽略,工程上必须采取可靠的措施来确保工程安全。

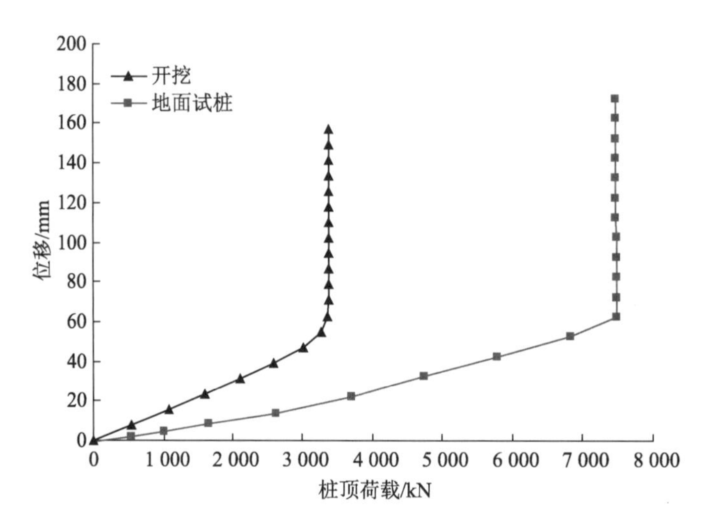

图 4-9 地面试桩和基坑开挖到坑底后桩顶荷载与位移模拟结果对比

为了分析不同范围的基坑土方开挖对抗拔桩承载力的影响,除建立了上述宽度为 120 m 的轴对称计算模型外,同时也分别建立了宽度为 15 m, 30 m, 60 m, 90 m 的轴对称计算模型(除模型的宽度外,模型其他方面同上述模型),近似模拟直径为 30 m, 60 m, 120 m 和 180 m 的圆形基坑土方开挖(开挖深度为 25.5 m)对单桩承载力的影响。

图4-10给出了上述宽度为15 m，30 m，60 m，90 m计算模型基坑开挖到坑底，然后在桩顶施加作用，得到的桩顶荷载-桩顶位移(Q-S)变形曲线，其最大荷载分别为5 420 kN，4 380 kN，3 250 kN，3 150 kN，同时为了便于分析比较，图4-10也给出了前述计算模型宽度为120 m、在地面试桩的模拟分析结果(其最大桩顶荷载为7 470 kN)。可以看出在相同基坑开挖深度条件下，基坑的开挖宽度对抗拔桩的极限承载力影响较大，与地面试桩模拟结果相比：当基坑开挖半径60 m时，坑底试桩的极限承载力随基坑宽度的增大而降低，如当计算模型半径为15 m，其极限荷载约为原地面试桩的73%；而当计算模型半径为30 m，其极限荷载约为原地面试桩的58%。而当基坑开挖半径大于60 m时，坑底试桩的极限承载力基本保持不变，基坑的开挖宽度对其影响不大(其极限荷载为原地面试桩42%～46%)。

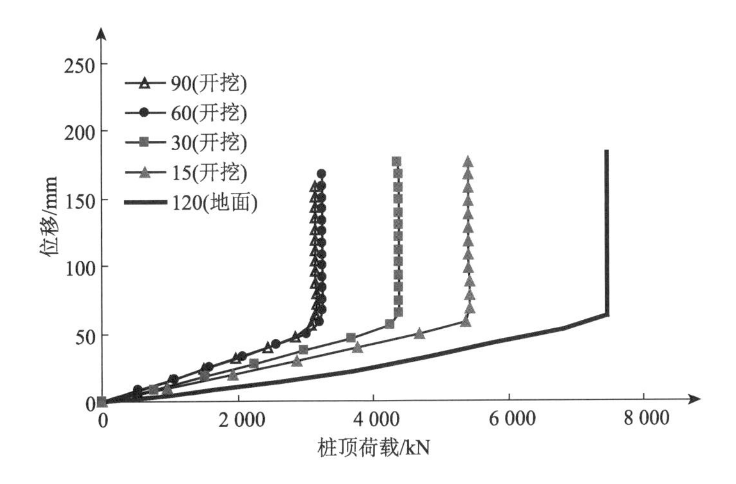

图4-10 地面试桩和不同开挖宽度条件下基坑坑底试桩桩顶荷载与位移模拟结果

4.3.5 研究结论

根据上述计算结果，基坑开挖后由于土体回弹产生的影响，抗拔桩的实际极限承载力降低较多。因而本项目地下室抗拔桩设计和布置时，应充分考虑上述因素。

(1) 首先上述计算结果是理论分析，未考虑桩端注浆产生的有利作用。基坑土体回弹对抗拔桩产生的影响还需要通过试桩进一步研究。后续安排四组抗拔桩试桩，先在地面进行试桩，等基坑开挖到底板位置时再对同一根桩位进行第二次试桩。两次试桩，试桩反力装置可均安排在地面。两次抗拔试桩过程中，均需要进行桩身应力测试和桩端沉降量测试。同时在基坑开挖过程中，桩身应力应同时测量。

(2) 上述分析也未考虑逆作法的有利作用。逆作法过程中，每层的重量可以抵消部分开挖的土体。这里过程还是较为复杂的，它是通过立柱桩传给土体的。

(3) 从上述计算结果看，当基坑开挖半径小于60 m时，坑底试桩的极限承载力随基坑宽度的增大而降低；而当基坑开挖半径大于60 m时，坑底试桩的极限承载力基本保持不变，基坑的开挖宽度对其影响不大。也就是说，靠近基坑边缘位置的抗拔桩，与基坑中部抗拔桩相比，极限承载力降低得少一些。本工程基坑尺寸大约320 m×190 m。实际布桩时，靠近地下室中部的抗拔桩适当数量多一些，边缘区域适当少一些。目前根据计算结果，中部区域的抗拔桩反力一般为 2 800 kN 以下，边缘区域的抗拔桩反力一般为3 200 kN左右或以下。

4.4 桩基静载荷

4.4.1 抗拔试验

1. 抗拔试验简况

本试验为单桩竖向抗拔静载荷试验(同时测量桩身应力、桩身桩底位移)，试验数据列于表 4-6，从而确定单桩竖向抗拔承载力，确定桩周土阻力分布，研究荷载传递规律，为设计提供参数。其中，抗拔试桩和抗拔试桩反力桩均为钻孔灌注桩，并采用桩底后注浆工艺。

表 4-6 抗拔试验数据列示

桩类		桩径/m	桩长/m	主筋	桩底绝对标高/m	预估极限承载力/kN	拟定最大加载量/kN	数量/根
TP2	抗拔试桩	0.85	59.4	27～36	−54.65	7 500	9 500	3
AP2	抗拔试桩反力桩	0.85	59.4	18～36	−54.65	—	—	6

2. 抗拔试桩结果

抗拔试桩结果如图 4-11—图 4-13 所示。

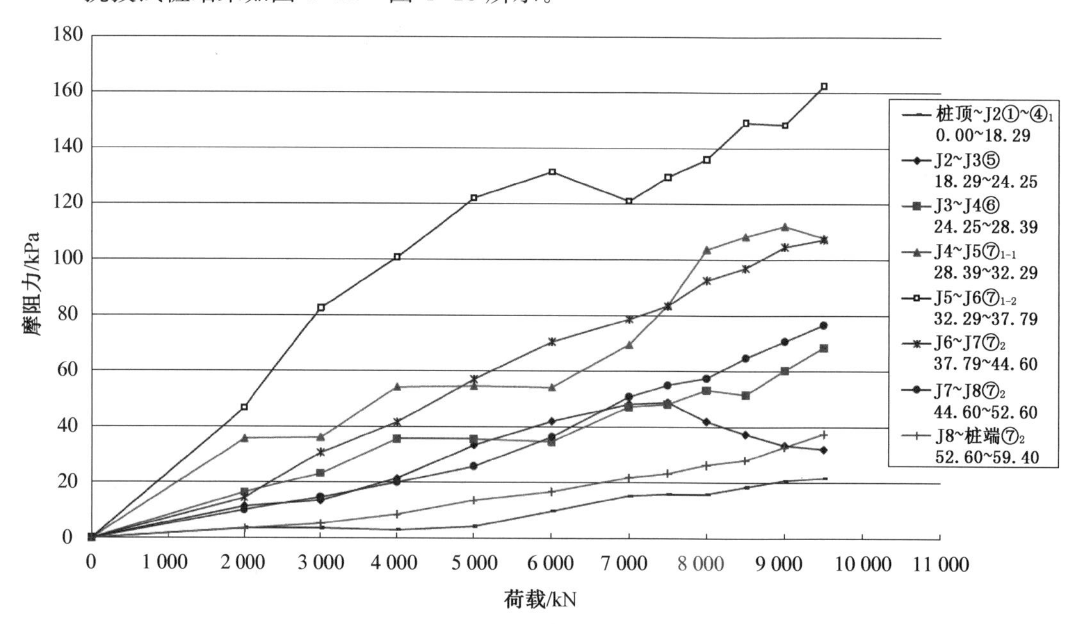

图 4-11 TP2-1 号桩各级荷载下的桩侧摩阻力变化曲线

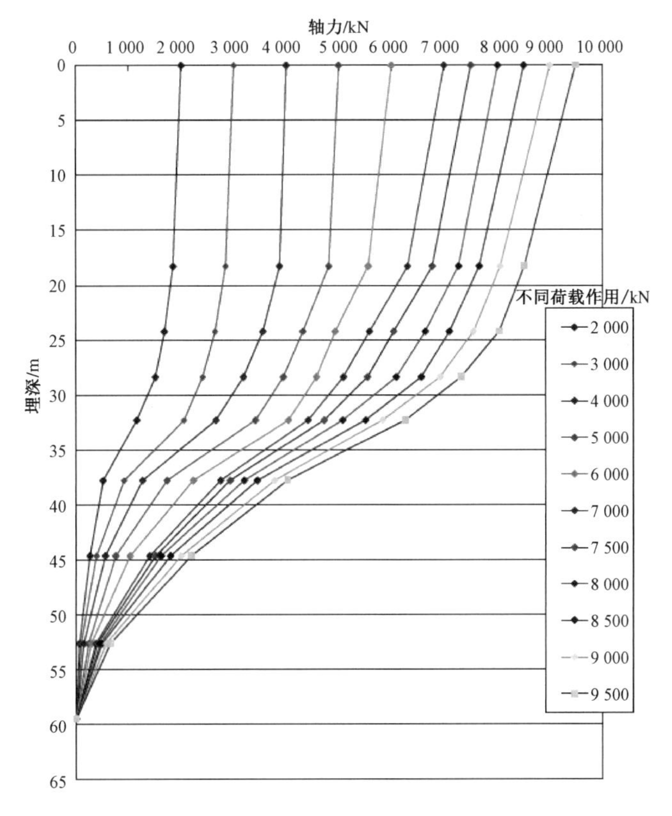

图 4-12　TP2-1 号桩各级荷载下桩身轴力分布图

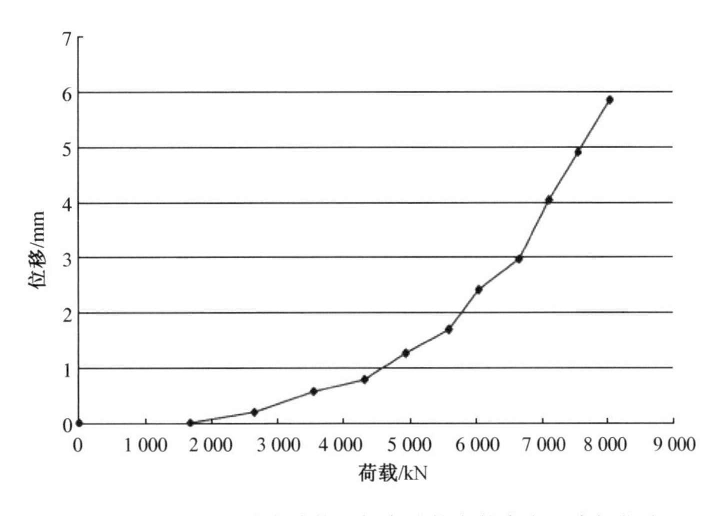

图 4-13　TP2-1 号桩有效桩顶标高处桩身轴力和沉降杆位移图

3. 抗拔试桩分析

(1) 在荷载作用下，桩身轴力向下逐渐递减，递减速率反映桩身周边土体摩擦阻力发挥的情况。纵观全桩轴力可得：桩身轴力在 24 m 以上递减较缓慢，24 m 以下递减迅速，说明桩身摩阻力主要靠 24 m 以下桩段发挥。

（2）由于桩端后注浆，第⑦$_{1-1}$，⑦$_{1-2}$层桩侧摩阻力提高明显，且明显大于规范的推荐值，⑦$_{2}$ 层桩侧摩阻力发挥呈递减趋势。说明⑦$_{2}$ 层内位于桩下部土层桩侧摩阻力未充分发挥。

（3）三根试桩单桩竖向抗拔极限承载力均不小于 9 500 kN，有效桩长部分抗拔极限承载力约为 7 960 kN（三根桩平均值）。

（4）桩端后注浆对下部土层桩侧摩阻力提高明显。

4.4.2 抗压试验

1. 抗压试验简况

抗压试验为单桩竖向抗压静载荷试验，同时测量桩身应力、桩身桩底沉降，试验数据列于表 4-7，从而确定单桩竖向抗压承载力，确定桩周土阻力分布，研究荷载传递规律，为桩的设计提供参数。其中，试桩和锚桩均为钻孔灌注桩，并采用桩底后注浆工艺。

表 4-7 抗压试验数据列示

区域	桩类		桩径/m	桩长/m	主筋	桩底绝对标高/m	预估极限承载力/kN	拟定最大加载量/kN	数量/根
上交所	TP1	A 型桩试桩	1.0	76	18～36	−71.45	24 000	28 500	1
	AP1	A 型桩锚桩	1.0	76	27～36	−71.45	—	—	4
中金所	TP1	A 型桩试桩	1.0	76	18～36	−71.45	24 000	28 500	1
	AP1	A 型桩锚桩	1.0	76	27～36	−71.45	—	—	4
中结算	TP1	A 型桩试桩	1.0	76	18～36	−71.45	24 000	28 500	1
	AP1	A 型桩锚桩	1.0	76	27～36	−71.45	—	—	4

2. 抗压试验试桩结果

抗压试验试桩结果如图 4-14—图 4-16 所示。

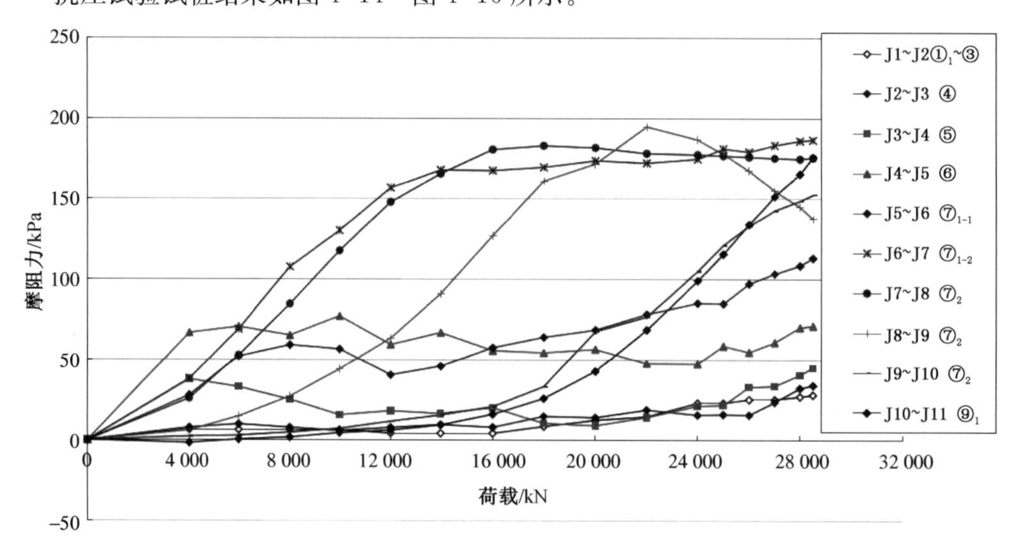

图 4-14 TP1-1 号桩各级荷载作用下的摩阻力变化曲线

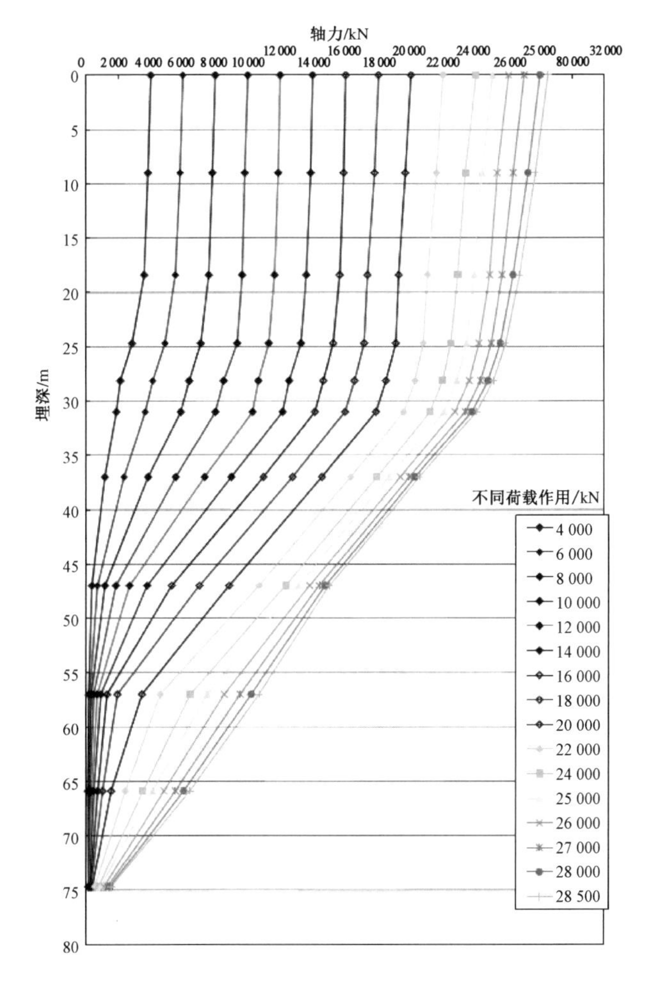

图 4-15 TP1-1 号桩各级荷载下桩身轴力分布图

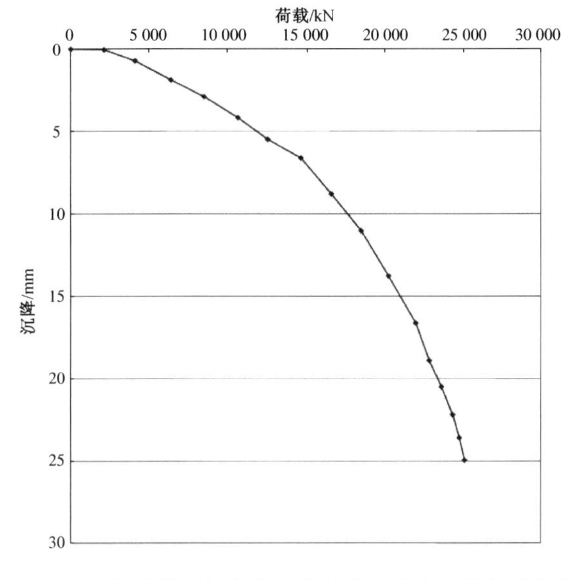

图 4-16 TP1-1 有效桩顶标高断面处桩身轴力与沉降杆位移变化曲线

3. 抗压试验分析

(1) 钻孔的垂直度较好，15 根试桩和锚桩除 AP1-4 垂直度在 1/200 外，其余均在 1/300 桩长左右。

(2) 15 根试桩和锚桩桩身结构基本完整。

(3) TP1-1，TP1-2，TP1-3 试桩单桩竖向抗压极限承载力均不小于 28 500 kN，其中有效桩长部分抗压极限承载力平均值约为 25 200 kN。

(4) 桩端后注浆对下部土层桩侧摩阻力及单桩抗压极限承载力提高明显。

第 5 章　基坑支护结构设计

5.1　基坑工程概况

本项目基坑面积约为 48 860 m^2，周长约为 950 m。建筑标高±0.000＝5.850 m（绝对标高），场地自然地面相对标高约－1.350 m（绝对标高＋4.500 m）。普遍区域地下室基础底板面结构相对标高－26.250 m，设备机房落深区域地下室基础底板面结构相对标高－27.810 m；纯地下室区域基础底板厚度 1 400 mm，上交所、中金所区域底板厚度 2 800 mm，中结算和连廊楼梯间区域底板厚度 2 000 mm。考虑基底设置 200 mm 厚素混凝土垫层，基坑开挖深度如表 5-1 所示，各区域位置如图 5-1 所示。可以看出，本基坑工程为超深大基坑工程，基坑的安全等级为一级。

表 5-1　基坑各分区开挖深度

区　　域	底板面相对标高/m	底板厚度/mm	基底相对标高/m	挖深/m
纯地下室普遍区域	－26.250	1 400	－27.850	26.5
纯地下室设备落深区域	－27.810	1 400	－29.410	28.06
上交所、中金所区域	－26.250	2 800	－29.250	27.9
中结算和连廊电梯井区域	－26.250	2 000	－28.450	27.1

本基坑工程的重点保护对象为东侧的杨高南路下方的市政管线、下立交，以及北侧的杨高南路雨水泵房。北侧杨高南路雨水泵站区域环境保护等级为一级，其余侧环境保护等级为二级。

场地浅层分布有较厚的③淤泥质黏土和④淤泥质黏土，该两层土属高压缩性、高含水量且有流变特性的软土，物理力学性质相对较差；基坑深层为层厚较大、物理力学性质较好的砂层；砂层分布有⑦和⑨承压含水层，两承压含水层相互连通，含水量丰富且渗透系数较大，水文地质条件复杂。

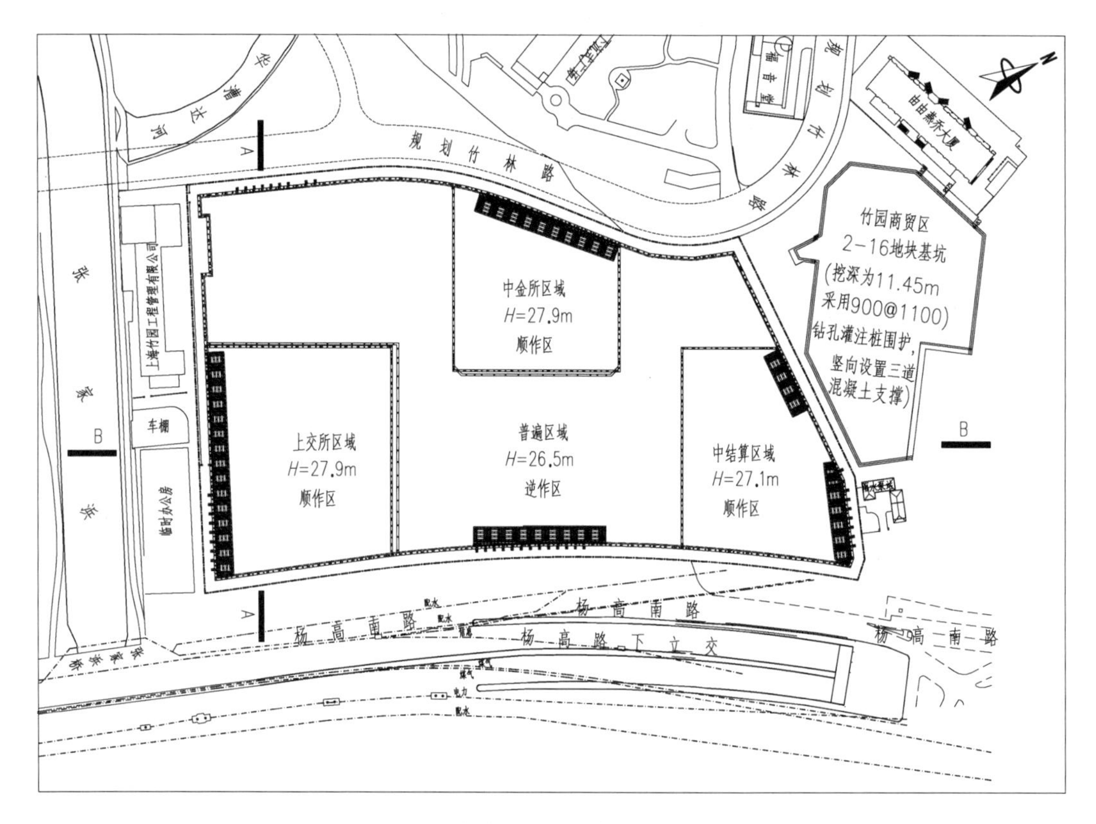

图 5-1 上海国际金融中心总平面图

5.2 顺逆作交叉实施总体设计方案

在方案设计阶段,曾提出了“整坑顺作”“整坑逆作”“纯地下室逆作,塔楼穿插顺作”“纯地下室逆作,塔楼芯筒穿插顺作”及“塔楼芯筒先顺作,纯地下室后逆作”等 5 个方案,考虑到本基坑工程的特点和难点,并针对这 5 个方案从技术、经济以及工期等各项指标进行了全面的对比分析,综合结合各方的意见最后确定本工程总体设计方案为:前阶段整体逆作,后阶段塔楼先顺作、纯地下室后逆作方案。

“前阶段整体逆作,后阶段塔楼先顺作、纯地下室后逆作”方案即在塔楼外侧设置临时隔断,纯地下室区域采用逆作法施工,塔楼区域采用顺作法施工。在施工流程上,完成主体工程桩、基坑围护体及一柱一桩的施工之后,依次浇筑形成地下室顶板结构和地下一层结构,其后塔楼区域往下顺作开挖,期间纯地下室区域土方保持不动,待塔楼区域施工完成地下一层结构后,方进行纯地下室区域的土方开挖及地下结构的逆作施工。在塔楼区域开挖期间,纯地下室区域土方均存在,并且首层结构楼板和地下一层结构楼板已形成,塔楼临时隔断两侧的水土压力可较好地得到平衡,避免了三栋塔楼内部水平支撑处于不均匀受力的状态。在纯地下室往下逆作施工期间,塔楼区域可进行地上结构的施工。

基坑周边采用 1.2 m 厚两墙合一地下连续墙作为围护体，逆作区域采用 5 层结构梁板替代水平支撑，塔楼顺作区域设置 5 道钢筋混凝土支撑。基坑的塔楼顺作区支撑平面图、基坑围护剖面图分别如图 5-2、图 5-3 所示。

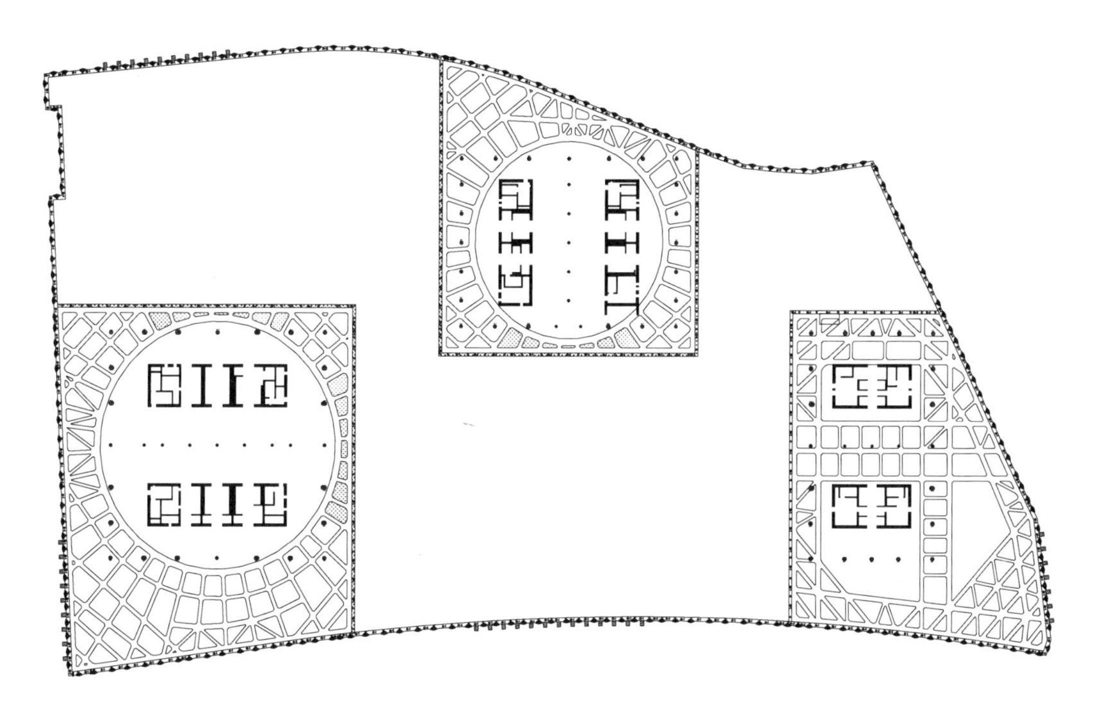

图 5-2　塔楼顺作区支撑平面图

5.3　地下连续墙设计

5.3.1　外围地下连续墙设计

基坑周边采用“两墙合一”地下连续墙作为围护体，即在基坑工程施工阶段地下连续墙作为支护结构，起到挡土和止水的目的；在结构永久使用阶段作为主体地下室结构外墙，通过设置与主体地下结构内部水平梁板构件的有效连接，不再另外设置地下结构外墙。两墙合一作为一种集挡土、止水、防渗和地下室结构外墙于一体的支护结构型式具有十分显著的技术和经济效果，在国内外大量的深基础工程中得到了应用，随着工程实践的积累，两墙合一的设计方法、施工工艺以及防渗漏措施等方面都有了进一步的发展和完善。本工程永久地下连续墙混凝土强度等级采用水下 C40。

本基坑工程普遍区域开挖深度达到 26.5 m，根据本工程的地质条件、开挖深度以及规范的变形控制要求，通过计算分析，并结合上海地区类似规模深基坑工程的设计实践经验，确定本基坑工程地下连续墙厚度应取 1 200 mm。

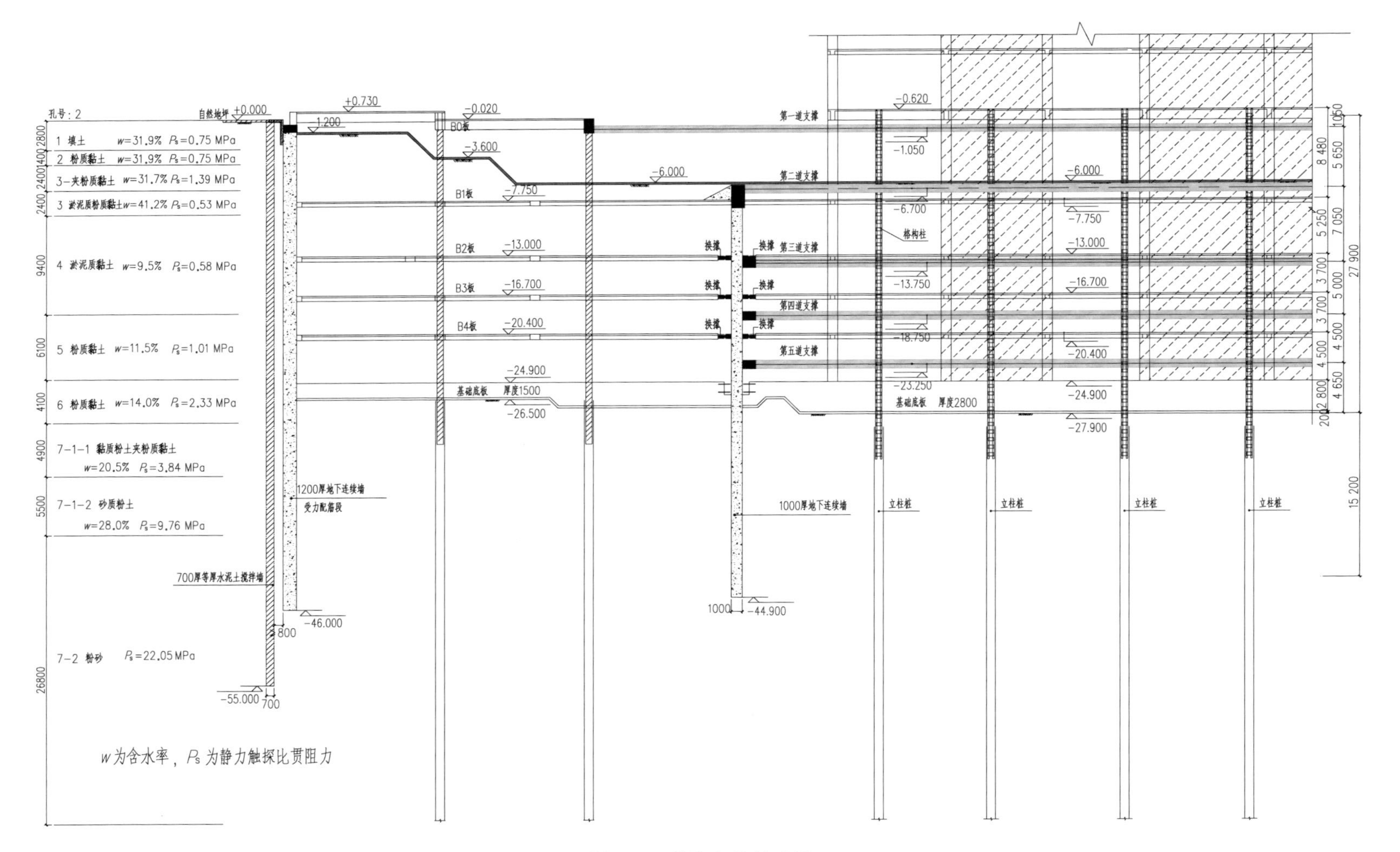
孔号：2
1 填土 w=31.9% Ps=0.75 MPa
2 粉质黏土 w=31.9% Ps=0.75 MPa
3-夹粉质黏土 w=31.7% Ps=1.39 MPa
3 淤泥质粉质黏土w=41.2% Ps=0.53 MPa
4 淤泥质黏土 w=9.5% Ps=0.58 MPa
5 粉质黏土 w=11.5% Ps=1.01 MPa
6 粉质黏土 w=14.0% Ps=2.33 MPa
7-1-1 黏质粉土夹粉质黏土 w=20.5% Ps=3.84 MPa
7-1-2 砂质粉土 w=28.0% Ps=9.76 MPa
7-2 粉砂 Ps=22.05 MPa
w为含水率，Ps为静力触探比贯阻力
自然地坪
1200厚地下连续墙
受力配筋段
1000厚地下连续墙
700厚等厚水泥土搅拌墙
第一道支撑
第二道支撑
第三道支撑
第四道支撑
第五道支撑
换撑
格构柱
立柱桩
基础底板 厚度1500
基础底板 厚度2800
B0板
B1板
B2板
B3板
B4板
±0.000
+0.730
-0.020
-0.620
-1.050
-3.600
-6.000
-6.700
-7.750
-13.000
-13.750
-16.700
-18.750
-20.400
-23.250
-24.900
-26.500
-27.900
-44.900
-46.000
-55.000
27 900
15 200

图 5-3 基坑支护剖面图

地下连续墙的插入深度由基坑围护体的各项稳定性计算要求以及降水对周边环境影响的控制要求确定。其中基坑抗隆起是关键控制指标，本方案中根据基坑地层的分布特点，选取了相应的地质勘察点进行计算，并参考类似规模的相关工程成功案例，从受力和稳定性需要角度，地下连续墙插入基底以下一定深度即可满足基坑工程需要。

但结合目前本工程提供的详勘报告中的水文地质参数、抽水试验的结果以及浦东地区基坑工程降水经验，基坑工程降压井深度为 45 m，为了控制坑内抽降承压水对坑外环境的影响，隔水帷幕的深度应超过降压井底部 10 m 左右，即隔水帷幕入土深度需达到 55 m，可有效起到止水帷幕坑内降压对坑外地下水的遮拦效应。如果地下连续墙下部采用构造段隔水则成本较高，因此在围护体设计时创新性地提出采用短地下连续墙（即地下连续墙只需满足受力和稳定性要求的插入深度即可）结合 700 mm 厚超深 TRD 工法等厚度水泥土搅拌墙悬挂隔水帷幕的隔水方案，即地下连续墙的深度取 46 m，等厚度水泥土搅拌墙隔水帷幕的深度取 55 m。

5.3.2 中隔墙设计

"前阶段整体逆作，后阶段塔楼先顺作、纯地下室后逆作"方案在施工流程上，待基坑整体逆作至地下一层后方进行塔楼区域的顺作施工，因此塔楼周边临时隔断地下连续墙顶标高落至地下一层结构底，相当于整个顺作区域的开挖深度降至 18.45 m 和 17.95 m，同时因临时隔断地下连续墙位于场地内部，环境保护要求相对较低，可按三级环境保护等级进行控制，而且塔楼顺作区外侧的纯地下室逆作区也可进行降水，结合计算分析以及方案评审意见，确定本基坑工程用中隔墙的地下连续墙厚度取 1 000 mm。地下连续墙混凝土强度等级水下 C35。

通过抗隆起计算，地下连续墙插入基底下 17 m 即可满足抗隆起稳定性要求。由于基坑整体先开挖，周边地下连续墙已考虑基坑开挖隔水要求，因此内部临时隔断地下连续墙无需做进一步的隔水处理。塔楼顺作区内部临时隔断地下连续墙入土深度约 45.0 m，槽段接头采用圆形锁口管接头。

5.4 水平支撑体系设计

5.4.1 顺作区水平支撑系统

塔楼顺作区域坑内竖向设置五道钢筋混凝土支撑，支撑平面布置如图 5-4 所示。其中，上交所和中金所塔楼区域采用圆环支撑布置，中结算塔楼区域采用对撑、角撑、边桁架布置。第一道钢筋混凝土水平支撑结合结构楼板设置。第二至五道钢筋混凝土支撑及围檩混凝土强度等级为 C40。支撑杆件主筋保护层厚度均为 30 mm。各道支撑的中心标高分别为－2.400 m，－8.050 m，－15.100 m，－20.100 m 和－24.600 m。

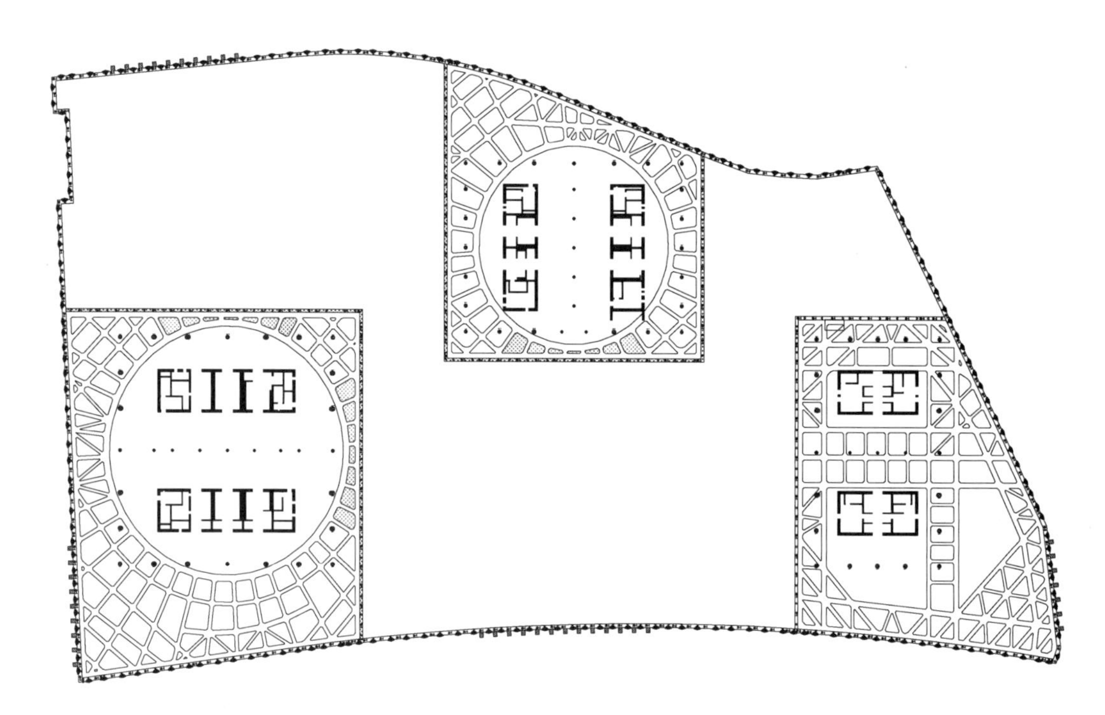

图 5-4 塔楼顺作区临时支撑平面图

5.4.2 逆作区结构梁板替代水平支撑

逆作区域以 5 层结构梁板作为基坑开挖阶段的水平支撑，其支撑刚度大，对水平变形的控制极为有效，对周边环境保护非常有利，同时也避免了临时支撑拆除过程中围护墙的二次受力和二次变形对环境造成的进一步影响。结合总包单位的施工组织安排，在首层结构梁板上设置专用的施工车辆运行通道及堆载场地。利用首层结构梁板作为施工机械的挖土平台及车辆运作通道，可有效解决基地周边施工场地狭小问题。各层结构梁板均匀预留较大的出土口，对逆作施工阶段的出土带来极大的方便，有利于加快施工进度，节约工期。图 5-5 为逆作首层结构梁板的平面布置图。

1. 结构高低差位置的处理

针对地下室结构楼板存在较大高差位置，则为了保证水平力的有效传递，根据具体的结构高差情况，通过对结构框架梁和板采取加腋的有效措施来解决。加腋范围内另外独立配筋，从结构受力和构造的角度两方面入手，附加的腋角逆作施工结束可根据建筑以及设备等专业要求确定是否保留。结构梁板高差位置加腋示意如图 5-6 所示。

施工区域高差处理须兼顾结构受力和施工车辆通行两方面的因素，为此，施工区域高差处另外增设了一道现浇的车道斜板，斜板范围内的框架梁和次梁顶标高需相应抬高至斜板面，作为车道斜板的支座，如图 5-7 所示。车道斜板既作为水平传力支撑，同时又作为车道板，解决了逆作阶段高差位置水平力的传递问题以及作为施工场地车辆通行的要求。

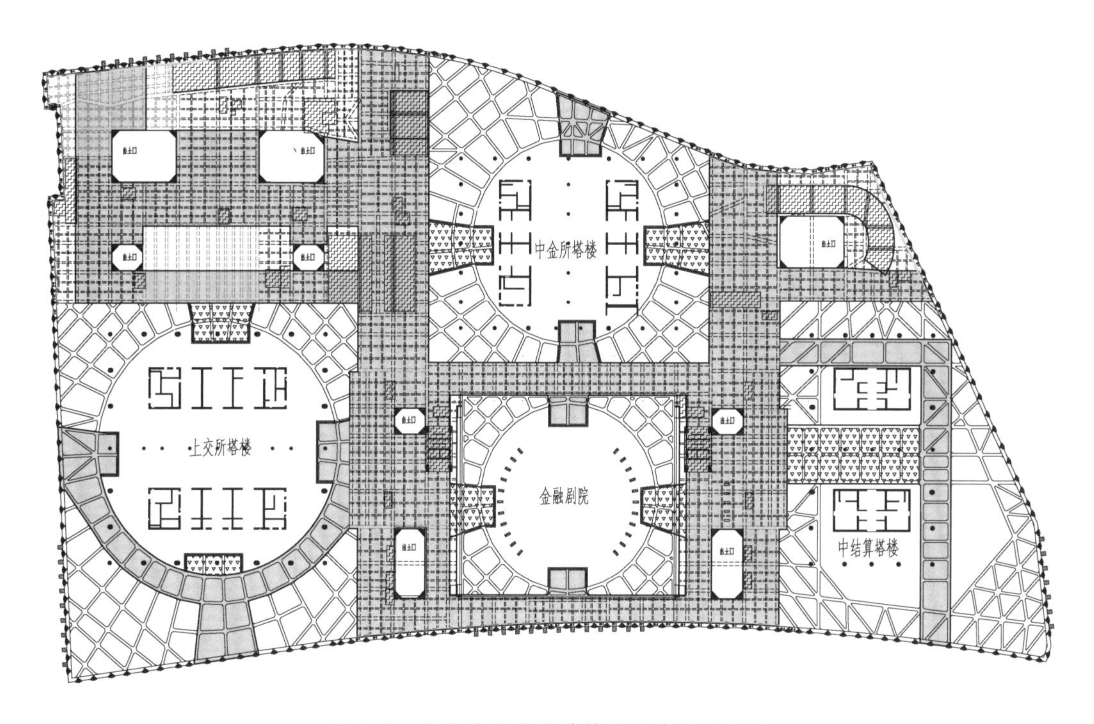

图 5-5　逆作阶段首层结构平面布置示意图

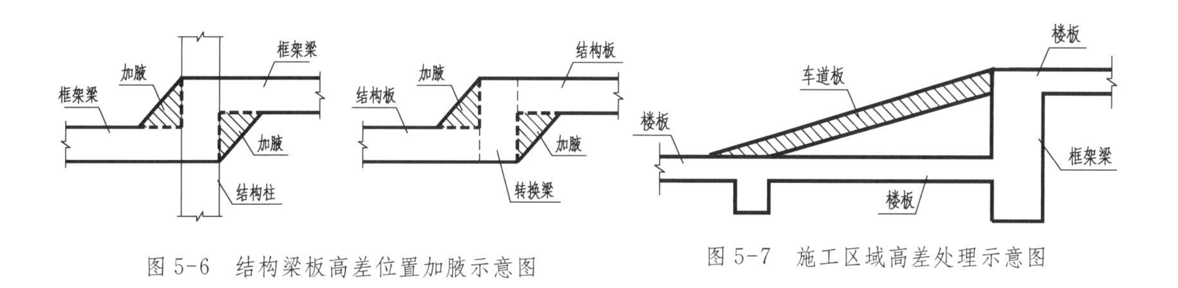

图 5-6　结构梁板高差位置加腋示意图

图 5-7　施工区域高差处理示意图

2. 纯地下室逆作区梁柱节点钢筋穿越方案

钢立柱与梁节点的设计，主要是解决梁钢筋如何穿过钢立柱，保证框架柱完成后，节点的质量和内力分布与结构设计计算简图一致。本工程钢管立柱采用 Φ550×16 钢管，由于地下室结构构件配筋的数量较多，因此逆作施工阶段必然存在梁柱节点位置梁钢筋难以穿越钢立柱的困难。

根据逆作施工阶段的一柱一桩承载力计算的需要，本工程对上部结构下承载力较高的立柱采用钢管混凝土立柱，考虑到框架梁钢筋的穿越，并且本工程中纯地下室区域结构主梁均采用截面宽度不小于 1 000 mm 的宽梁，因此考虑采用已在若干逆作法工程中得到大量成功应用的宽梁节点，具体如图 5-8 所示。

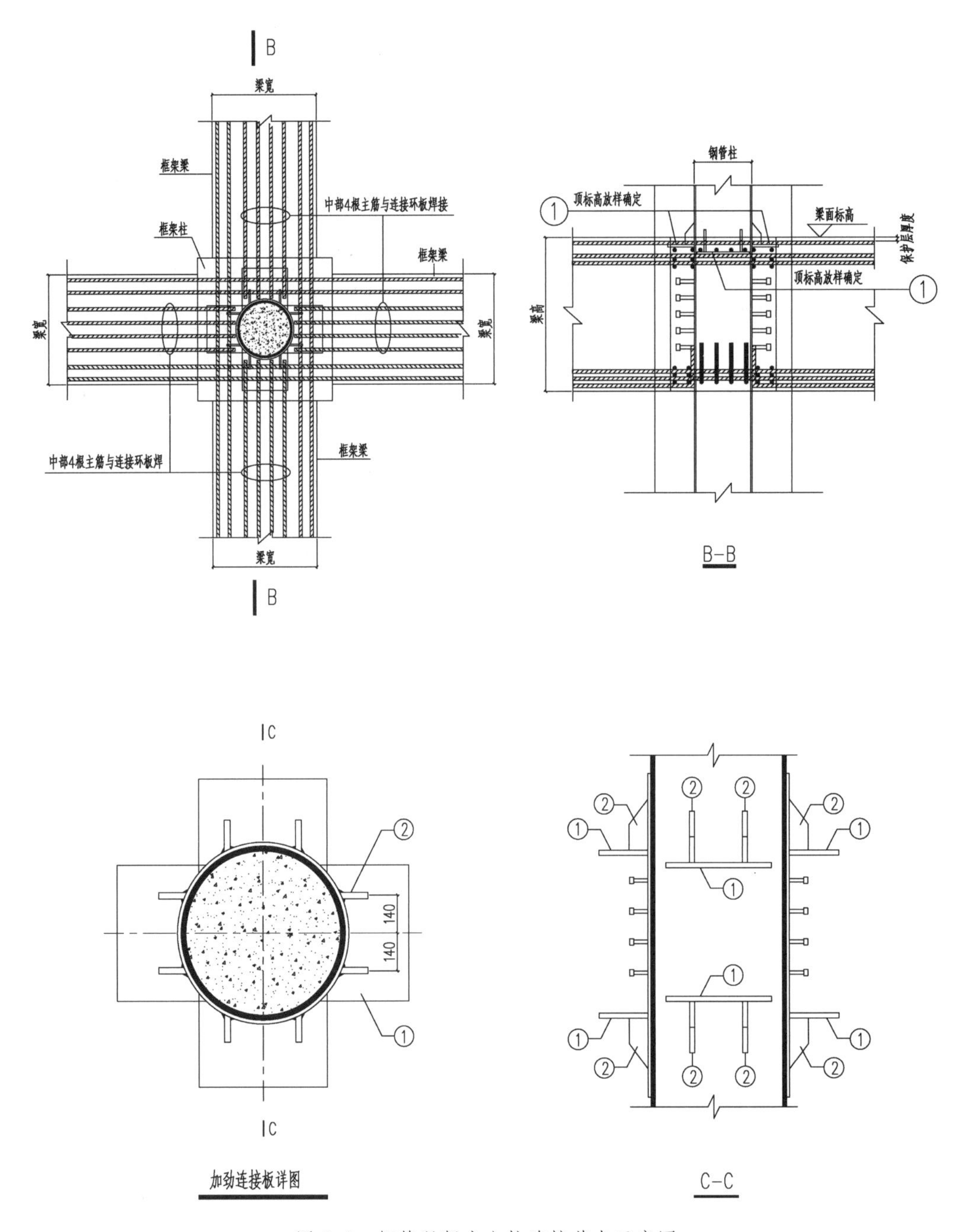

图 5-8　钢管混凝土立柱连接节点示意图

5.5　竖向支承系统设计

一柱一桩竖向支承系统由钢立柱和立柱桩组成，钢立柱有钢管混凝土柱和角钢格构柱两种形式，纯地下室区域钢立柱采用钢管混凝土柱，塔楼顺作区及金融剧院区域钢立柱采用角钢格构柱。

5.5.1 顺作区域竖向支承系统

塔楼顺作区域需要设置竖向构件来承受水平支撑的竖向荷载，本工程中采用临时钢立柱及柱下钻孔灌注桩作为水平支撑系统的竖向支承构件。临时钢立柱根据不同区域的竖向荷载大小采用由等边角钢 4∟180×18 和缀板焊接而成的型钢格构柱，其截面为 480 mm×480 mm，型钢型号为 Q345B，钢立柱插入作为立柱桩的钻孔灌注桩中不少于 3 m。支撑立柱桩设计时结合主体工程桩桩位的布置，尽量利用工程桩作为立柱桩，其余另外加打，无法利用工程桩的位置增打桩径为 850 mm 的钻孔灌注桩作为立柱桩，加打的立柱桩桩长 30 m，桩身混凝土设计强度等级为 C30。角钢格构柱及立柱桩详图如图5-9所示。

5.5.2 纯地下室逆作区域竖向支承系统

1. 一柱一桩设计工况

一柱一桩竖向支承系统在最不利工况时承受地下五层结构梁板、立柱自重以及施工荷载等荷载。其中施工活荷载包括。

(1) 地下五层同时存在施工荷载，除首层行车通道外每层施工荷载为 2 kPa。

(2) 首层行车通道及堆载区域施工荷载为 20 kPa。逆作阶段纯地下室区域一柱一桩的计算荷载为 8 500 kN。

2. 立柱设计

钢立柱根据上部荷载大小采用钢管混凝土立柱。纯地下室区域逆作施工阶段一柱一桩竖向支承系统在最不利工况时承受地下五层结构梁板自重以及施工荷载等荷载，单根立柱桩设计抗压承载力特征值高达 8 500 kN，常规的角钢格构柱不能满足该承载和稳定性的高要求，因此本工程根据受力特点选用 Φ550×16 钢管内填 C60 高强混凝土的钢管混凝土柱。由于本工程地下各层层高较大，而且承载力要求很高，因此钢管混凝土柱的垂直度设计控制要求不大于 1/600。

3. 立柱桩设计

根据现场试桩情况，现场试桩桩长约 76 m，有效桩长约 49 m，桩径为 1 m，其试桩承载力可达 28 500 kN；并且根据上述试桩结果和上海地基规范计算，在考虑桩端后注浆的效果下，单桩承载力特征值可满足逆作阶段施工要求的有效桩长为 45 m。钢管混凝土柱及立柱桩详图如图 5-10 所示。

5.6 顺逆作交叉实施流程

在施工流程上，完成主体工程桩、基坑围护体及一柱一桩的施工之后，依次浇筑形成地下室顶板结构和地下一层结构，其后塔楼区域往下顺作开挖，期间纯地下室区域土方保持不动，待塔楼区域施工完成地下一层结构后，方进行纯地下室区域的土方开挖及地下结构的逆作施工。在纯地下室往下逆作施工期间，塔楼区域可进行地上结构的施工。主要的施工流程如图 5-11—图 5-26 所示。

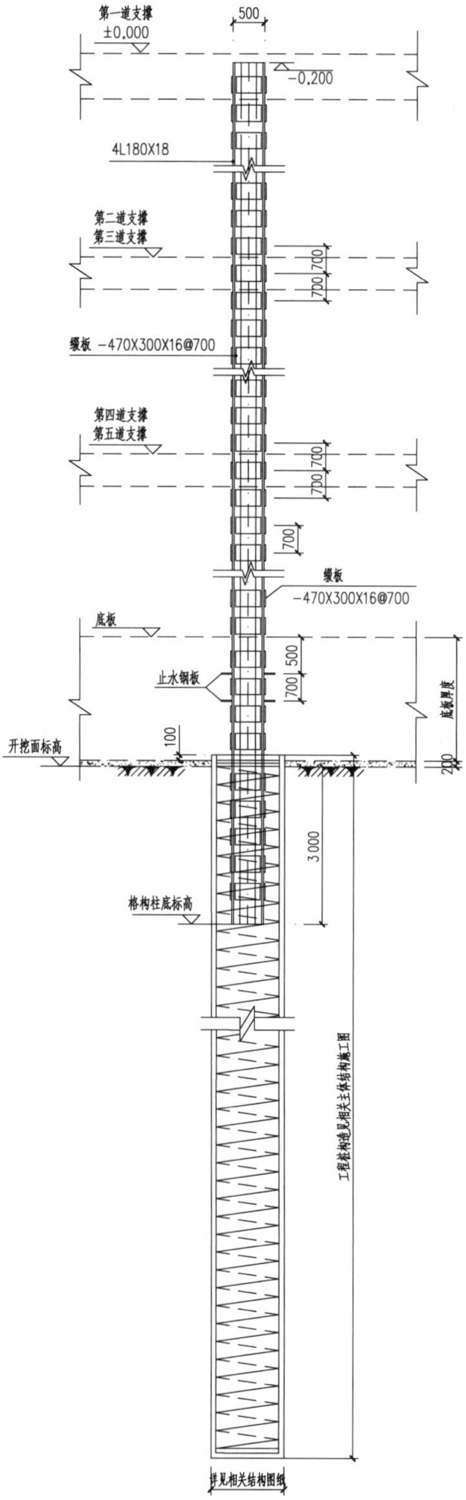

图 5-9　角钢格构柱及立柱桩详图

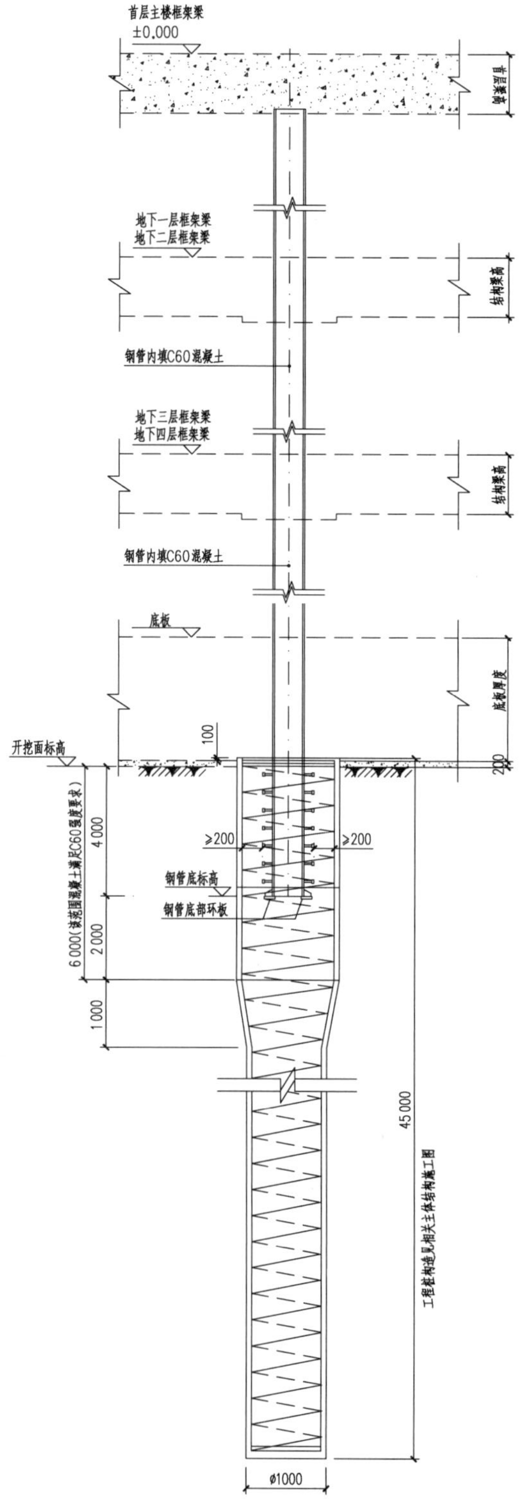

图 5-10　钢管混凝土柱及立柱桩详图

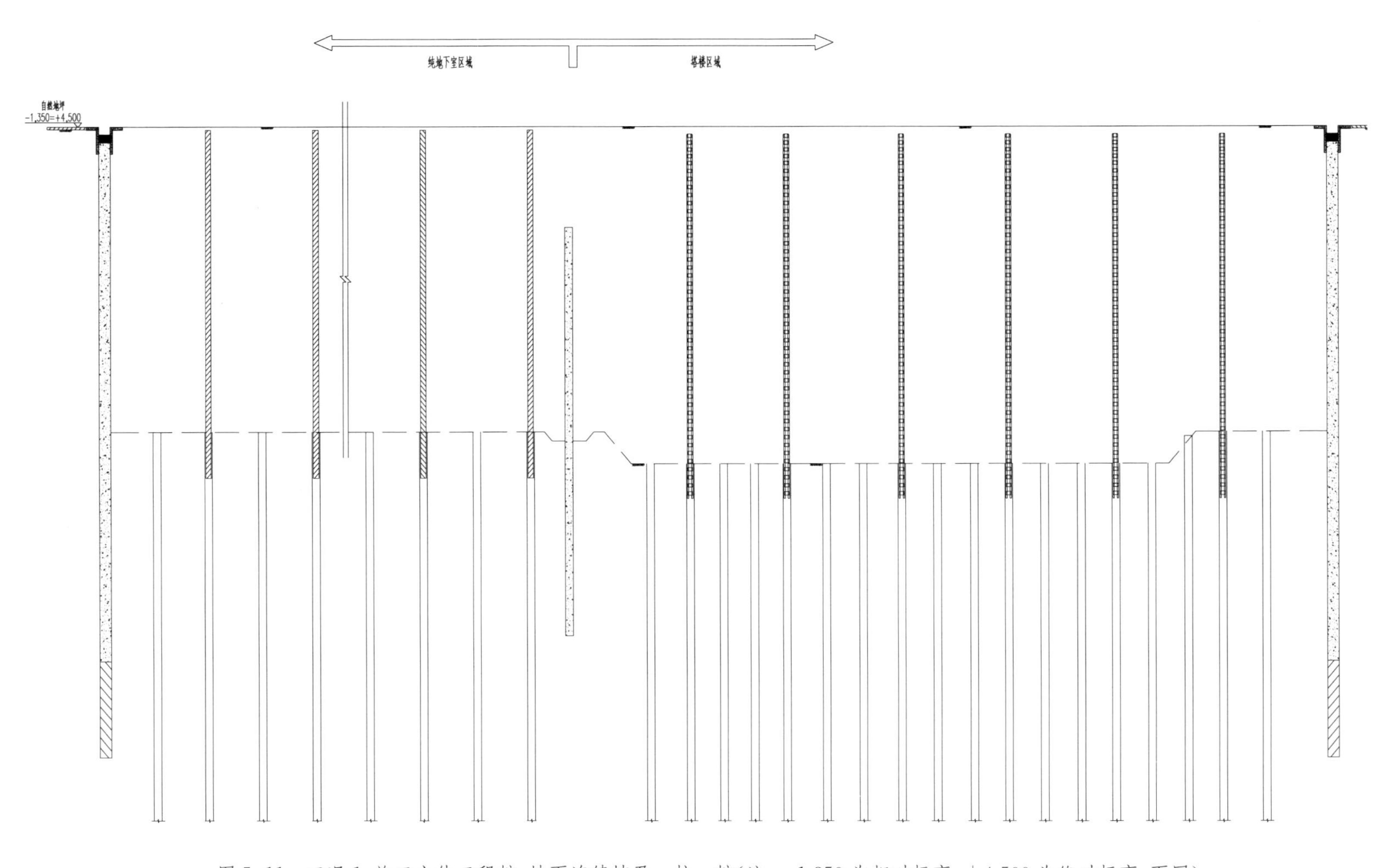

图 5-11　工况 1:施工主体工程桩、地下连续墙及一柱一桩(注:-1.350 为相对标高,+4.500 为绝对标高,下同)

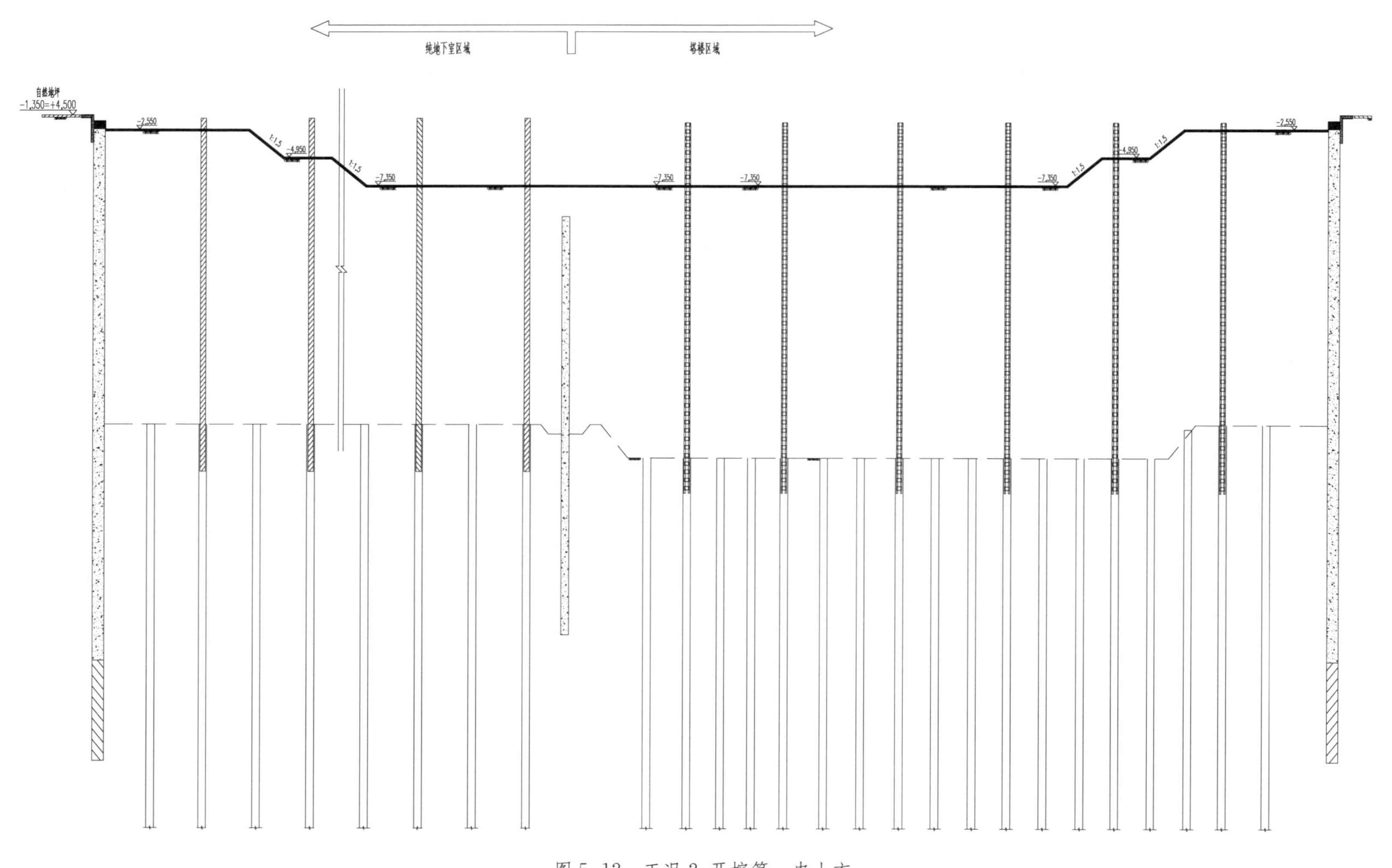

图 5-12　工况 2:开挖第一皮土方

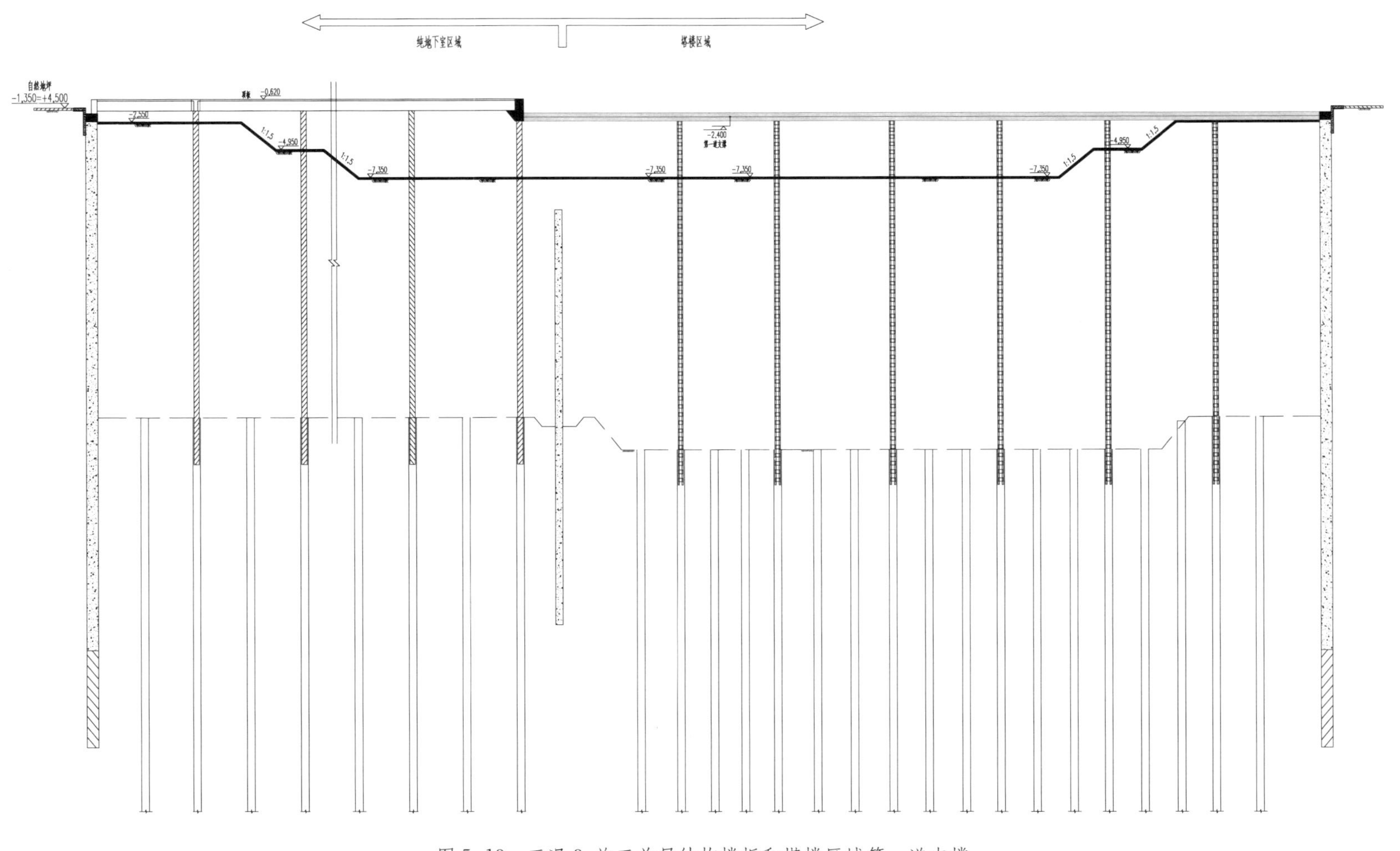

图 5-13　工况 3:施工首层结构楼板和塔楼区域第一道支撑

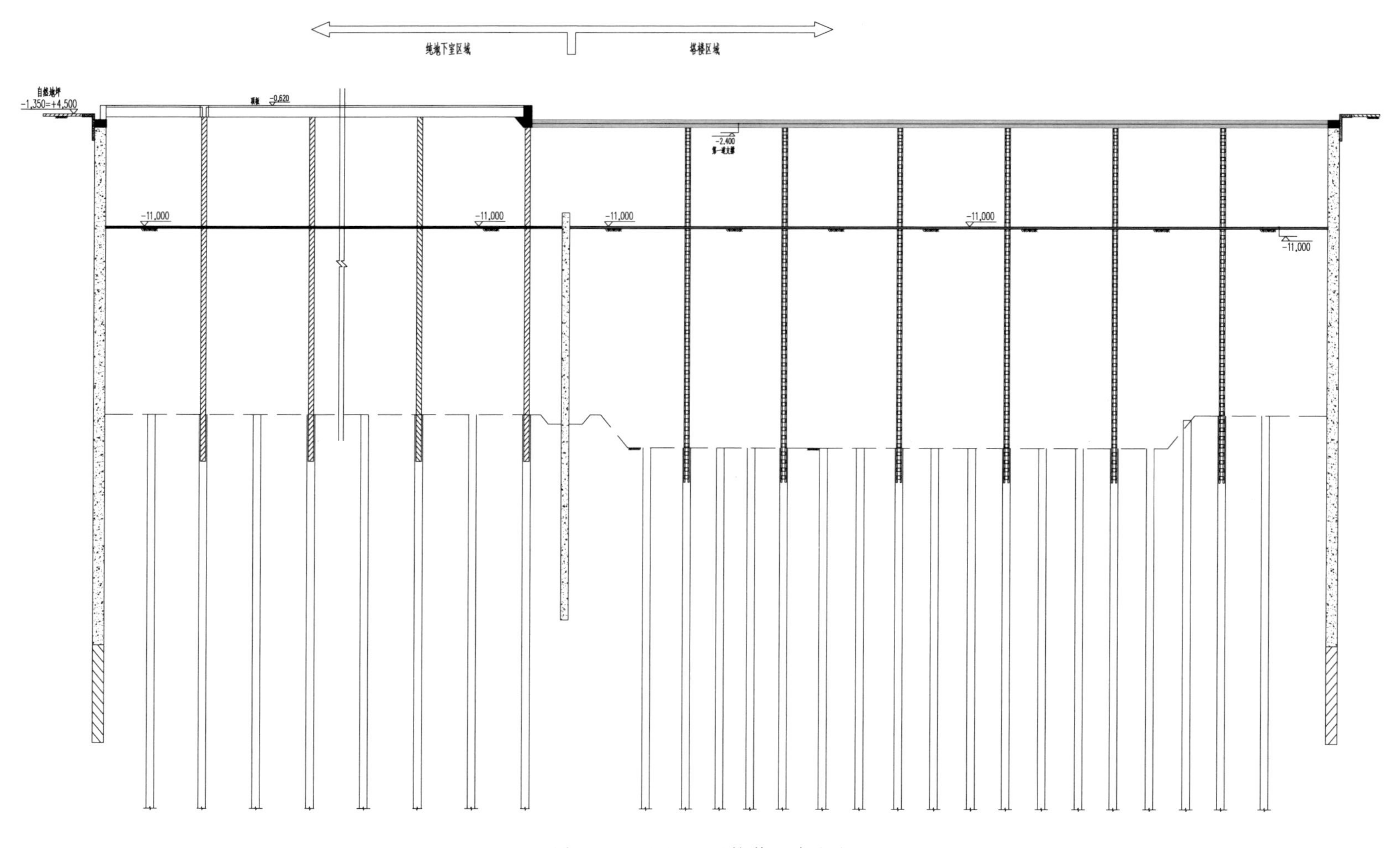

图 5-14 工况 4:开挖第二皮土方

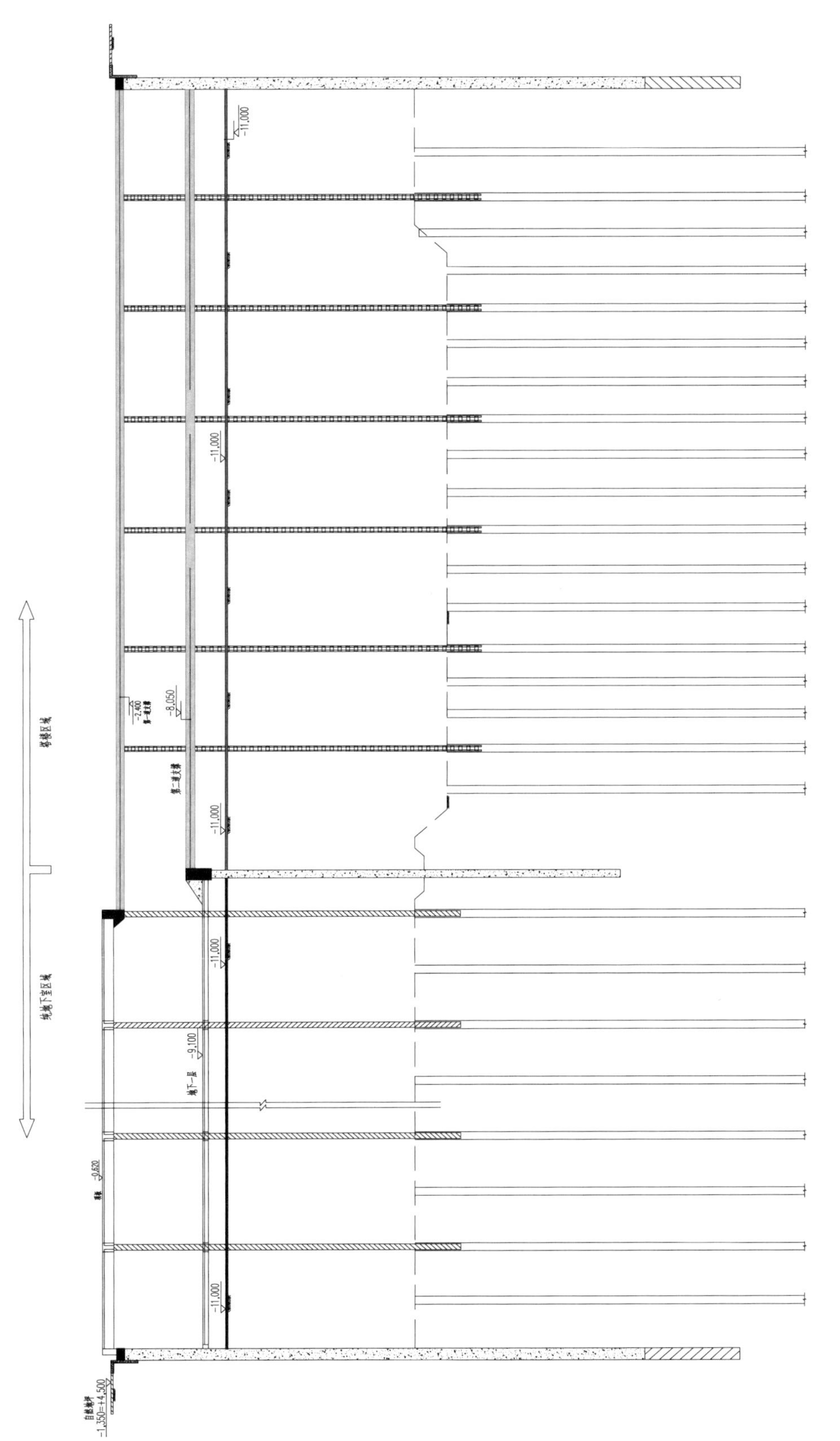

图 5-15　工况 5：施工地下一层结构楼板和塔楼区域第二道支撑

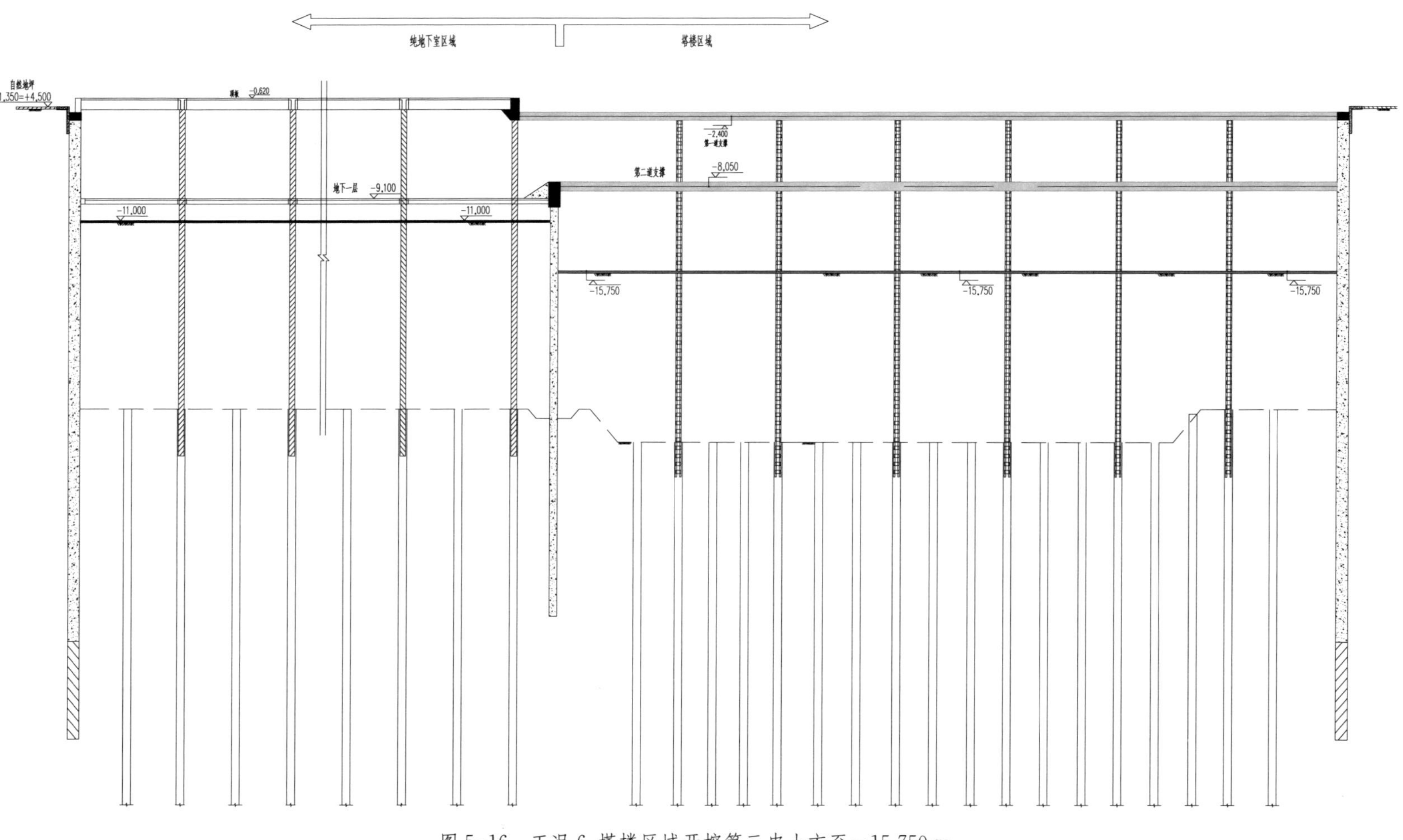

图 5-16 工况 6:塔楼区域开挖第三皮土方至－15.750 m

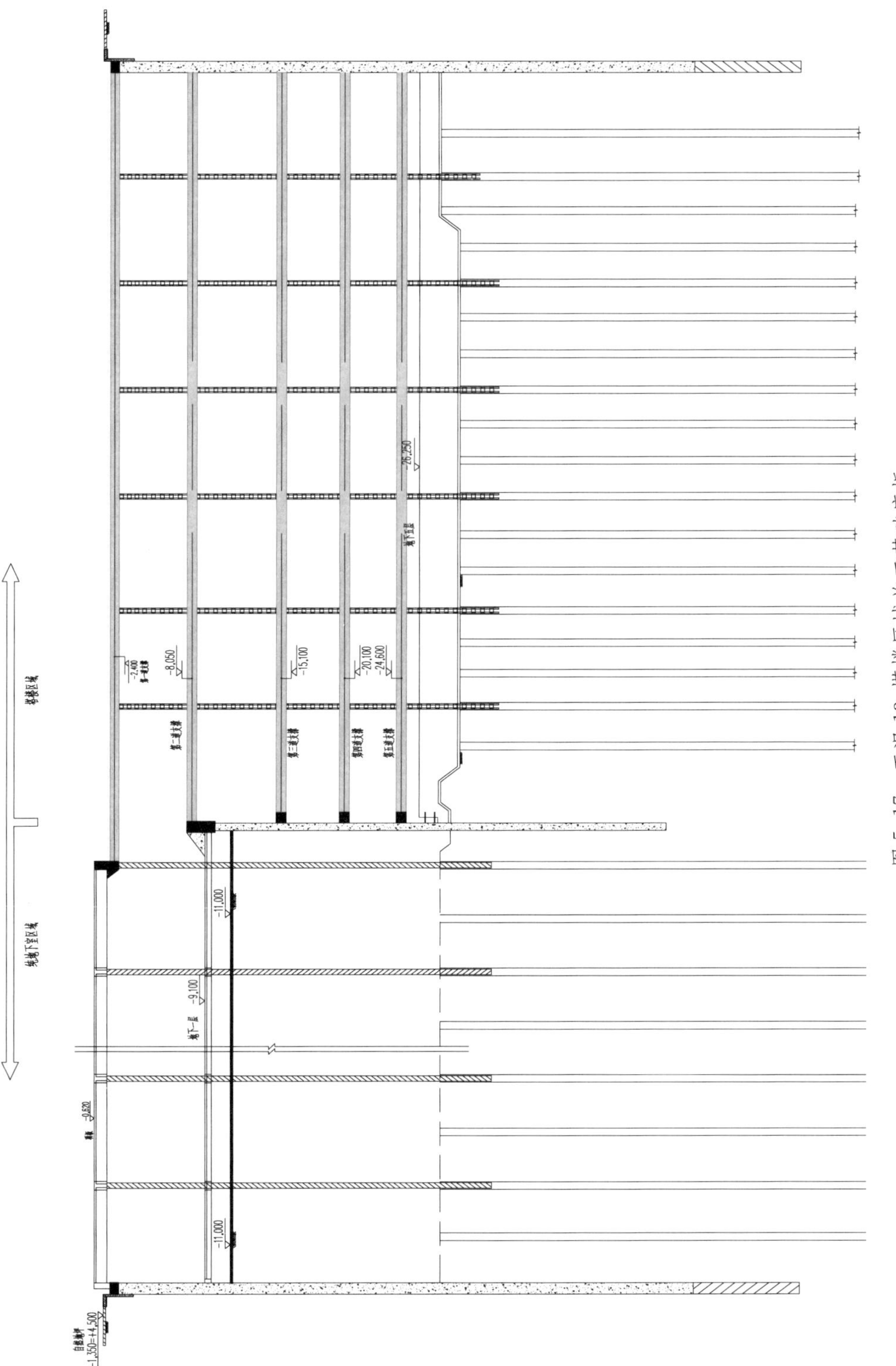

图 5-17　工况 13:塔楼区域施工基础底板

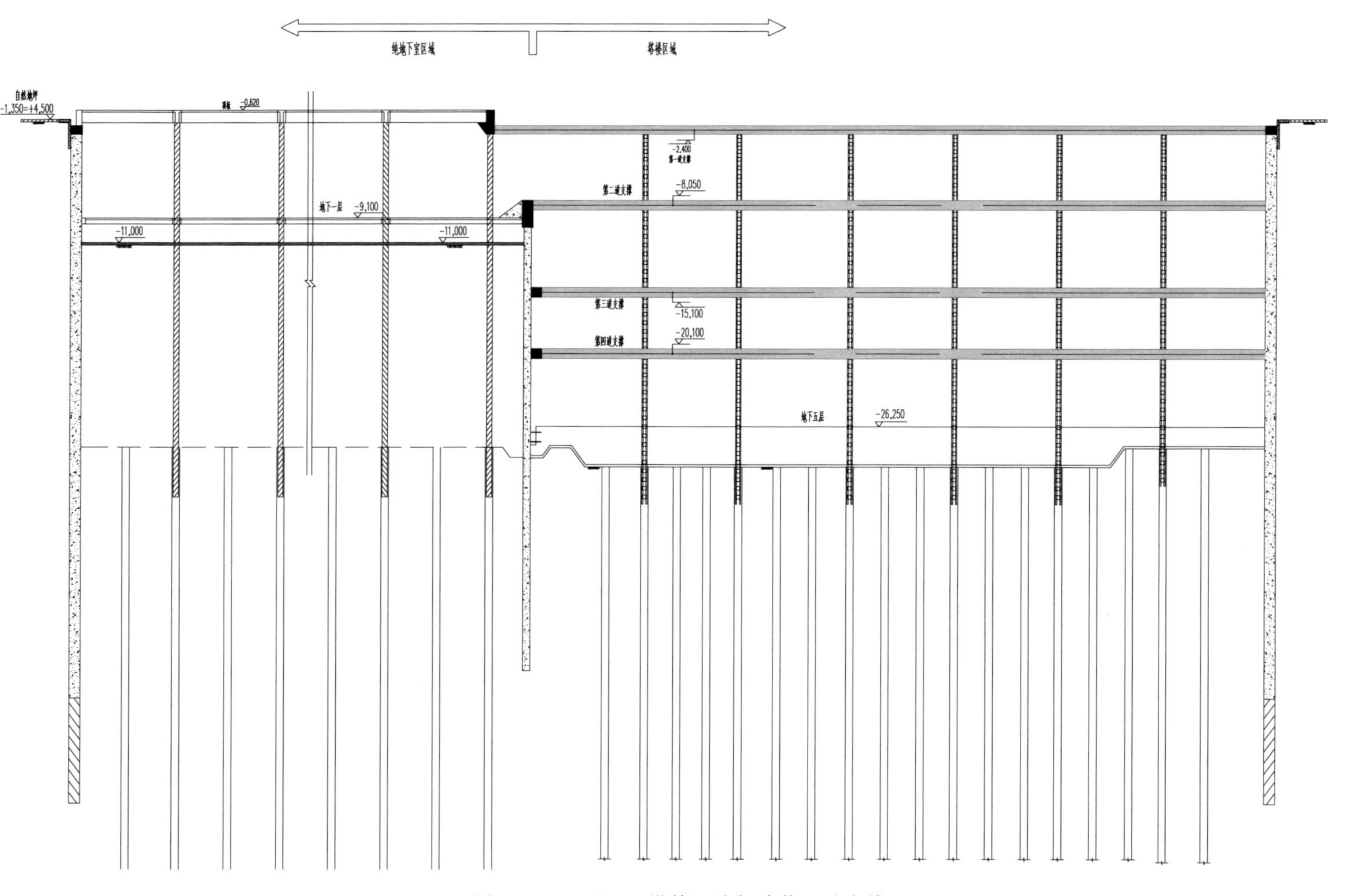

图 5-18 工况 14:塔楼区域拆除第五道支撑

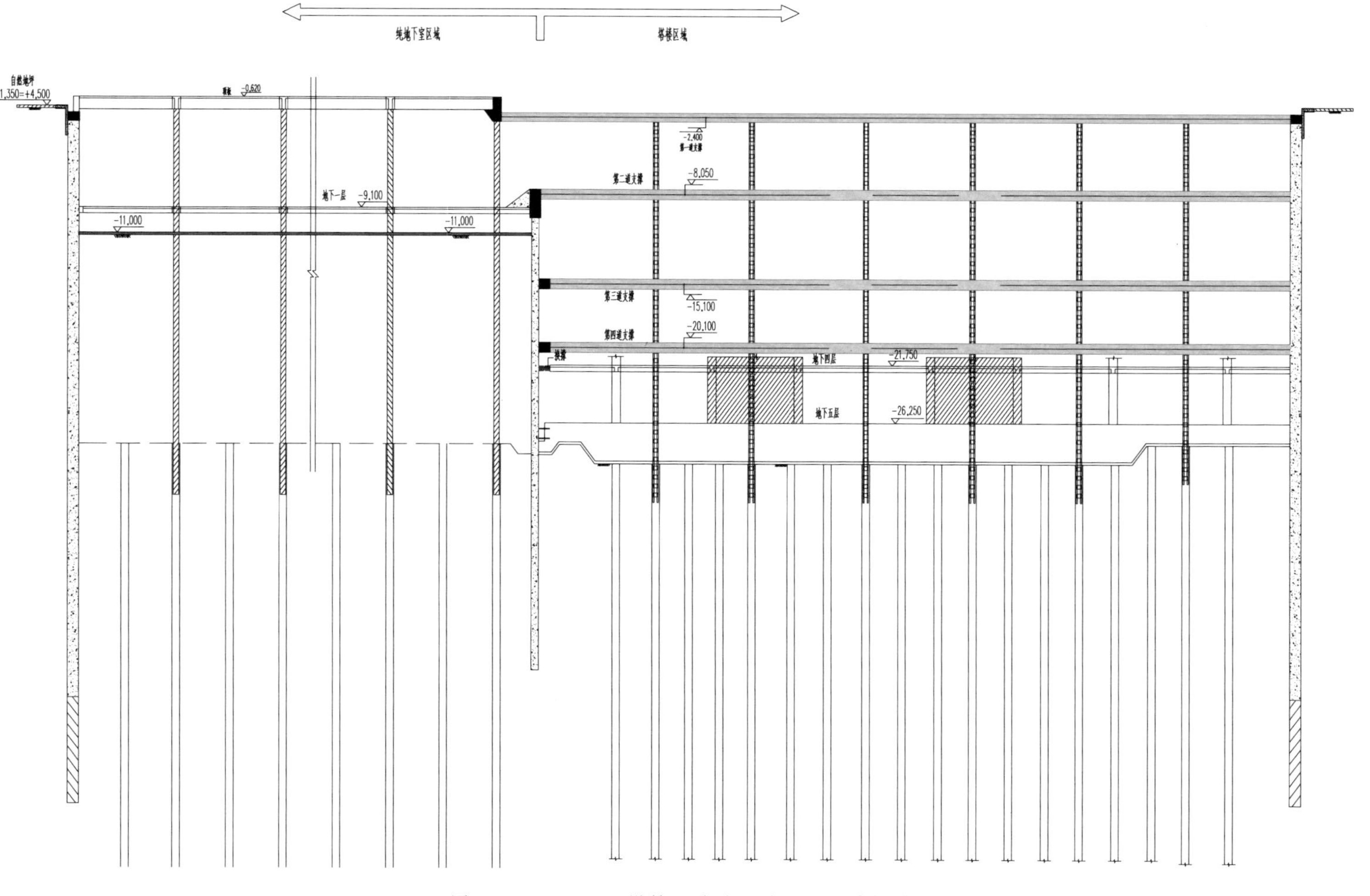

图 5-19　工况 15:塔楼区域施工地下四层结构楼板

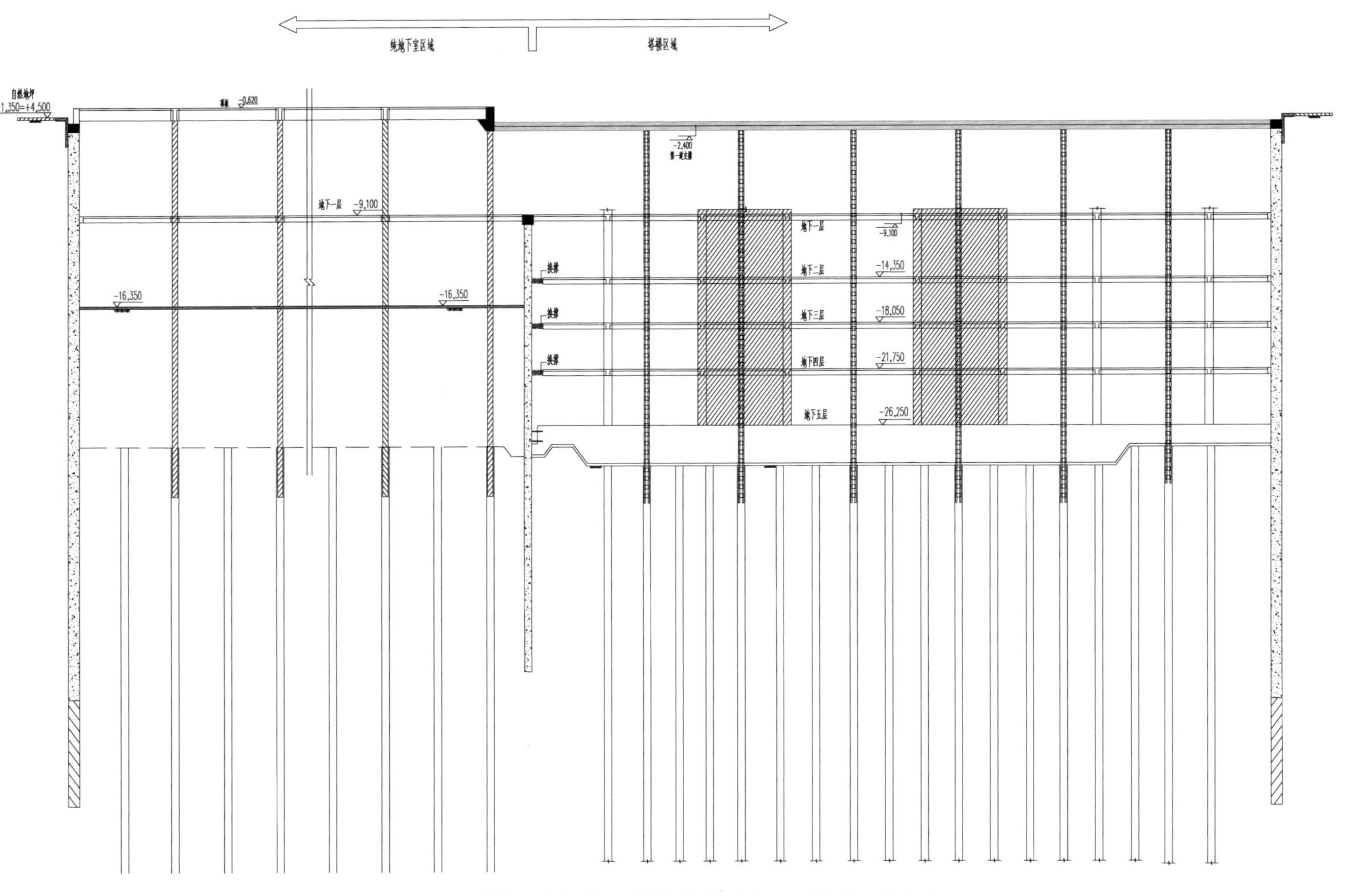

图 5-20　工况 21:塔楼区域拆第二道撑,纯地下室区开挖第三皮土方至−16.350 m

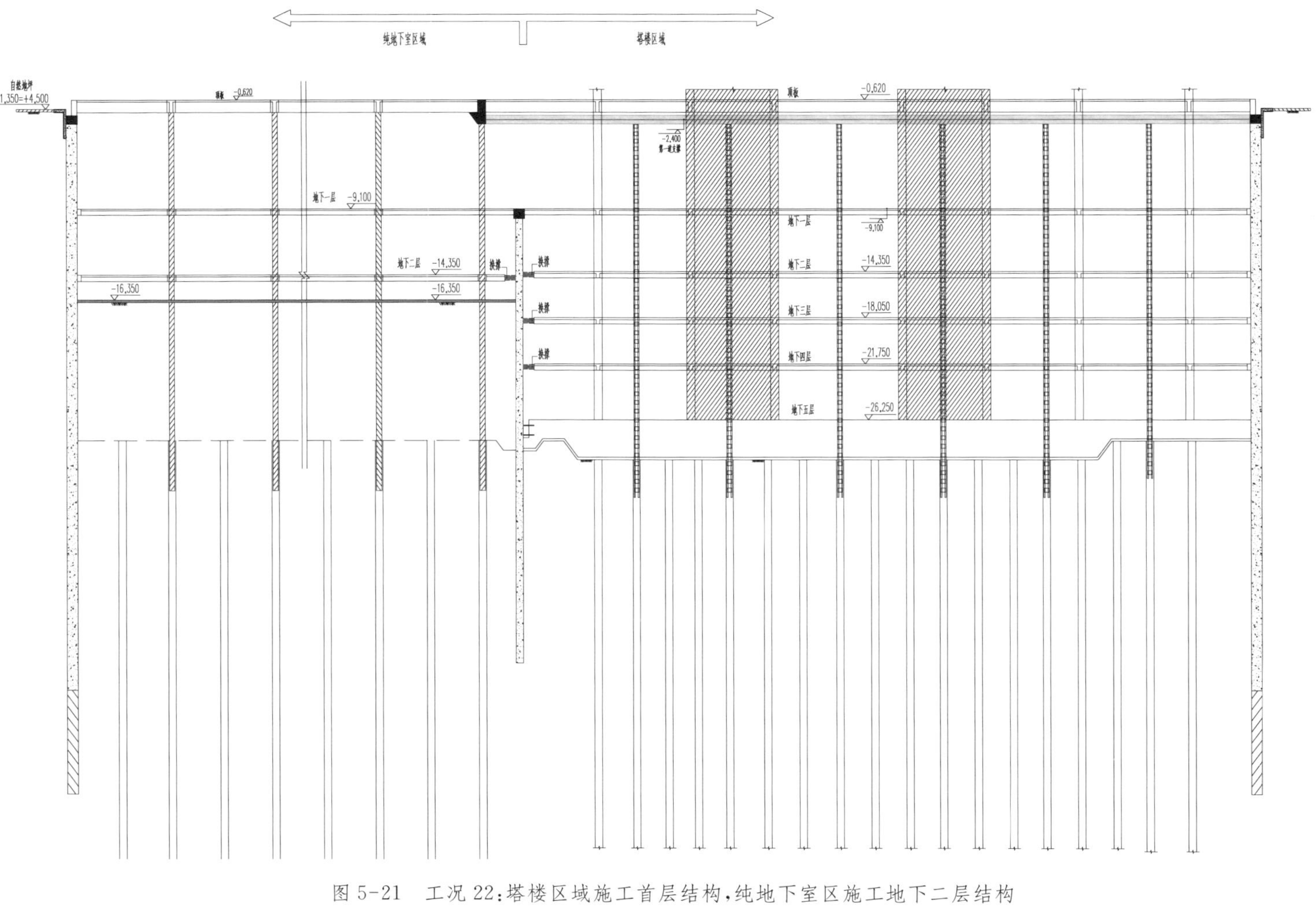

图 5-21　工况 22:塔楼区域施工首层结构,纯地下室区施工地下二层结构

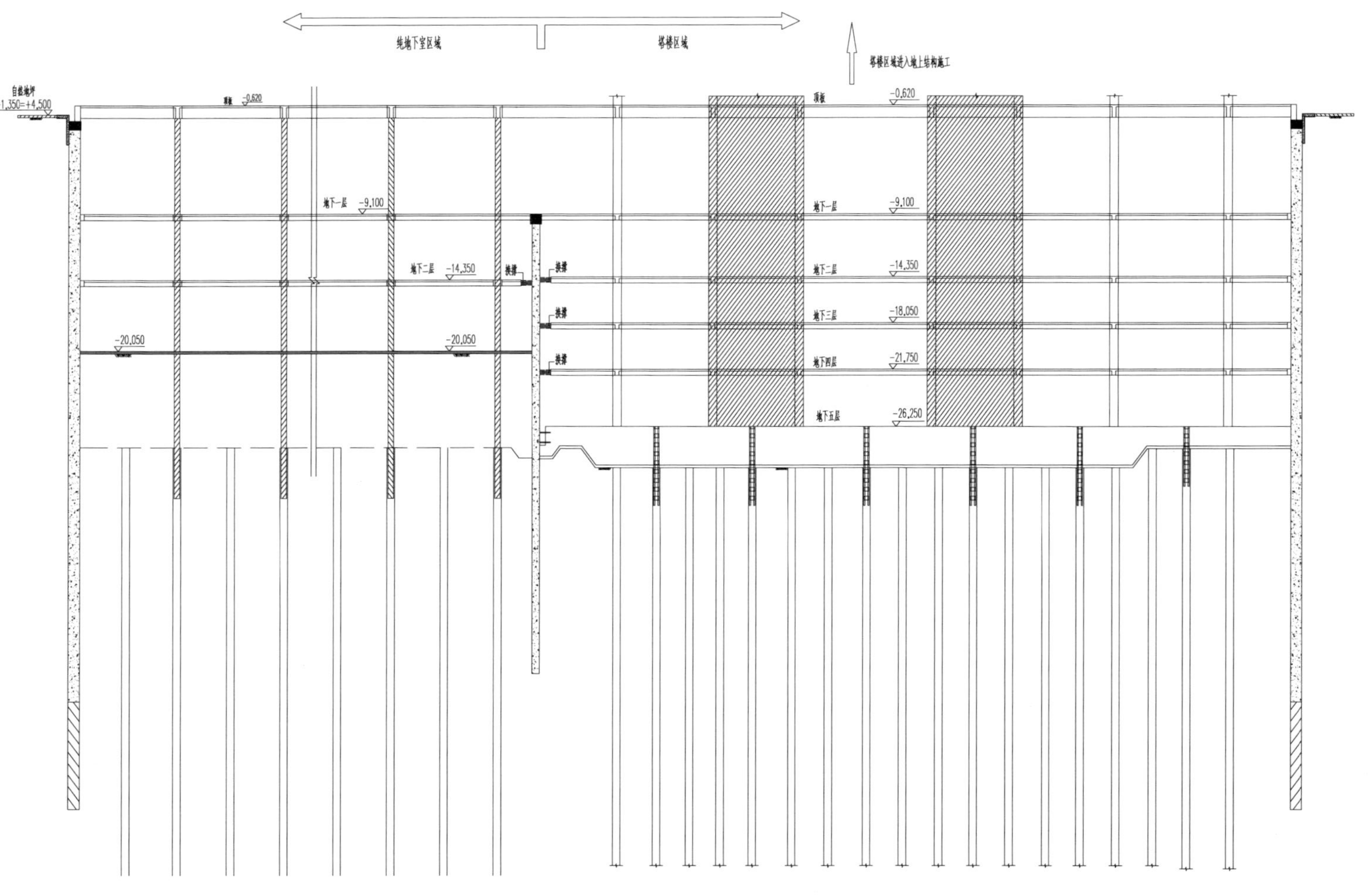

图 5-22 工况 23:塔楼区拆第一道撑并施工上部结构,纯地下室开挖第四皮土方至−20.050 m

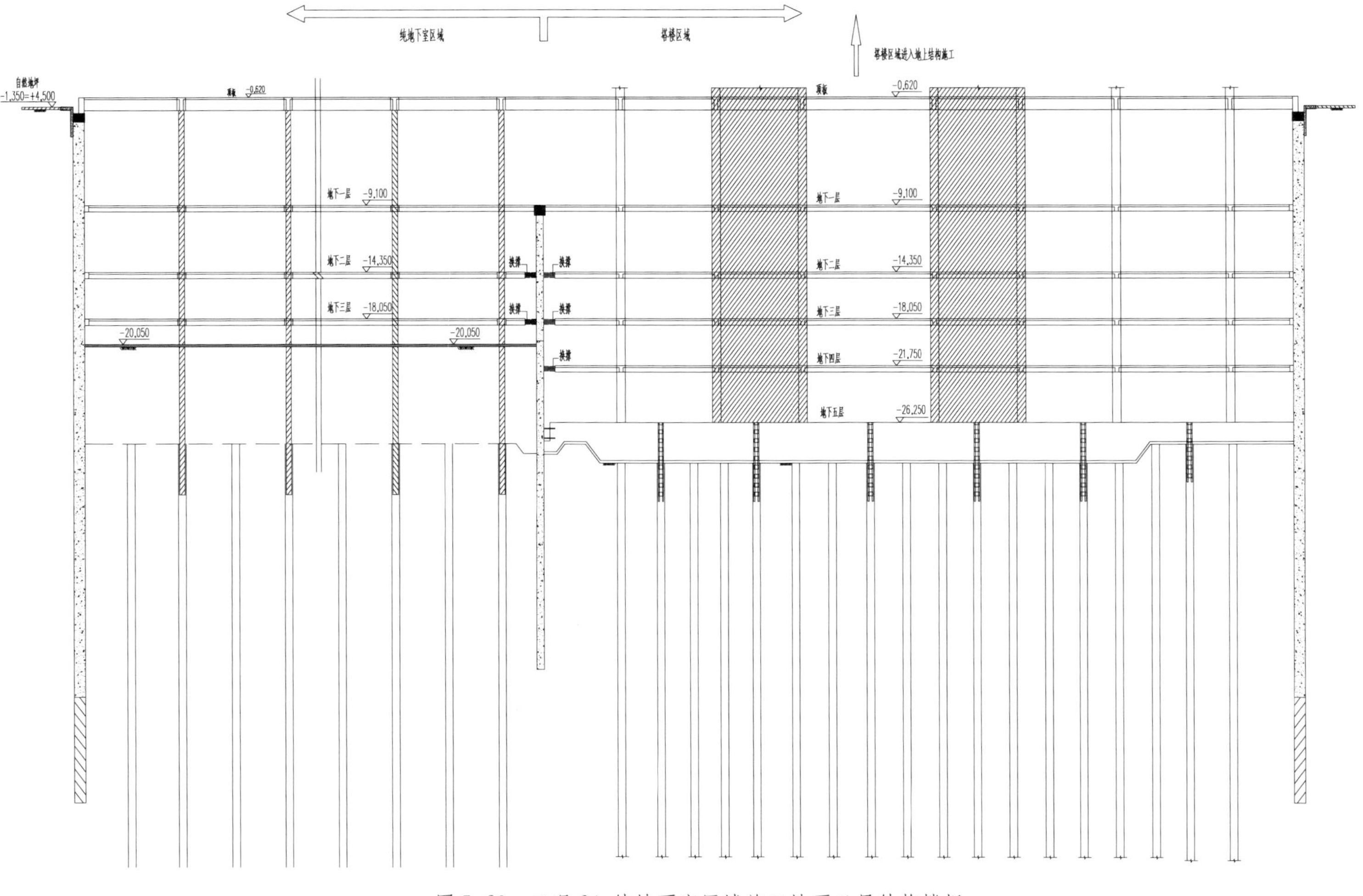

图 5-23　工况 24:纯地下室区域施工地下三层结构楼板

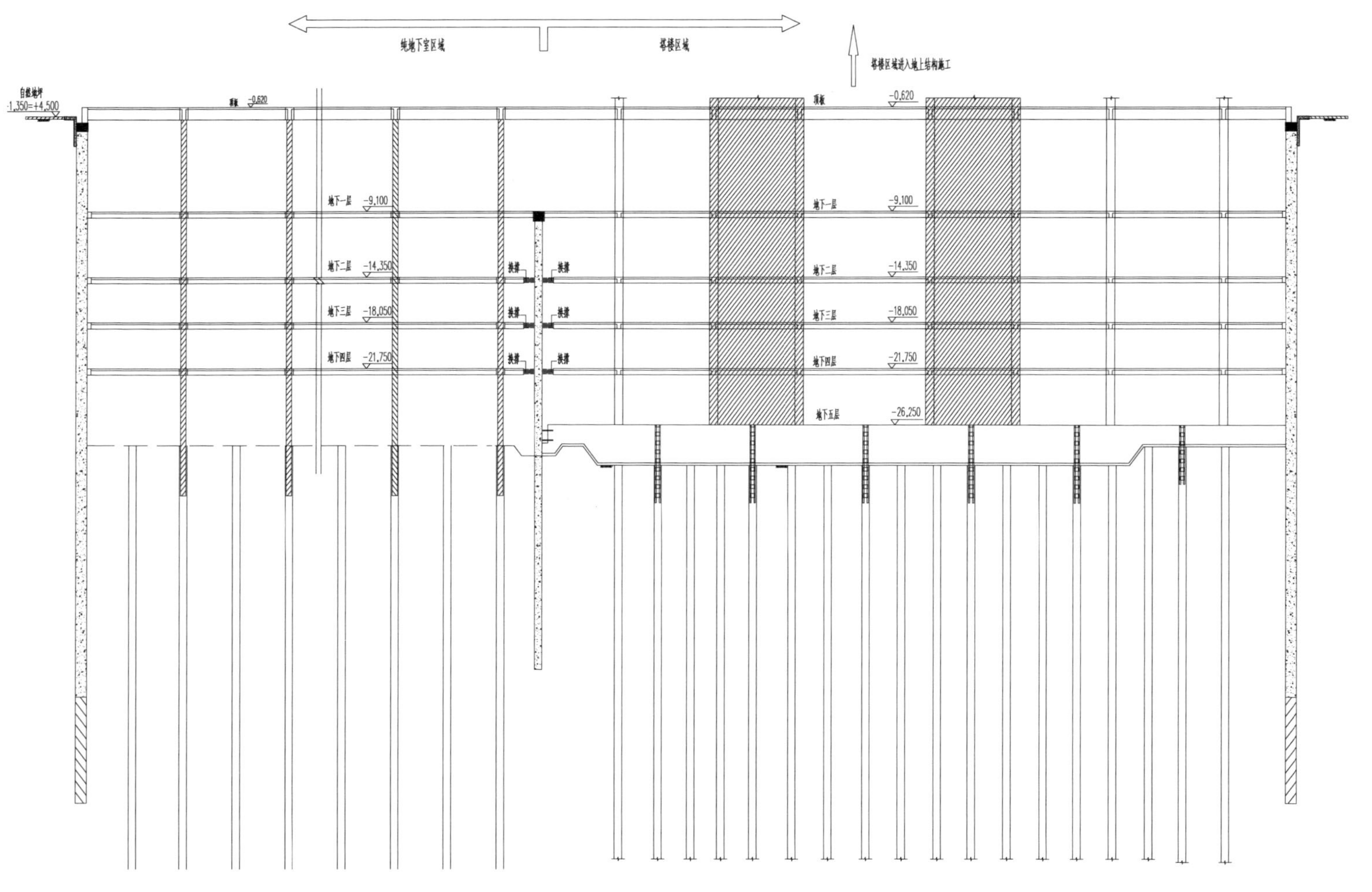

图 5-24　工况 27:纯地下室区域开挖第六皮土方至基底

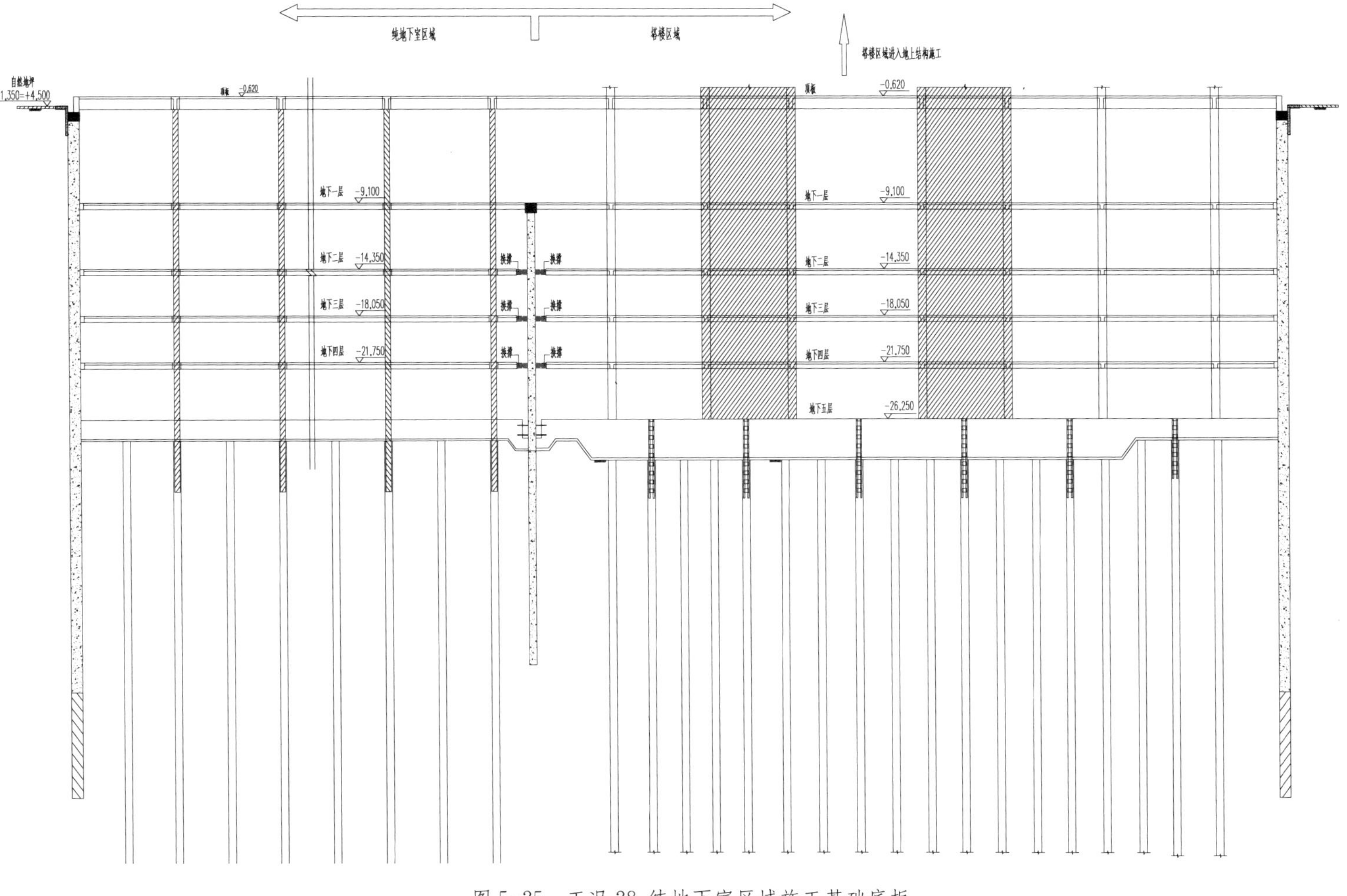

图 5-25　工况 28:纯地下室区域施工基础底板

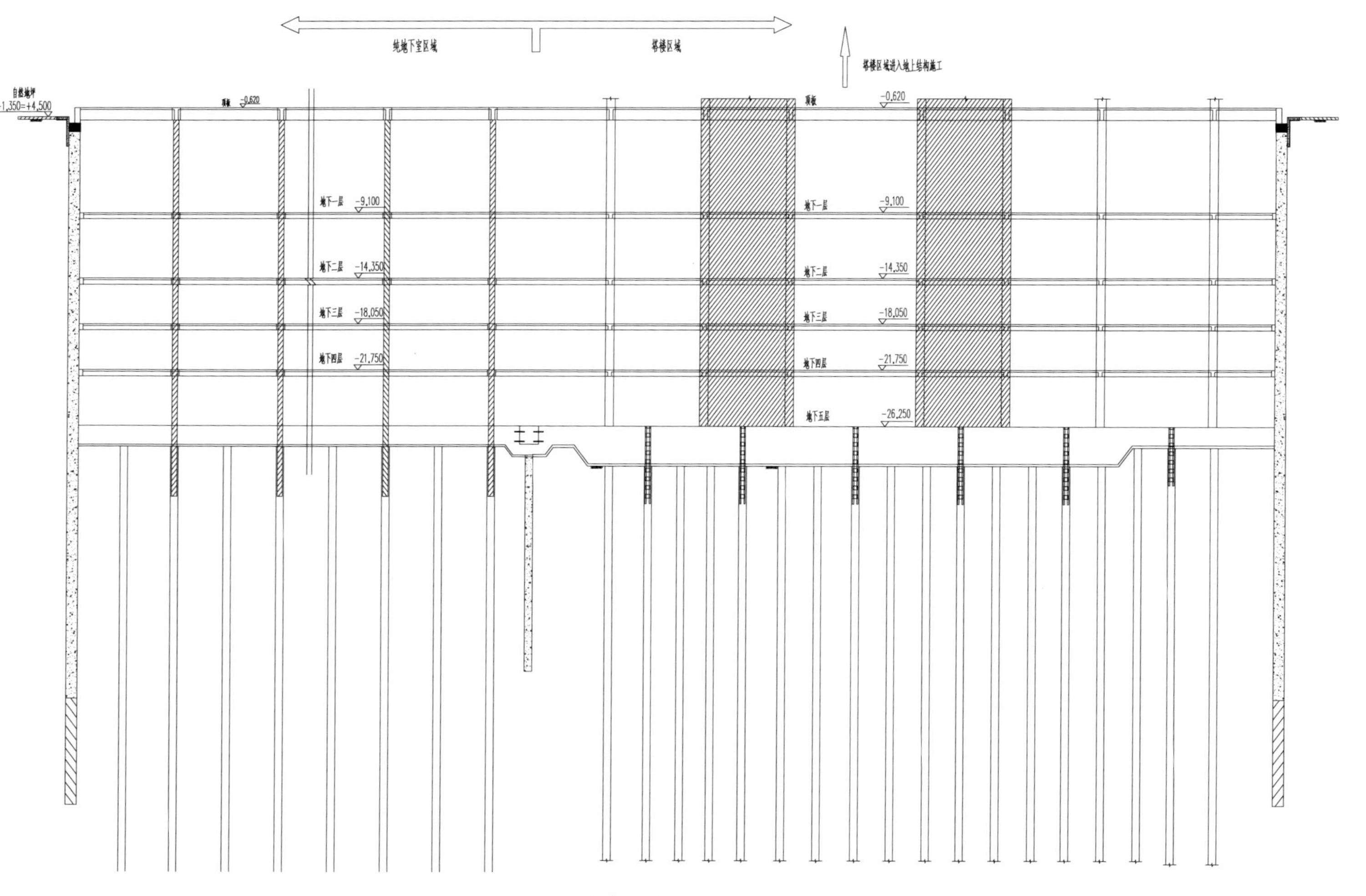

图 5-26　工况 29:凿除临时隔断,纯地下室和塔楼连成整体

第三篇

主体结构设计研究

第 6 章　塔楼抗震设计研究

6.1　塔楼结构超限情况分析

6.1.1　结构不规则性分析

塔楼可选取首层为嵌固层位置。根据《高层建筑混凝土结构技术规程》(JGJ 3—2010)[1](以下简称《高规》)的规定,工程中存在高度超高、多处楼层楼板缺失面积较大、部分楼层下层与上层的侧向刚度比较小以及楼层承载力不连续等超过《高规》的限值要求,塔楼不规则性分析如表 6-1 所示。

表 6-1　塔楼不规则性分析

<table>
<tr><th colspan="2">项目</th><th>情况说明</th><th>规范要求</th><th>超限判断</th></tr>
<tr><td colspan="2">结构类型</td><td>钢管混凝土框架-核心筒</td><td>—</td><td>否</td></tr>
<tr><td colspan="2">结构总高度</td><td>195 m</td><td>190 m</td><td>是</td></tr>
<tr><td colspan="2">地下室埋深</td><td>25.95 m+底板厚度</td><td>(1/18)×房屋高度=195/18=11 m</td><td>否</td></tr>
<tr><td colspan="2">高宽比</td><td>195/70=2.79</td><td>7</td><td>否</td></tr>
<tr><td colspan="2">长宽比</td><td>70/70=1</td><td>6</td><td>否</td></tr>
<tr><td colspan="2">错层/连体-加强/多塔等复杂情况</td><td>复杂连体结构</td><td>—</td><td>是</td></tr>
<tr><td rowspan="4">平面规则性</td><td>扭转规则性</td><td>1.16</td><td><1.2</td><td>否</td></tr>
<tr><td>凹凸规则性</td><td>无</td><td>≤30%总尺寸</td><td>否</td></tr>
<tr><td rowspan="2">楼板局部连续性</td><td rowspan="2">多处楼层楼板缺失面积>35%楼面面积</td><td>≤30%楼面面积</td><td rowspan="2">是</td></tr>
<tr><td>≤40%楼面典型宽度</td></tr>
<tr><td rowspan="5">竖向规则性</td><td rowspan="3">侧向刚度规则性</td><td rowspan="3">底层(6 层)与上一层侧向刚度比为 1.41(层高 17.5 m)
15 层与上一层侧向刚度比为 1.02(层高 10 m)</td><td>≥70%相邻上一楼层</td><td rowspan="3">是</td></tr>
<tr><td>≥80%相邻三楼层平均</td></tr>
<tr><td>底层应大于上层 1.5 倍</td></tr>
<tr><td>竖向抗侧力构件连续性</td><td>无</td><td>连续</td><td>否</td></tr>
<tr><td>楼层承载力突变性</td><td>29 层与上一层侧向刚度比为 0.69(标高 141 m)</td><td>≥80%相邻上一楼层</td><td>是</td></tr>
</table>

由表6-1可知,塔楼存在高度超限、结构平面和竖向规则性超限,属于超限复杂结构,需进行超限高层建筑抗震设防专项审查。

6.1.2 抗震设防性能目标

按照《建筑抗震设计规范》(GB 50011—2010),并参照《高层建筑混凝土结构技术规程》(JGJ 3—2010)的相关要求,初定本工程抗震性能目标为:发生多遇地震(小震)后与各塔楼连接失效,塔楼能保证未受损,功能完整,不需修理即可继续使用,即完全可使用的性能目标;发生设防烈度地震(中震)后能保证建筑结构轻微受损,主要竖向和抗侧力结构体系基本保持震前的承载能力和特性,建筑功能受扰但稍作修整即可继续使用,即基本可使用的性能目标;当发生罕遇地震(大震)时,结构有一定破坏但不影响承重,功能受到较大影响,但人员安全,即保证生命安全的性能目标。如表6-2所示。

表6-2 塔楼抗震设防性能目标

<table>
<tr><td colspan="2">项目</td><td colspan="3">抗震内容描述</td></tr>
<tr><td colspan="2">地震烈度</td><td>常遇地震</td><td>中度地震</td><td>罕遇地震</td></tr>
<tr><td colspan="2">描述</td><td>功能完善,无损伤</td><td>基本功能,中度损伤可修复</td><td>保障生命,中等损伤</td></tr>
<tr><td colspan="2">最大层间位移</td><td>$h/800$ ($H<150$ m)
$h/500$ ($H>250$ m)
根据高度取线性插值</td><td>$h/400$ ($H<150$ m)
$h/250$ ($H>250$ m)</td><td>$h/100$</td></tr>
<tr><td colspan="2">结构工作特性</td><td>无损伤,处于弹性</td><td>可修复,处于弹性/不屈服</td><td>严重损伤,不倒</td></tr>
<tr><td rowspan="4">构件性能</td><td>核心筒墙(10层以下及巨型支撑上下各一层)</td><td>弹性设计</td><td>不考虑调整值的弹性设计,性能标准2</td><td>附加满足剪力要求
性能标准4</td></tr>
<tr><td>连梁</td><td>弹性设计</td><td>—</td><td>性能标准4</td></tr>
<tr><td>巨型支撑</td><td>弹性设计</td><td>不考虑调整值的弹性设计,性能标准2</td><td>允许部分屈服,不屈曲
性能标准4</td></tr>
<tr><td>其他核心筒墙</td><td>弹性设计</td><td>—</td><td>附加满足剪力要求
性能标准4</td></tr>
</table>

6.2 结构抗震分析与计算

针对结构抗震性能目标,在多遇地震作用下采用了SATWE和MIDAS两种有限元软件对结构进行承载力和变形计算;在罕遇地震作用下采用ABAQUS软件进行分析计算,以把握结构在大震作用下的性能。

表 6-3 为多遇地震作用下结构分析计算的地震波分组主要指标。

表 6-3 地震波分组主要指标

振型阶数	周期/s	平动系数		扭转系数
		X 向	Y 向	
第 1 阶	4.420 7	0.00	1.00	0.00
第 2 阶	3.603 5	1.00	0.00	0.00
第 3 阶	3.225 8	0.00	0.00	1.00
第 4 阶	1.072 3	0.00	0.98	0.02
第 5 阶	1.049 6	0.20	0.02	0.79
第 6 阶	1.039 1	0.80	0.01	0.19

如表 6-3 所示的结构自振特性分析结果，结构的前 2 阶振型均为平动，第 3 阶为扭转，且 $T_3/T_1<0.85$。

最大层间位移角为 1/830，满足 1/630 的规范要求，如图 6-1 所示。

剪重比均满足大于 1.35 的规范要求，如图 6-2 所示，但由于双核心筒的存在，框架柱承担的地震剪力比例较低，为 2%～10%，如图 6-3 所示。

在设计时考虑核心筒承担全部水平地震力，并将各层框架部分承担的地震剪力标准值增大到底部总地震剪力标准值的 15%。

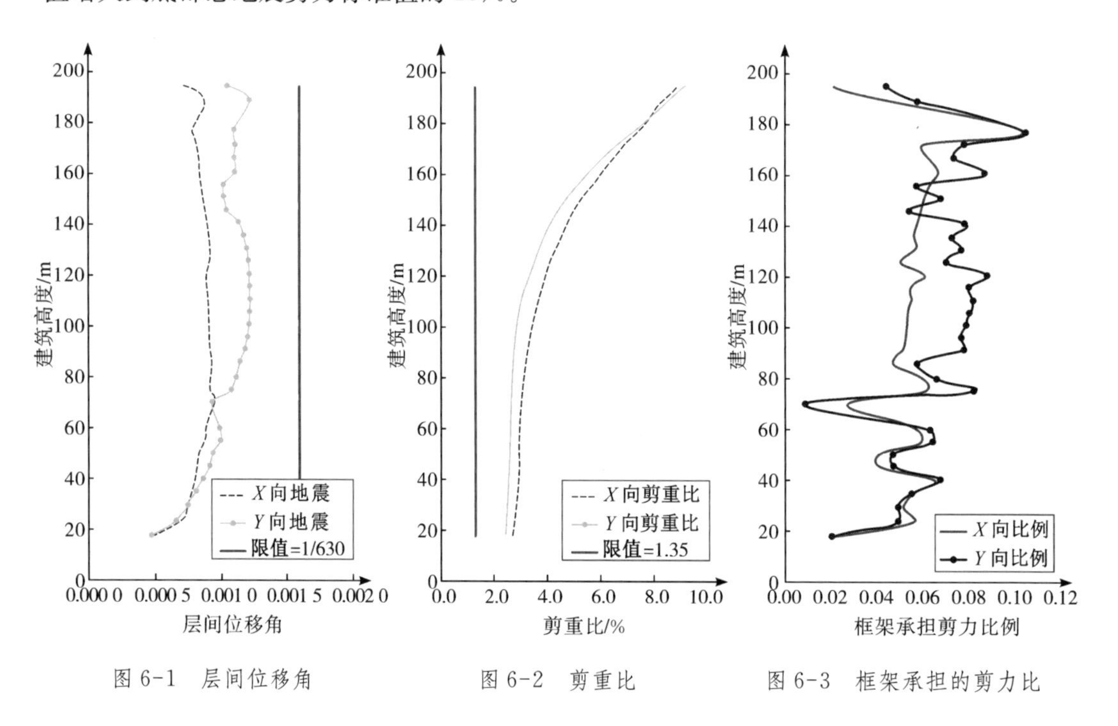

图 6-1 层间位移角　　图 6-2 剪重比　　图 6-3 框架承担的剪力比

虽然结构为双核心筒，有大量楼板的缺失，但通过巨型支撑的连接，结构具有良好的整体性。从计算结果可知，*X* 向、*Y* 向的振型分解反应谱荷载在分别考虑了 5%的质量偶然偏心影响下，扭转位移比绝大部分楼层均小于1.2。虽然出屋面小塔楼有大于1.2的情况出现，但其值均小于1.4。因此，本项目结构具有良好的抗扭刚度。

6.3 塔楼弹塑性分析

本章对塔楼单塔和三连体整体结构模型分别进行大震弹塑性分析，并对其性能进行抗震评价。

6.3.1 分析方法和软件

本工程的弹塑性分析将采用基于显式积分的动力弹塑性分析方法，以ABAQUS/STANDARD和ABAQUS/EXPLICIT作为求解器，进行弹塑性分析。

6.3.2 阻尼比及地震波的选用

在结构动力时程分析过程中，阻尼取值对结构动力反应的幅值有比较大的影响。在弹性分析中，通常采用振型阻尼ζ来表示阻尼比，根据《建筑抗震设计规范》(GB 5011—2010)规定及设计院提资要求，本结构在罕遇地震下的振型阻尼ζ取0.05。

在实际弹塑性分析中，由于采用直接积分法方程求解，故并不能直接输入振型阻尼。通常的做法是采用瑞雷阻尼等效模拟振型阻尼，瑞雷阻尼分为质量阻尼α和刚度阻尼β两部分，其与振型阻尼的换算关系如下：

$$\zeta=\frac{\alpha}{2\omega_1}+\frac{\beta\omega_1}{2}=\frac{\alpha}{2\omega_2}+\frac{\beta\omega_2}{2} \tag{6-1}$$

式中，ω_1，ω_2为结构的第1，2阶圆频率。

表6-4是上海地区的5组天然波和2组人工地震波。采用两向输入，主次方向和竖向的幅值比值为1∶0.85，每组波交换主次方向进行两次计算，共计有14个地震波输入工况。

6.3.3 评价指标

1. 结构的总体变形

根据《建筑抗震设计规范》(GB 50011—2010)要求，罕遇地震作用下，按以下条件控制结构位移：

(1) 结构的最终状态仍然竖立不倒。

(2) 结构层间位移角$\leqslant$1/100。

2. 构件性能评估指标

采用基于损伤因子和塑性变形等参数对钢筋混凝土构件进行性能评价，主要结合现行的《建筑抗震设计规范》和《高规》对构件破坏程度的描述，建立各个性能水平的量化参数，同时给出与FEMA等级中相关性能水准的大致对应关系，如表6-5、表6-6所示。

表 6-4 地震波分组

类型	地震波组	方向	对应地震波文件	峰值/(cm·s^{-2})
人工波	AW1	主	AWX1.1-1.txt	200
		次	AWY1.1-1.txt	
天然波	AW2	主	AWX1.1-2.txt	
		次	AWY1.1-2.txt	
	NR3	主	NRX1.1-3.txt	
		次	NRY1.1-3.txt	
	NR4	主	NRX1.1-4.txt	
		次	NRY1.1-4.txt	
天然波	NR5	主	NRX1.1-5.txt	200
		次	NRY1.1-5.txt	
	NR6	主	NRX1.1-6.txt	
		次	NRY1.1-7.txt	
	NR7	主	NRX1.1-7.txt	
		次	NRY1.1-7.txt	

表 6-5 杆单元(梁、柱)性能评价参考标准

我国规范杆件性能描述		钢筋(钢材)塑性应变与屈服应变的比值	混凝土损伤系数	对照 FEMA 等级
1	完好、无损坏	0	0	充分运行(OP)
2	基本完好、轻微损坏	0～1	0	基本运行(IO)
3	轻度损坏	1～3	0.1	
4	中度损坏	3～6	<0.2	生命安全(LS)
5	比较严重损坏	6～12	0.2～0.5	
6	严重损坏	>12	>0.5	接近倒塌(CP)

注:根据塑性应变和损伤系数得出结果不一致时取不利结果。

表 6-6 剪力墙(楼板)损伤性能评价对应量化标准

我国规范性能描述		钢筋(钢材)塑性应变与屈服应变的比值	混凝土截面平均损伤系数	损伤范围	对照 FEMA 等级
1	完好、无损坏	0	0	0	充分运行(OP)
2	基本完好、轻微损坏	0～1	<0.01	<20%宽度	基本运行(IO)
3	轻度损坏	1～3	0.01～0.1	<50%宽度	
4	中度损坏	3～6	0.1～0.3	大于 0.1 的范围<50%宽度	生命安全(LS)
5	比较严重损坏	6～12	0.3～0.5	大于 0.3 的范围<50%宽度	
6	严重损坏	>12	>0.5	大于 0.3 的范围>50%宽度	接近倒塌(CP)

注:(1) 平均损伤系数为同一截面上不同积分点最大与最小损伤系数的平均值;
(2) 根据塑性应变和损伤系数得出结果不一致时取不利结果。

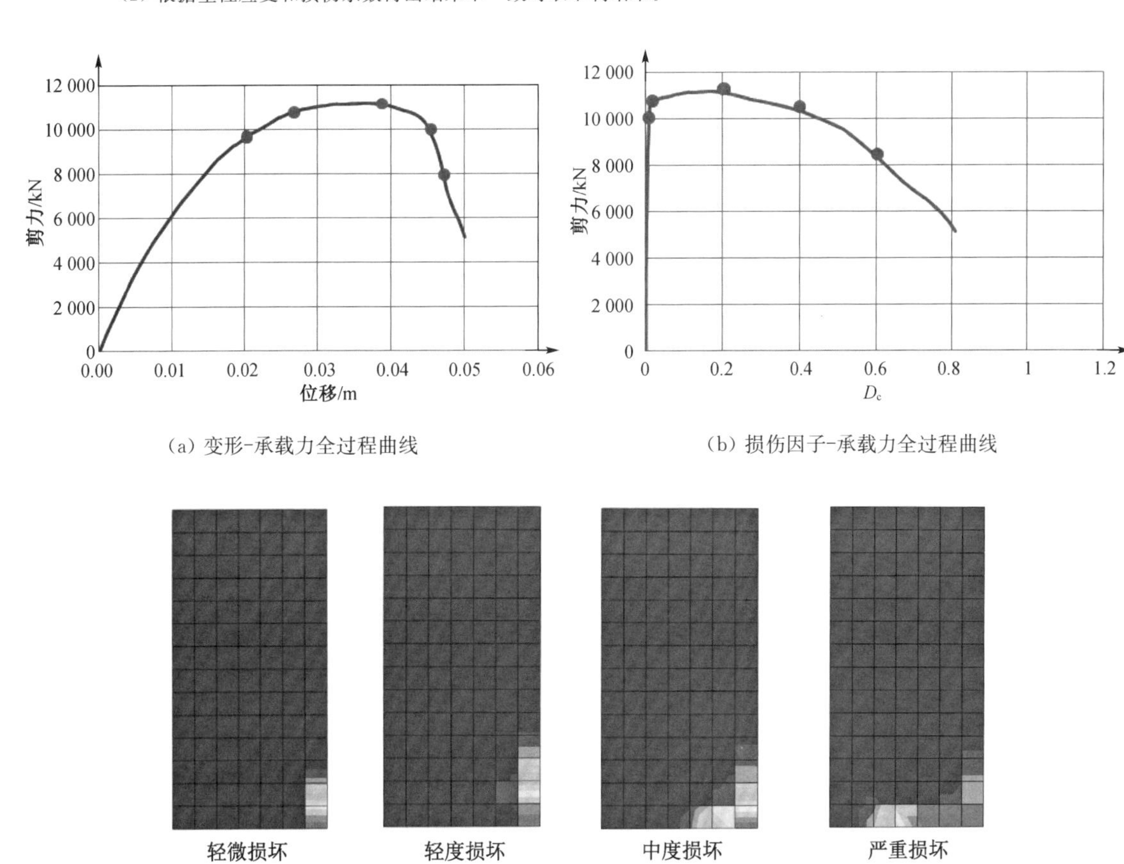

(a) 变形-承载力全过程曲线

(b) 损伤因子-承载力全过程曲线

(c) 损伤分布示意图

图 6-4 典型剪力墙损伤发展示意图

6.3.4 主要构件材料信息

(1) 框架柱均采用圆钢管混凝土柱,混凝土强度等级为C60。钢管为Q390。

(2) 核心筒内连梁:

上下纵筋配筋率各为1.0%;

SATWE模型中有钢板的连梁需要考虑内嵌钢板(钢板尺寸20 mm×600 mm);

核心筒内其他主梁上、下纵筋配筋率各为1.0%。

(3) 楼板混凝土强度等级为C40,单向配筋率为0.3%。

(4) 剪力墙混凝土强度等级为C60:

加强区(66 m标高以下及巨型支撑层上下层(含支撑层));

暗柱纵筋配筋率为10%(含型钢);

墙体的竖向和水平分布筋配筋率均为0.6%;

其他区域(66 m标高以上);

角部及与巨型支撑连接处的暗柱纵筋配筋率为5%,其他暗柱配筋率为1.6%;

墙体的竖向和水平分布筋配筋率均为0.35%。

6.4 塔楼独立模型弹塑性分析

以中金所塔楼独立模型进行罕遇地震下动力弹塑性分析,结构计算模型如图6-5—图6-7所示。

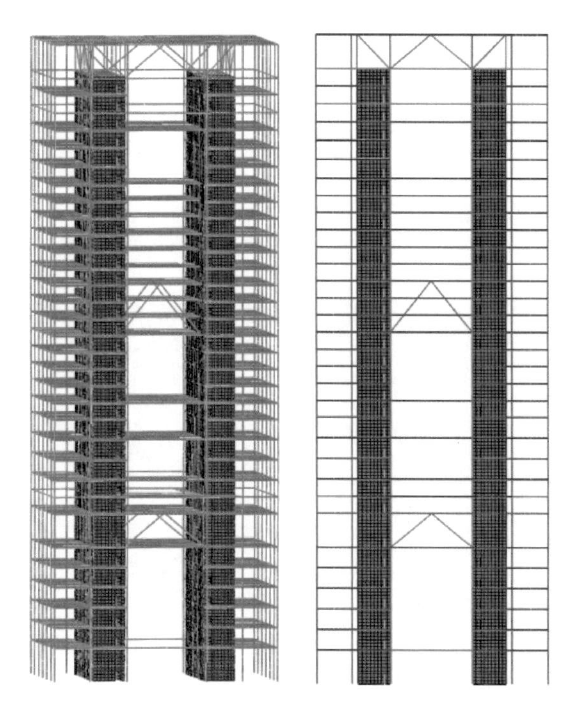

图6-5 ABAQUS单塔模型

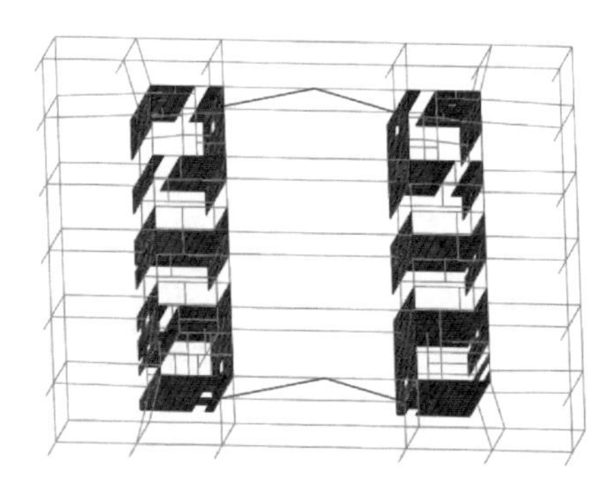

图6-6 桁架层

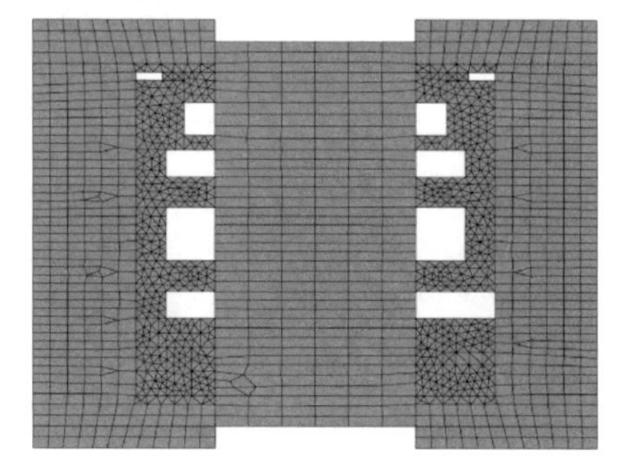

图6-7 典型楼板单元剖分

6.4.1　动力特性计算

动力弹塑性时程分析采用的是ABAQUS计算模型,需进行模型校核,以保证计算模型的正确性。不同软件计算得到的结构前10阶周期如表6-7所示,前3阶振型如图6-8所示。

表6-7　前10阶周期比较

阶数	SATWE/s	ABAQUS/s	阶数	SATWE/s	ABAQUS/s
1	4.298	4.166	6	0.912	1.045
2	3.420	3.304	7	0.620	0.649
3	3.175	3.229	8	0.546	0.519
4	1.163	1.249	9	0.513	0.508
5	0.987	1.119	10	0.439	0.404

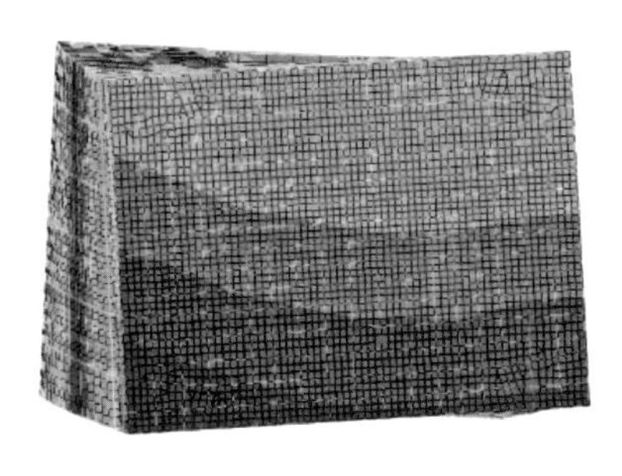

第1阶

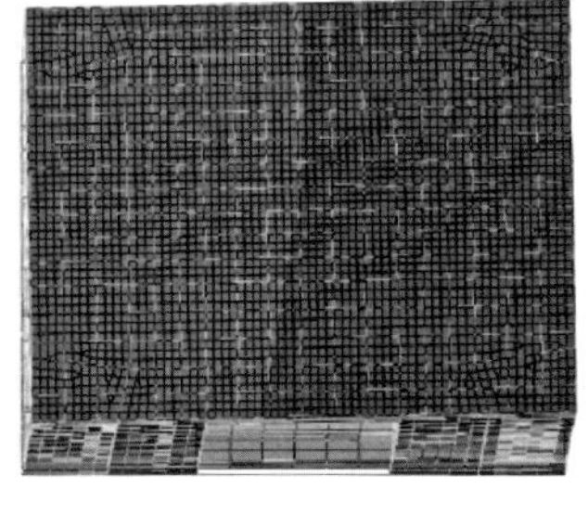

第2阶

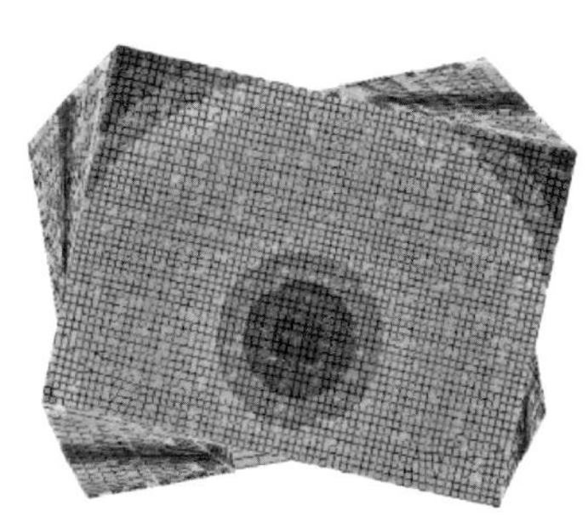

第3阶

图6-8　计算结构振型

由表6-7可以看出,两种软件计算得到的结构前10阶自振周期基本相同。结构第1阶振型X方向平动,第2阶为Y方向平动,第3阶为扭转。

6.4.2　施工加载过程计算

1. 施工阶段设置

由于结构在承受地震作用之前已经承受了恒载、活载等作用,而且恒载和活荷载对结构产生的位移和内力对地震分析过程有较大影响,因此在地震分析之前需先进行静力分析。考虑到恒荷载是随着施工过程的进展逐步施加在结构之上,所以首先对结构进行施工过程模拟分析。在分析过程中结构构件随着施工阶段的进行逐步被引入模型,相应的恒荷载也同时被引入计算模型。在施工阶段完成之后,再把0.5倍的活荷载施加在整体结构上进行“恒+0.5活”的荷载工况计算。在后续的地震分析中,重力荷载代表值(恒+0.5活)一直作用在结构上。需要说明的是,这里的施工过程模拟仅是实现加载的目的,是否与实际施工过程相同并无影响。

在本工程的分析中,每个楼层采用1个施工步,另外支撑在结构主体施工全部完成后再安装，所以单独作为 1 个施工步。施工步完成后，对结构进行“恒＋0.5 活”加载，共有 35 个加载步。

2. 施工阶段计算结果

各施工(加载)步完成后结构的竖向位移如图 6-9 所示。

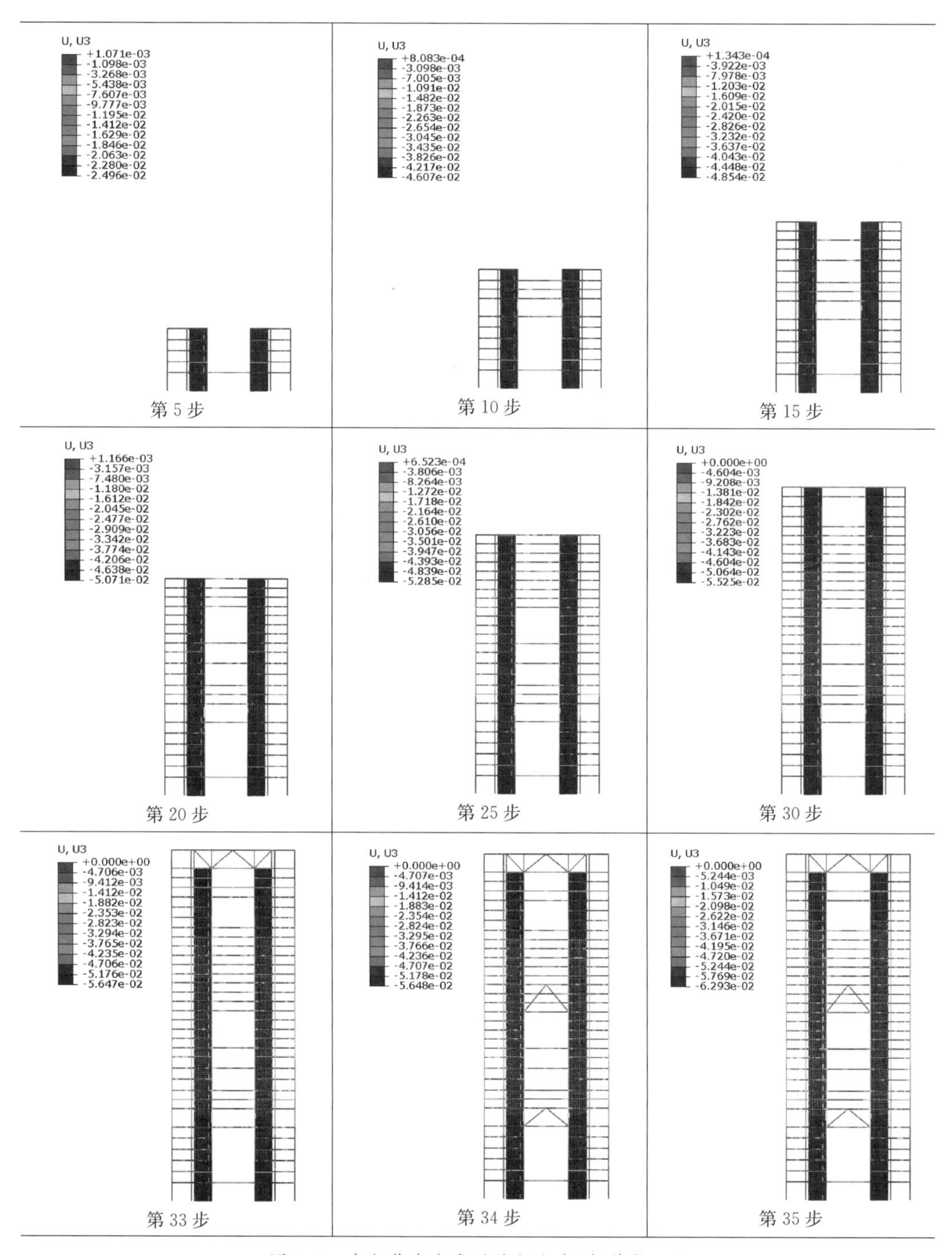

图 6-9　各加载步完成后的竖向变形(单位:m)

由图 6-9 可以看到，在“恒+0.5 活”作用下结构的最大竖向位移为-62.93 mm。支撑中部位移几乎为零，说明结构传给支撑的内力较小，施工步模拟正确。“恒+0.5 活”荷载作用下支撑的最大应力为 10.05 MPa，具体如图 6-10 所示。

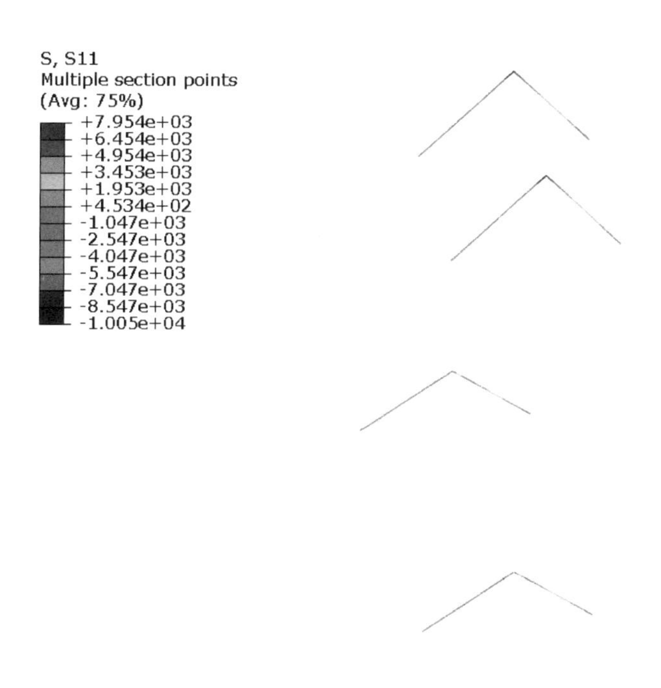

图 6-10　“恒+0.5 活”作用下支撑应力(单位:kPa)

6.4.3　罕遇地震分析总体信息结果汇总

1. 基底剪力

每组地震波作用下结构的基底剪力最大值如表 6-8 所示。

表 6-8　每组地震波的最大基地剪力相应的剪重比

主方向	地震波组	剪力/kN	剪重比/%
X 方向	aw1	142 971	8.50
	aw2	163 757	9.73
	nr3	134 650	8.00
	nr4	145 745	8.66
	nr5	142 712	8.48
	nr6	164 129	9.75
	nr7	147 122	8.74
	平均值	148 727	8.84

(续表)

主方向	地震波组	剪力/kN	剪重比/%
Y 方向	aw1	136 140	8.09
	aw2	142 980	8.50
	nr3	138 893	8.25
	nr4	142 798	8.49
	nr5	150 865	8.97
	nr6	180 612	10.73
	nr7	156 491	9.30
	平均值	149 826	8.90

由表 6-8 可以看出,7 组地震波作用下结构在 X,Y 两个方向基底剪力最大值分别为 164 129 kN 和 180 612 kN,对应的剪重比分别为 9.75%和 10.73%,对应的地震波组均为 nr6;平均剪重比分别为 8.84%和 8.90%。

最大地震波组对应的基底剪力时程曲线分别如图 6-11、图 6-12 所示。

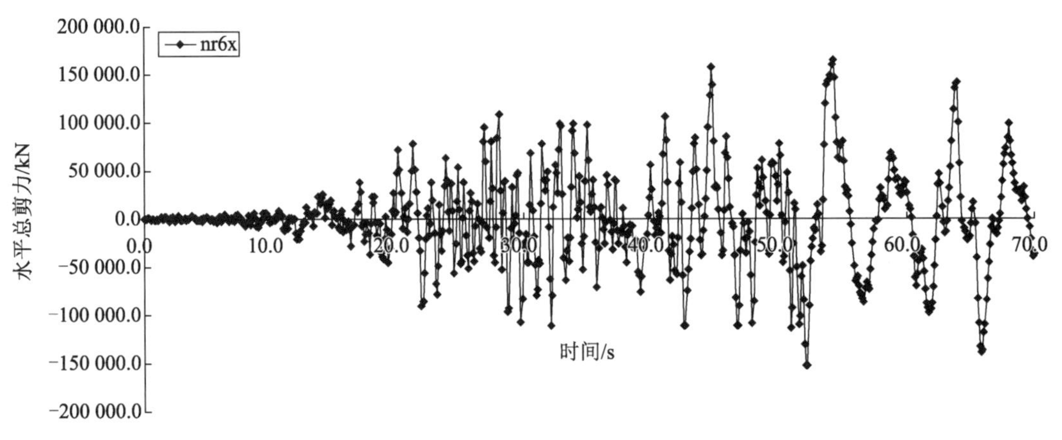

图 6-11 最大波组对应的 X 方向基底剪力时程曲线

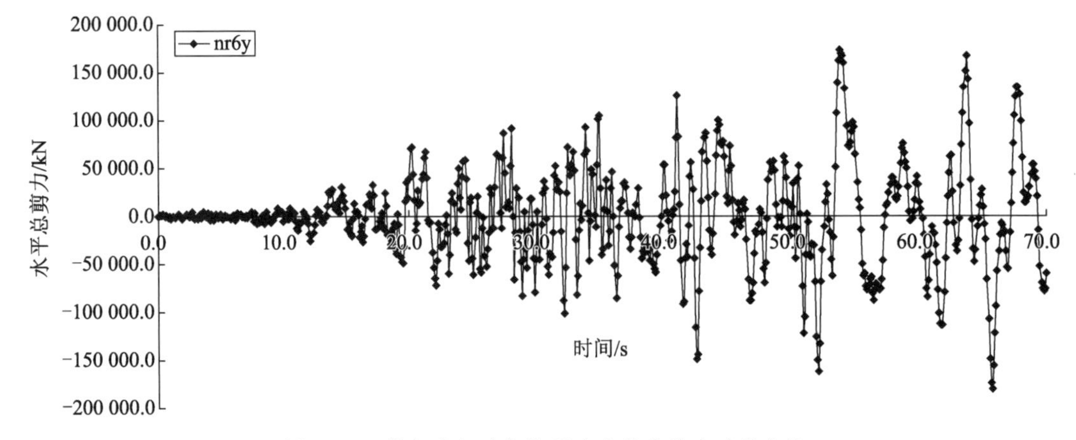

图 6-12 最大波组对应的 Y 方向基底剪力时程曲线

2. 层间位移角

每组地震波作用下结构的最大层间最大位移角及其对应的楼层号如表 6-9 所示。

表 6-9 每组地震波对应的结构最大层间位移角

主方向	地震波组	位移角/rad	层号
X 方向	aw1	1/213	29
	aw2	1/201	29
	nr3	1/270	31
	nr4	1/205	31
	nr5	1/189	31
	nr6	1/97	3
	nr7	1/100	2
	平均值	1/160	3
Y 方向	aw1	1/237	7
	aw2	1/219	18
	nr3	1/282	22
	nr4	1/239	32
	nr5	1/214	30
	nr6	1/146	6
	nr7	1/152	3
	平均值	1/202	6

由表 6-9 可以看到，结构在 X 方向的最大层间位移角为 1/97(第 3 层)，对应的地震波组为 nr6，最小层间位移角为 1/270(第 31 层)，对应的地震波组为 nr3，7 组波平均层间位移角为 1/160(第 3 层)。

结构在 Y 方向的最大层间位移角为 1/146(第 6 层)，对应的地震波组为 nr6，最小层间位移角为 1/282(第 22 层)，对应的地震波组为 nr3，7 组波平均层间位移角为 1/202(第 6 层)。

X，Y 两个方向平均层间位移角均满足规范 1/100 的限值要求。从层间位移角曲线未发现明显的薄弱层，斜撑部位起到了很好的加强作用。

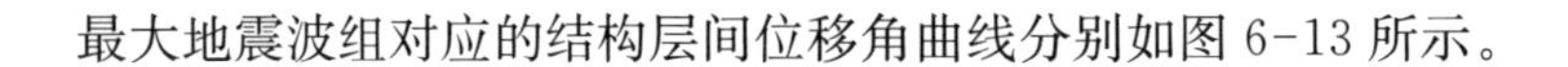

最大地震波组对应的结构层间位移角曲线分别如图 6-13 所示。

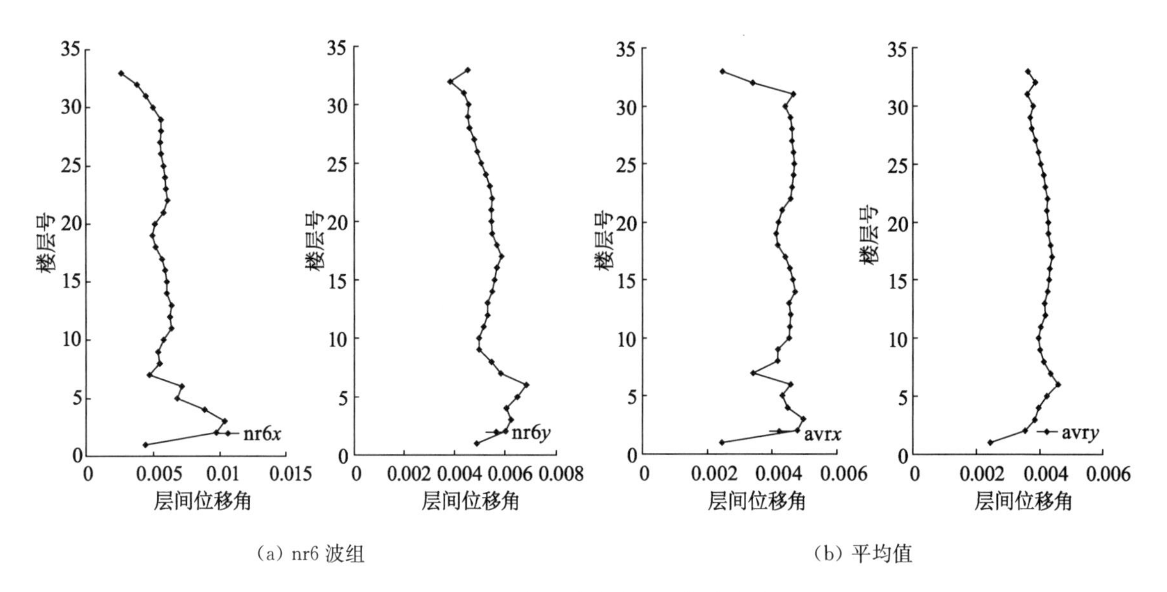

(a) nr6 波组　　(b) 平均值

图 6-13　不同波组对应的层间位移角曲线

3. 结构顶点水平位移

提取 32 层靠近结构平面中心的剪力墙顶部节点 6143(图 6-14)的水平位移,作为结构的顶点水平位移。每组地震波对应的结构顶点最大位移如表 6-10 所示。

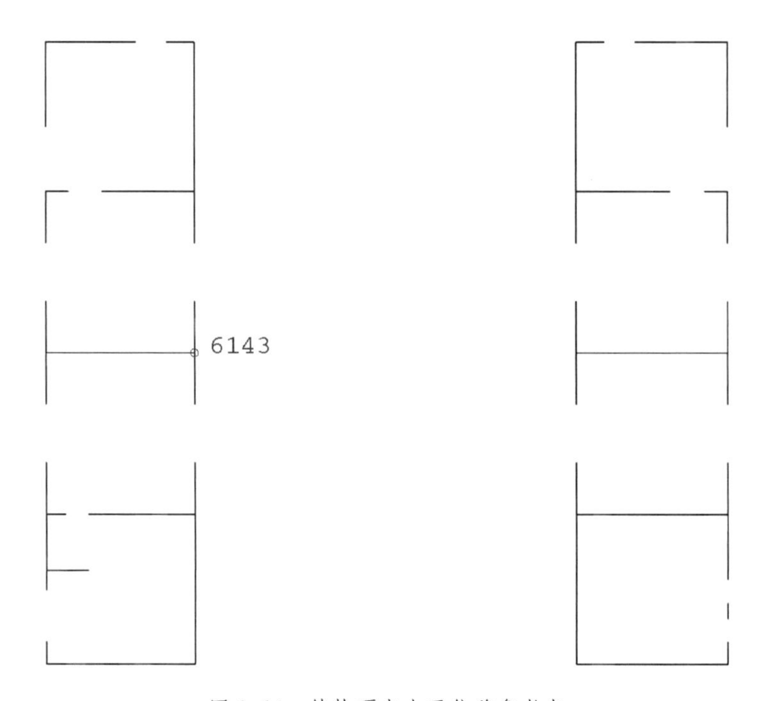

图 6-14　结构顶点水平位移参考点

表 6-10　每组地震波对应的结构最大顶点位移

主方向	地震波组	顶点位移 U/m	U/H
X 方向	aw1	0.561	1/365
	aw2	0.587	1/349
	nr3	0.466	1/440
	nr4	0.530	1/387
	nr5	0.603	1/340
	nr6	0.911	1/225
	nr7	0.834	1/246
	平均值	0.642	1/319
Y 方向	aw1	0.541	1/379
	aw2	0.600	1/342
	nr3	0.410	1/500
	nr4	0.465	1/441
	nr5	0.558	1/367
	nr6	0.823	1/249
	nr7	0.809	1/253
	平均值	0.601	1/341

7 组地震波作用下结构在 X 方向的顶点位移平均值为 642 mm，为结构总高度的 1/319。结构在 Y 方向的顶点位移平均值为 601 mm，为结构总高度的 1/341。

最大地震波组对应的结构顶点位移时程曲线分别如图 6-15 和图 6-16 所示。

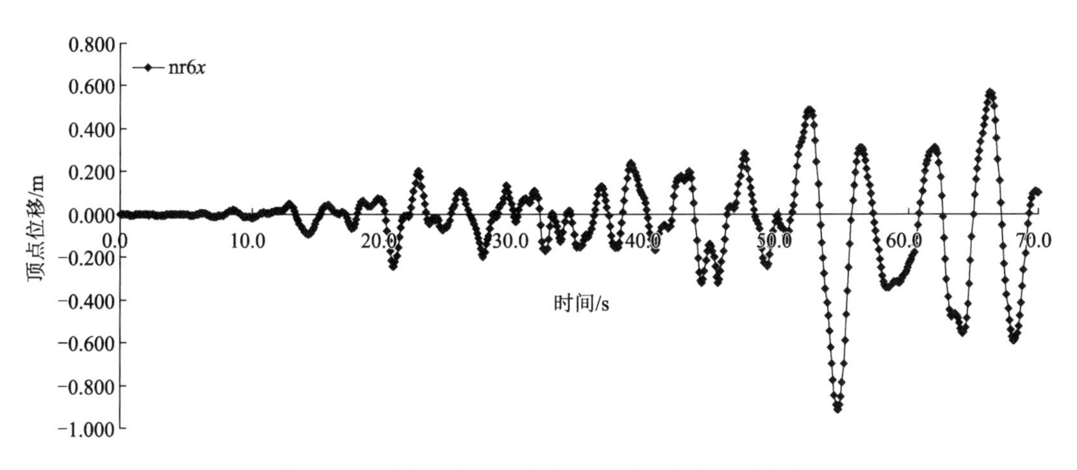

图 6-15　最大波组对应的 X 方向顶点位移时程曲线

6.4.4　结构弹塑性整体计算指标评价

（1）7 组地震波计算完成后结构依然处于稳定状态，满足“大震不倒”的抗震设防目标。

（2）7 组地震波作用下结构在 X，Y 两个方向的平均剪重比分别为 8.84%和 8.90%。

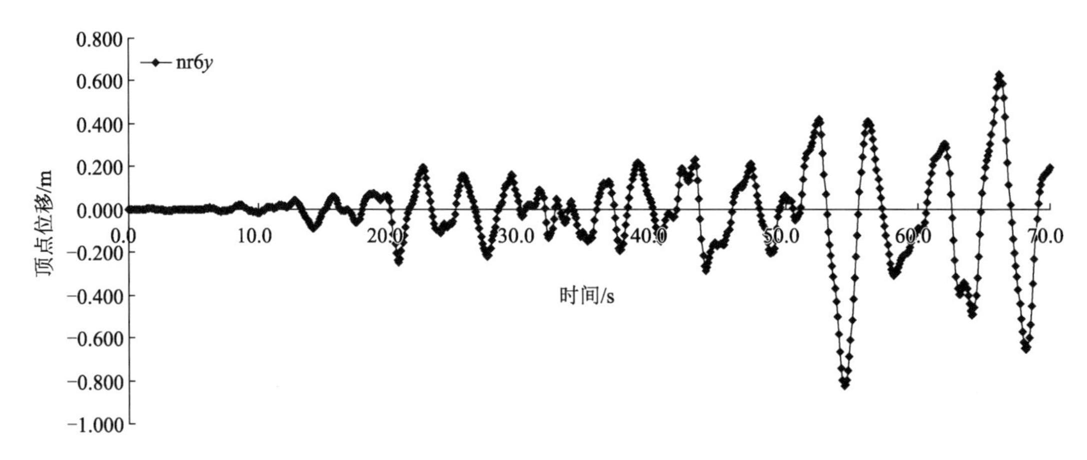

图 6-16　最大波组对应的 Y 方向顶点位移时程曲线

(3) 7 组地震波作用下，塔楼在 X，Y 两个方向的平均最大层间位移角分别为 1/198(第 3 层)，1/218(第 6 层)；所有楼层层间位移角均满足现行规范 1/100 的限值要求。

(4) 7 组地震波作用下结构在 X，Y 两个方向的顶点位移平均值分别为 642 mm，601 mm，分别为结构总高度的 1/319，1/341。

6.4.5　罕遇地震下构件性能分析

本部分内容以 nr4 波组 X 主方向输入为代表(整体结果接近平均值)，给出构件性能评价。

1. 钢管混凝土柱

外框架钢管混凝土柱的钢管未发生塑性应变，处于弹性工作状态，如图 6-17 所示。钢管混凝土柱内混凝土未出现受压刚度退化现象，具体如图 6-18 所示。

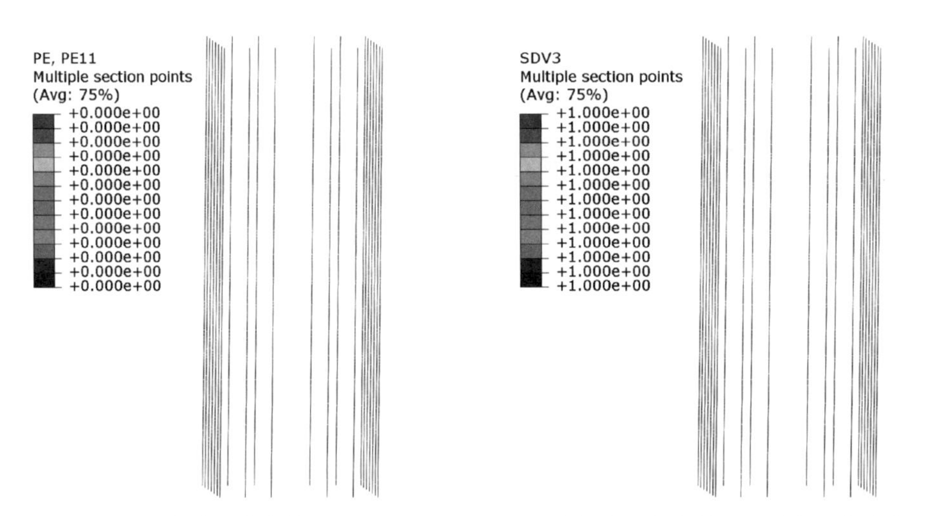

图 6-17　钢管塑性应变(无)　　图 6-18　钢管内混凝土柱受压刚度退化系数(无)

对柱子性能评价如下：

(1) 所有钢管均处于弹性工作状态，未出现塑性变形。

(2) 所有混凝土柱未出现压碎现象。

(3) 抗震烈度7度罕遇地震作用下,柱子保持弹性工作状态。

2. 斜撑

斜撑未发生塑性变形,处于弹性工作状态,具体如图6-19所示。

经历7度罕遇地震后,斜撑的应力如图6-20所示。可以看到,斜撑最大应力为−75.551 MPa,大于经历地震前的10.05 MPa。说明经历大震后,结构发生了内力重分布。

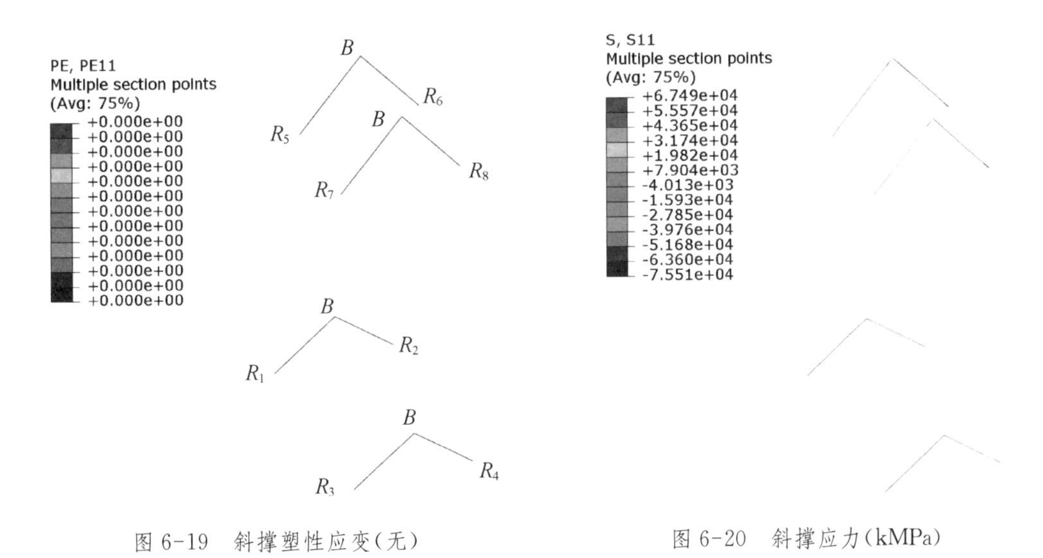

图6-19　斜撑塑性应变(无)　　　　图6-20　斜撑应力(kMPa)

斜撑的轴力曲线如图6-21、图6-22所示。

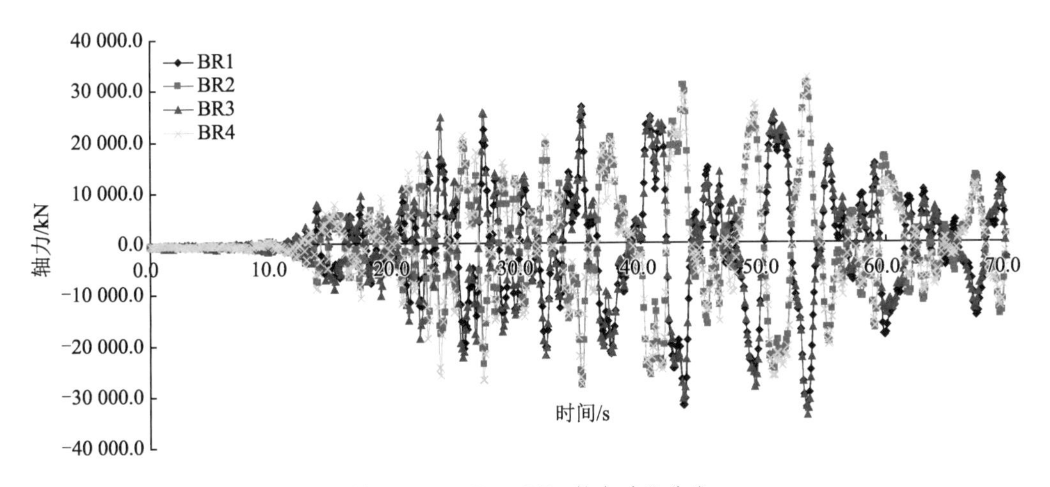

图6-21　BR1～BR4轴力时程曲线

BR1～BR4的长度相同,BR5～BR8的长度相同。由轴力时程曲线看到,BR1～BR4中BR1的受压力极大值最大,为−32 600.9 kN;BR5～BR8中BR7的受压力极大值最大,为−50 801.4 kN。所以下面给出BR1和BR7两根构件的轴力-变形滞回曲线,研究其屈服及屈曲特征。

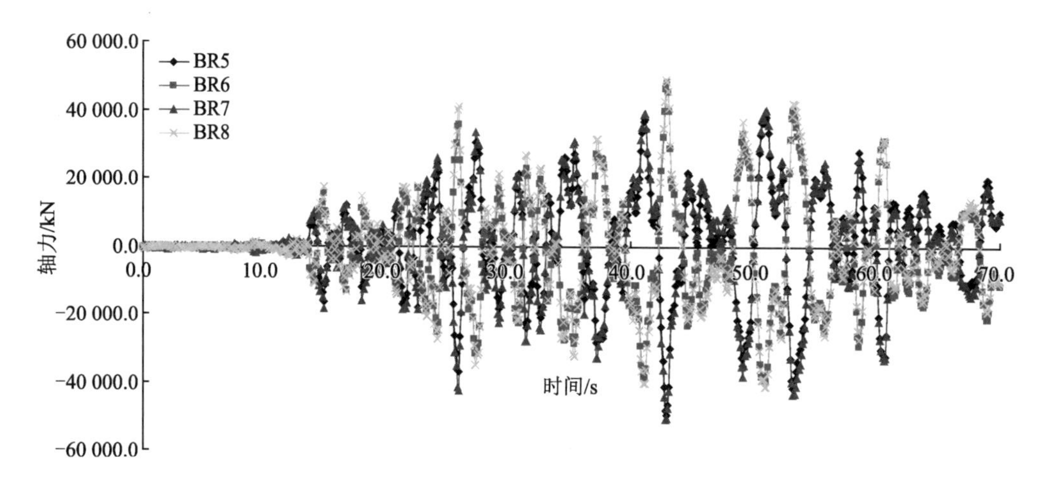

图 6-22 BR5～BR8 轴力时程曲线

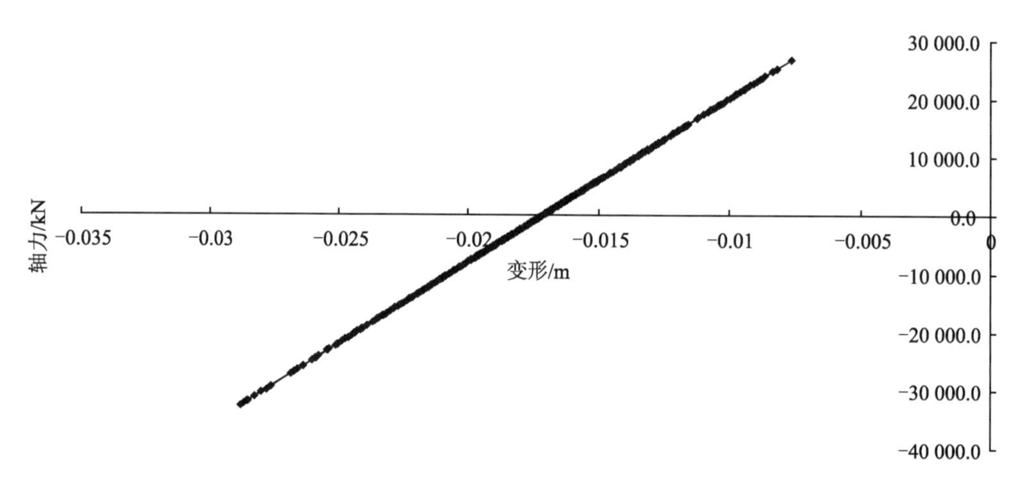

图 6-23 BR1 轴力-变形滞回曲线

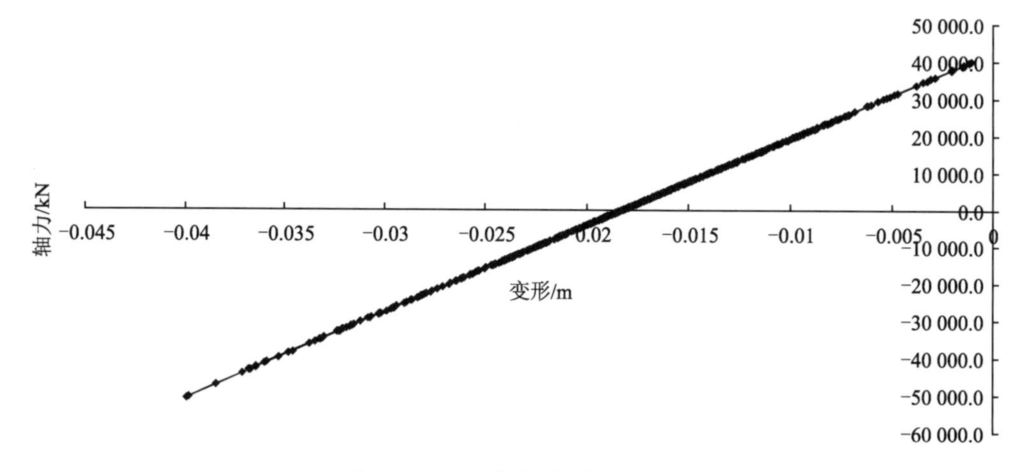

图 6-24 BR7 轴力-变形滞回曲线

由于在ABAQUS分析模型中，每个支撑采用8～10个单元进行模拟，在显式动力分析中，如果支撑发生侧向屈曲，在计算结果中可以反映出来，其轴力-变形曲线将不再是线性关系。通过图6-23、图6-24可以看到，两个构件均未发生侧向屈曲。满足预设的性能目标。

3. 连梁

在连梁分析中，连梁采用shell单元进行模拟，解决了beam单元(连梁)与shell(墙)之间的连接刚度问题。连梁的受压损伤系数、受拉损伤系数、钢筋塑性应变如图6-25—图6-27所示。

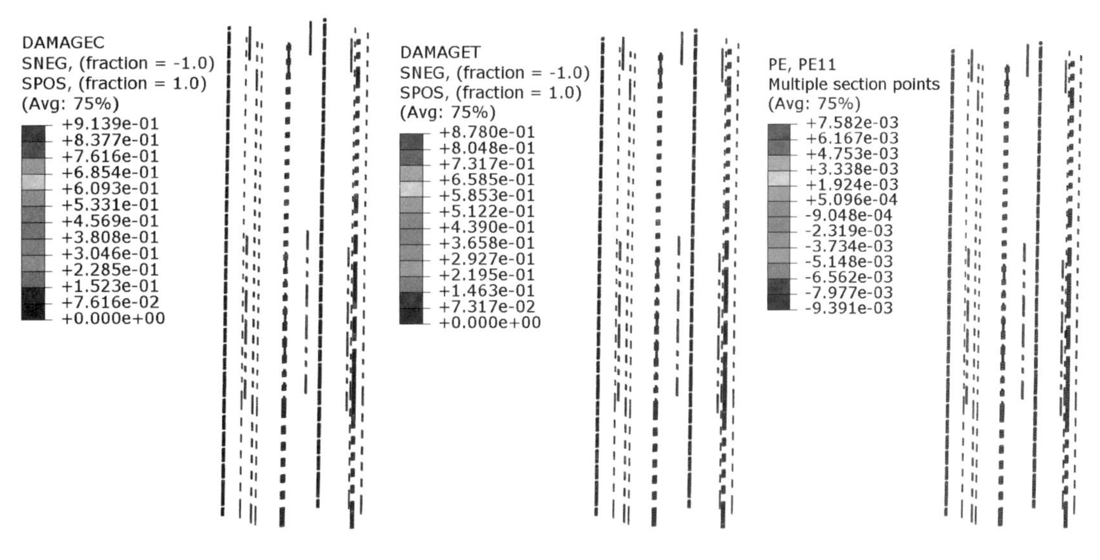

图6-25　连梁受压损伤系数　　图6-26　连梁受拉损伤系数　　图6-27　连梁钢筋塑性应变(最大−0.009 4)

由以上分析可以看出，连梁受压和受拉损伤发展较为明显，受压损伤系数普遍达到0.9以上。相应钢筋最大塑性应变达到0.009 4。

在22 s时刻，部分连梁受压损伤系数达到0.5以上，说明连梁较早出现塑性变形(波形前10秒峰值较小)。连梁损伤明显，但钢筋塑性应变小于0.025限值，起到了很好的耗能作用。

4. 主要剪力墙

混凝土材料的损伤分别由受拉损伤参数d_t和受压损伤参数d_c进行表达，其中d_t和d_c由混凝土材料进入塑性状态的程度决定，其表达式分别为

$$d_t = 1 - \frac{E'_t}{E_0}; \quad d_c = 1 - \frac{E'_c}{E_0} \tag{6-2}$$

式中　E'_t, E'_c——混凝土在某一应力时刻卸载时的弹性模量；

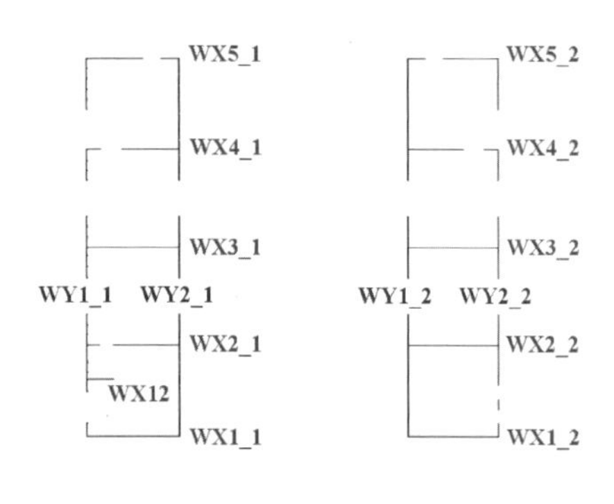

图 6-28 剪力墙编号

E_0——混凝土的初始弹性模量。

为了详细给出每片剪力墙的损伤情况，将剪力墙进行了编号(图 6-28)，分别给出。

主要墙肢的受压损伤如图 6-29—图 6-31 所示。每片剪力墙的损伤情况如下：

(1) WX1_1：在一层高度范围内，约一半宽度范围内剪力墙受压损伤系数接近 0.5，属于“中度损坏”性能水准。

(2) WX1_2：在底部两层高度范围内，全截面范围内剪力墙受压损伤系数超过 0.5，属于“比较严重损坏”性能水准。

(3) WX2_1：与巨型斜撑连接处，约一半截面宽度范围内受压损伤达到 0.3，局部达到 0.5，属于中度损伤。

(4) WX2_2：与巨型斜撑连接处，局部受压损伤达到 0.5 以上，宽度小于一半截面范围，属于中度损伤；1～7 层高度范围内，部分墙体受压损伤系数达到 0.5 以上，局部范围内扩展到一半墙体截面，接近“比较严重损伤”性能水准。

(5) WX3_1：1～7 层高度范围内，部分墙体受压损伤系数达到 0.5 以上，但未扩展到一半墙体截面，属于“中度损伤”性能水准。

(6) WX3_2：1～5 层高度范围内，部分墙体受压损伤系数达到 0.5 以上，但未扩展到一半墙体截面，属于“中度损伤”性能水准。

(7) WX4_1：与巨型支撑连接处(17～20 层)，约墙体一半宽度范围内受压损伤系数达到 0.3，属于“中度损坏”性能水准。

(8) WX4_2：与巨型支撑连接处(17～20 层)，约墙体一半宽度范围内受压损伤系数达到 0.3，属于“中度损坏”性能水准。底层墙体角部受压损伤系数达到 0.5 以上，但宽度未扩展至一半墙体截面，属于“中度损坏”性能水准。

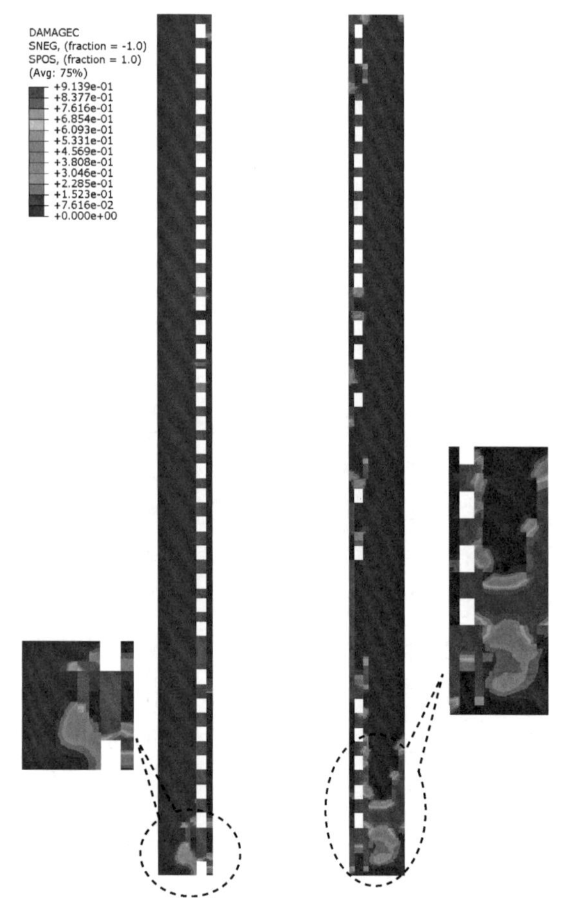

图 6-29 WX1_1，WX1_2 受压损伤情况

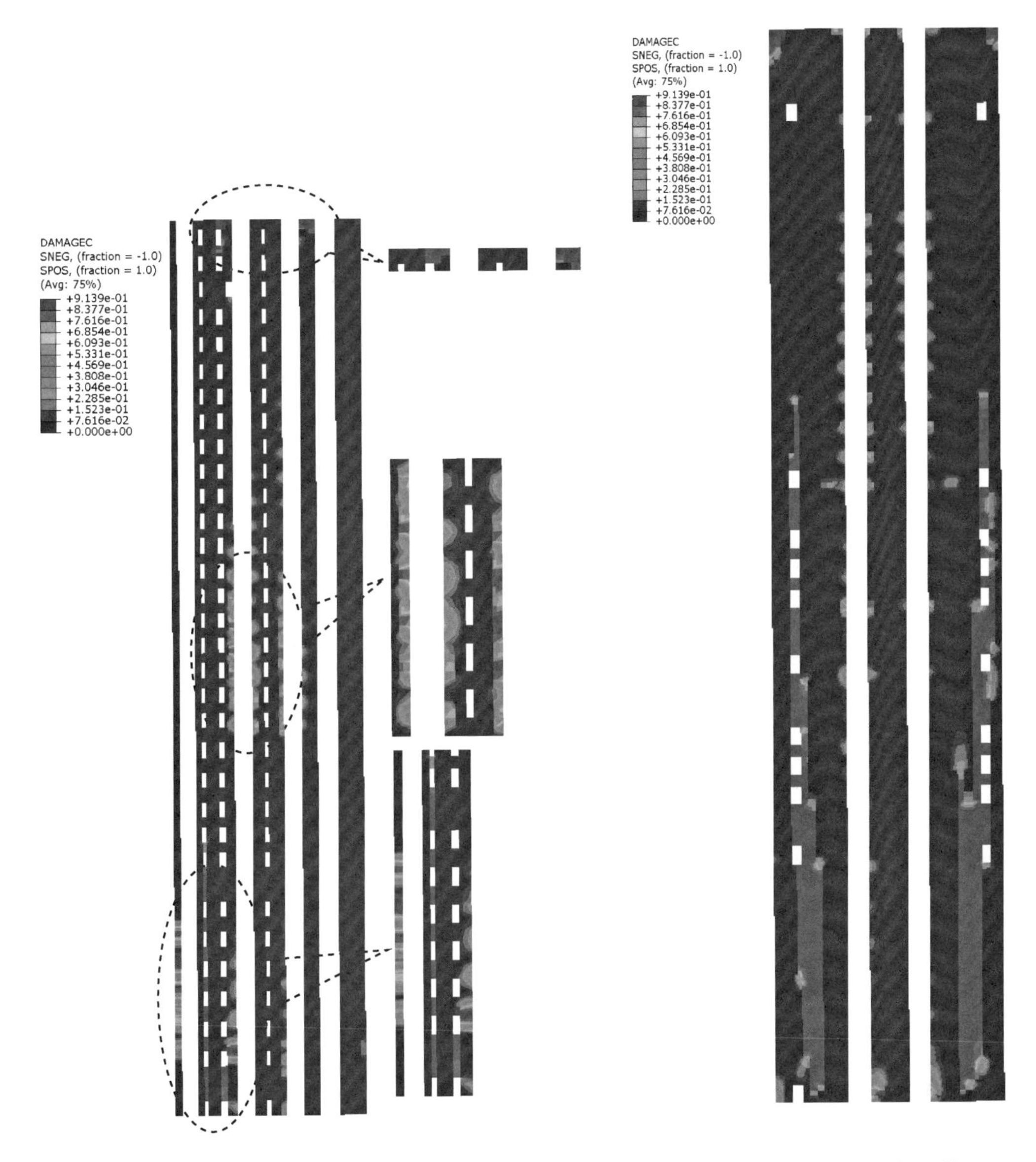

图 6-30　WY1_1 受压损伤情况　　　图 6-31　WY2_1 受压损伤情况

(9) WX5_1：在二层处墙体一半宽度范围内受压损伤系数达到 0.5，属于“比较严重损坏”性能水准。底部部分面积出现受压损伤，系数小于 0.1，属于“轻度损伤”性能水准。第六层、顶层短墙肢全截面受压损伤系数大于 0.5，属于“比较严重损坏”性能水准。

(10) WX5_2：底部全截面宽度受压损伤系数大于 0.5，属于“比较严重损坏”性能水准。第 6 层、顶层短墙肢全截面受压损伤系数大于 0.5，属于“比较严重损坏”性能水准。

(11) WY1_1, WY2_2:底部 6 层高度范围内部分短肢剪力墙全截面范围受压损伤系数超过 0.5,属于"比较严重损坏"性能水准。12～28 层高度范围内,部分短肢剪力墙受压损伤系数超过 0.3 的面积超过一半截面宽度,属于"中度损坏"性能水准。顶层部分剪力墙肢全截面受压损伤系数大于 0.5,属于"比较严重损坏"性能水准。

(12) WY2_1, WY1_2:1～14 层高度范围内,剪力墙受压损伤系数超过 0.5 的面积接近一半截面宽度,属于"比较严重损坏"性能水准。顶层墙体近受压损伤系数超过0.5,但未扩展至一半截面宽度,属于"中度损坏"性能水准。

小结:

(1) 左右塔楼核心剪力墙受压损伤分布与大小基本对称。

(2) 由于剪力墙被分隔得比较碎,剪力墙长度普遍较短,在罕遇地震作用下受压损伤容易扩展至一半甚至全截面范围。

(3) 在底部、中部与支撑连接处及顶部较多部分出现"比较严重损坏"性能水准。

(4) 应根据预设性能水准对部分剪力墙采用适当调整措施。

5. 钢梁的塑性应变

钢梁塑性应变如图 6-32 所示。

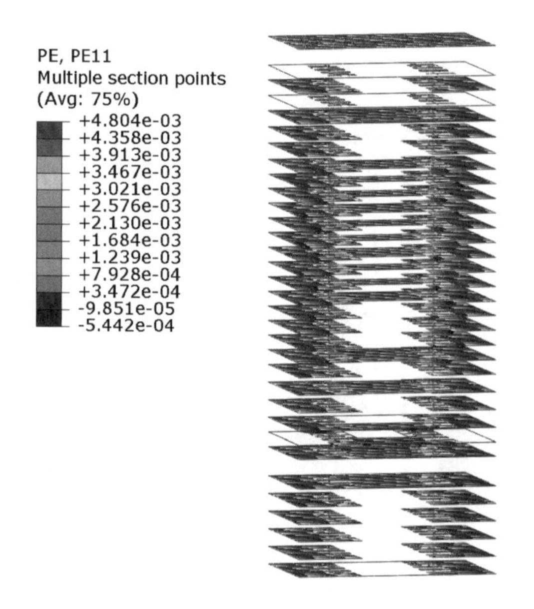

图 6-32 钢梁塑性应变

由图 6-32 可以看出,部分框架钢梁出现塑性变形,最大塑性应变达到 0.004 8,小于 0.025 限值要求,满足预设性能标准。

6. 楼板应力及损伤

下面给出与斜撑相连的四层楼板损伤与钢筋塑性应变情况。

由图 6-33—图 6-36 可以看到,出现受压损伤的楼板面积较小;沿剪力墙、梁出现明显的受拉损伤现象;楼板钢筋塑性应变最大值为 0.006 2,小于 0.025 限值。

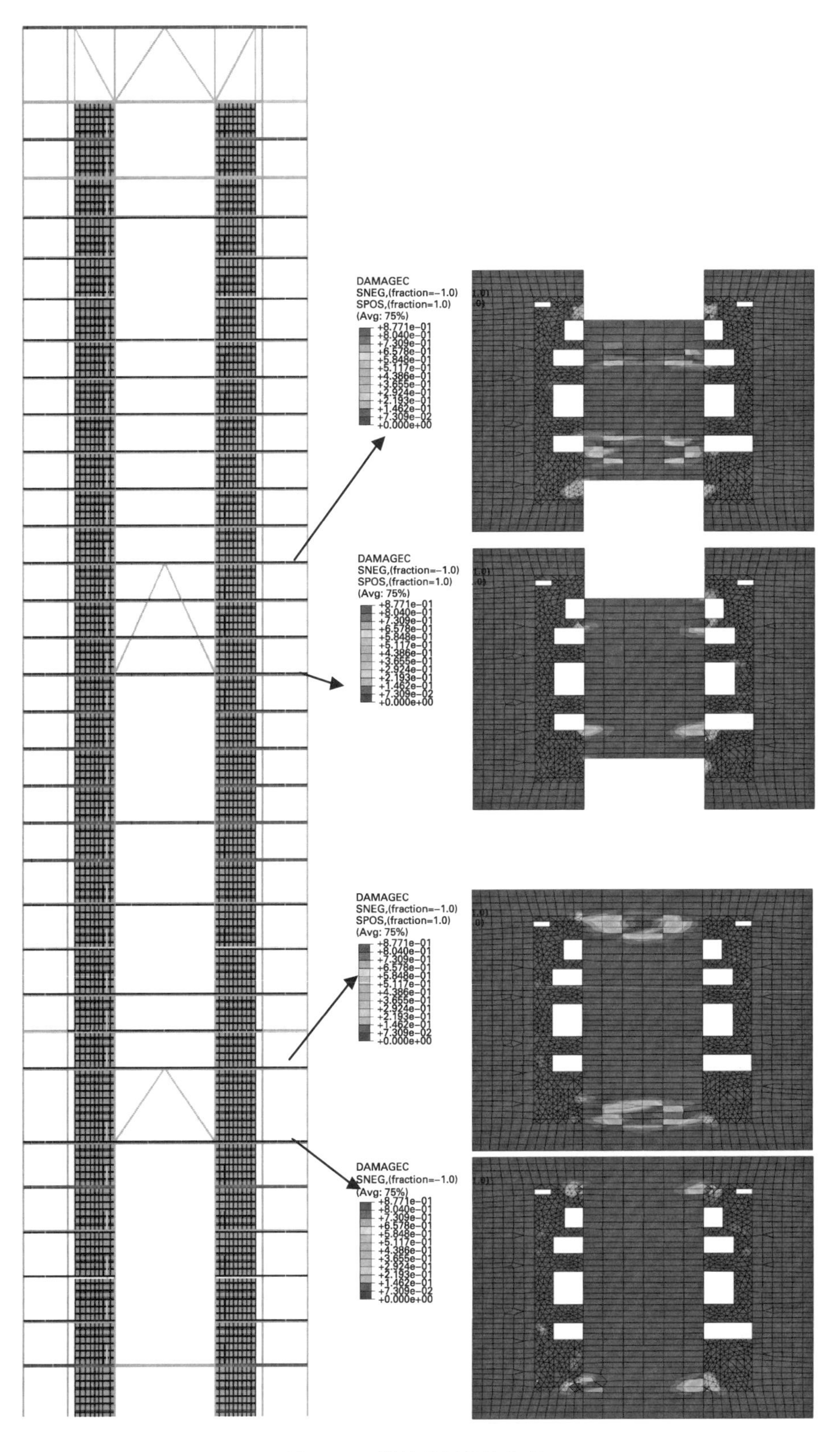

图6-33　楼板受压损伤情况

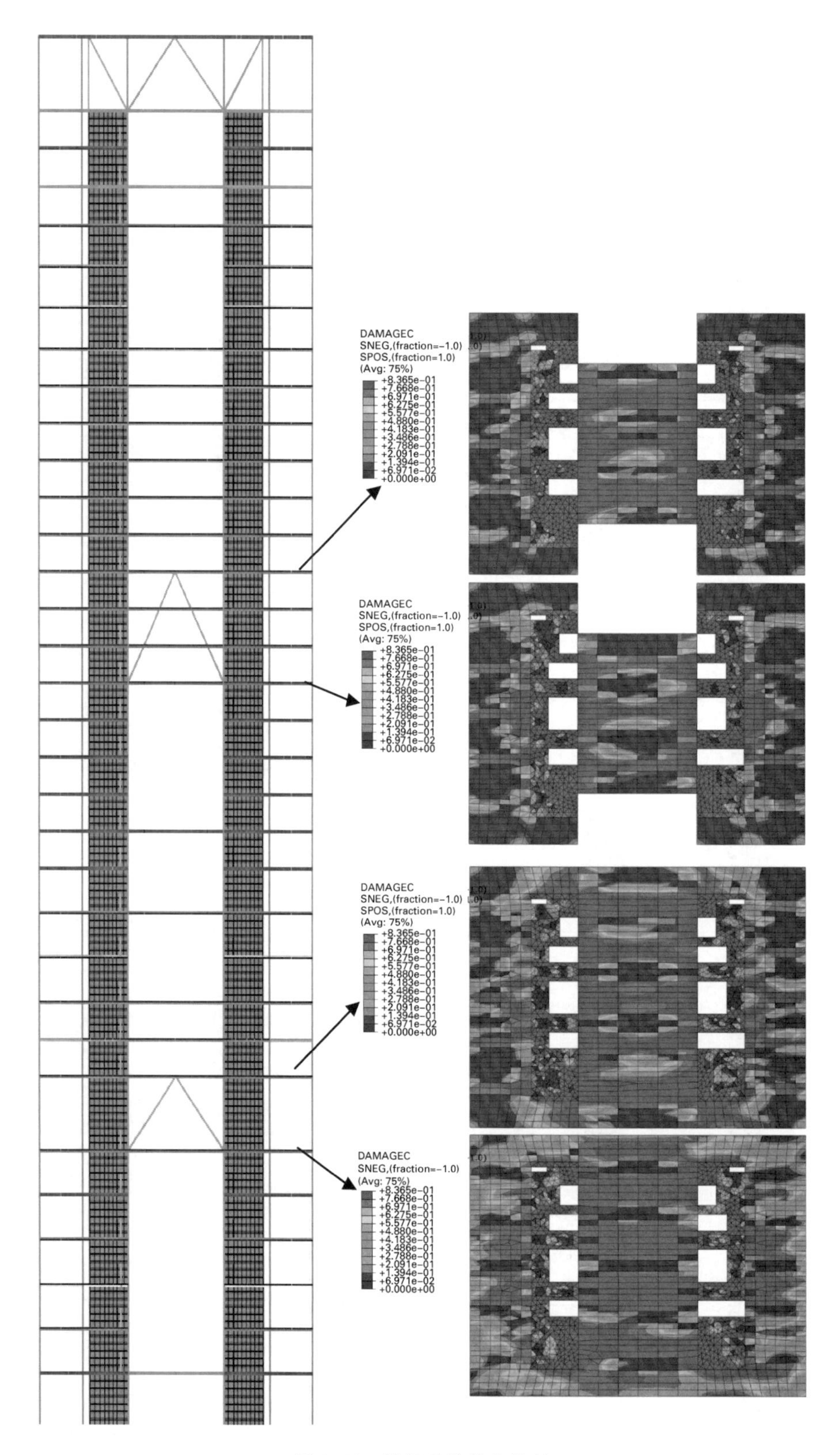

图 6-34 楼板受拉损伤情况

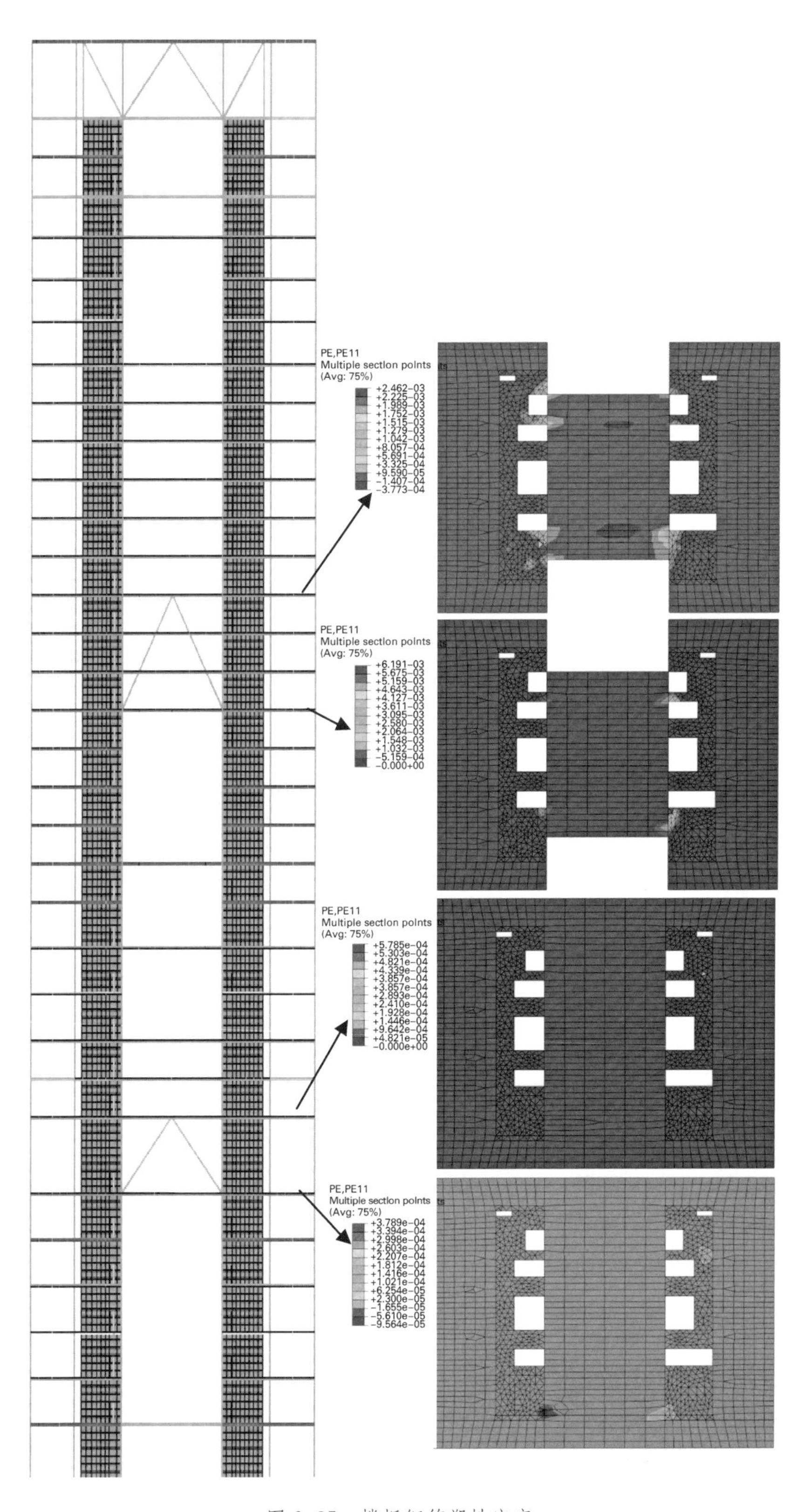

图 6-35　楼板钢筋塑性应变

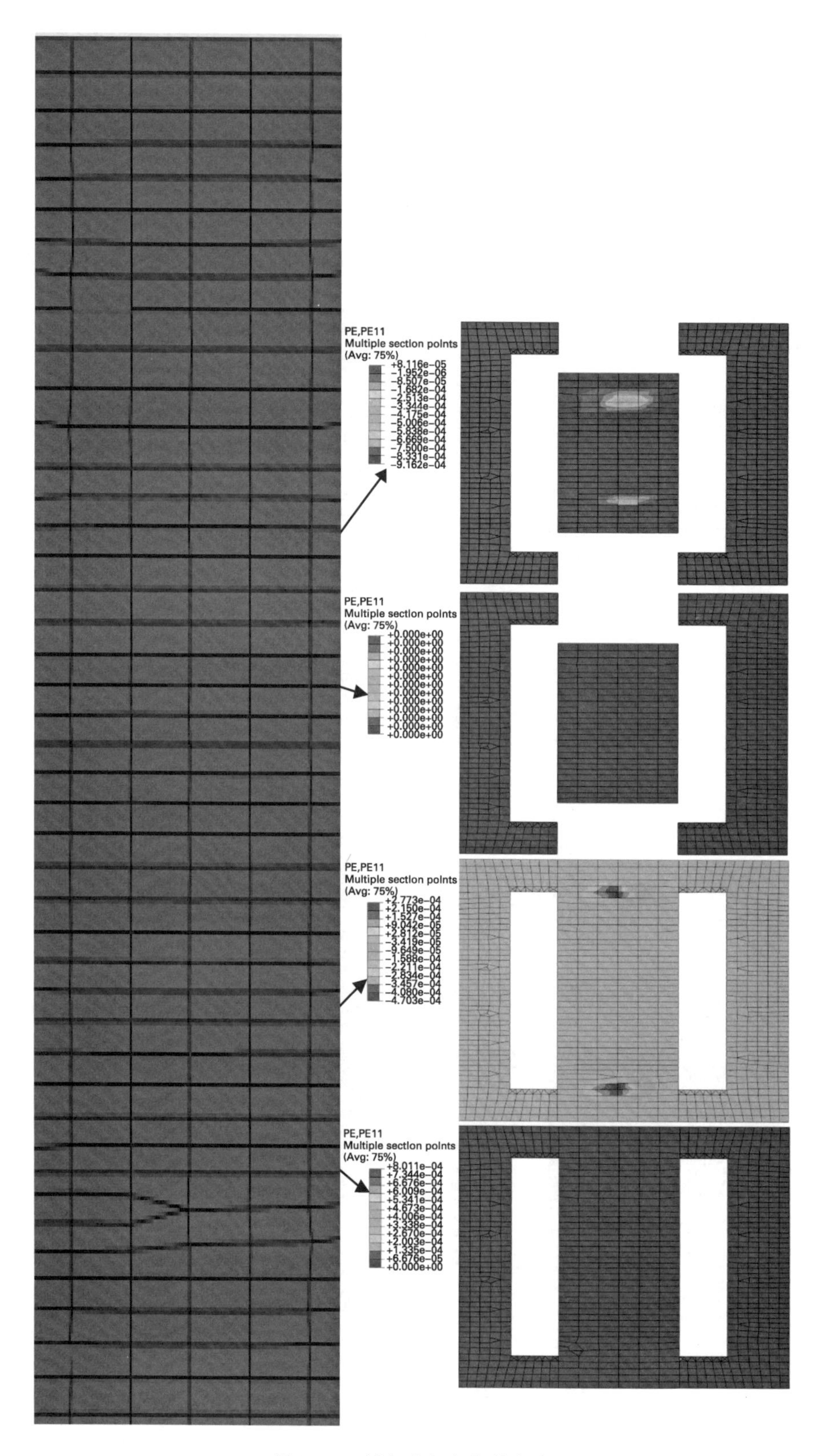

图 6-36 楼板内钢板塑性应变

7. 楼板抗震性能评价

(1) 在罕遇地震作用下,楼板负责分配与协调框架和剪力墙间的地震力,因此楼板将不可避免地出现拉裂现象。楼板受拉开裂后,其抗拉刚度大幅削弱,地震力将随即从楼板上卸载,不会造成裂缝扩展。而开裂楼板的抗压承载力并未受到影响,因此在竖向荷载作用下,楼板依然以钢筋受拉、混凝土受压的方式来承担板上的竖向荷载,不会出现垮塌现象。

(2) 由图 6-35 可以看到,虽有部分楼板钢筋发生塑性变形,但是最大塑性应变远小于 0.025 规定限值。故各层楼板在拉裂后仍然可承担竖向荷载,不会出现垮塌现象。

6.4.6　罕遇地震作用下结构性能评价

对中国金融期货交易所塔楼独立模型进行罕遇地震作用下动力弹塑性时程分析,共计算 7 组地震波,并对结构性能进行评价,总体结论如下:

(1) 在完成罕遇地震弹塑性分析后,结构仍保持直立,7 组波平均最大楼层层间位移角满足小于 1/100 的要求。结构整体性能满足"大震不倒"的设防水准要求。

(2) 外框架钢管混凝土柱的钢管未发生塑性变形,内部混凝土柱未发生受压损伤。罕遇地震作用下,框架柱保持弹性工作状态。

(3) 斜撑在罕遇地震作用下处于弹性工作状态,未发生屈曲。

(4) 部分钢梁发生塑性变形,最大塑性应变小于 0.025,满足设计要求。

(5) 连梁较早发生塑性变形,抗压、拉强度退化明显。钢筋最大塑性应变小于 0.025。罕遇地震作用下连梁起到了一道防线耗能作用。

(6) 左右塔楼核心剪力墙受压损伤分布与大小基本对称。由于剪力墙被分隔得比较短,在罕遇地震作用下受压损伤容易扩展至一半甚至全截面范围。在底部、中部与支撑连接处及顶部较多部分出现"比较严重损坏"性能水准。应根据预设性能水准对部分剪力墙采取适当调整措施。

(7) 局部楼板发生受压损伤现象,但范围较小;受拉损伤较为明显;局部钢筋发生塑性变形,最大塑性应变不大于 0.025。故各层楼板在拉裂后仍然可承担竖向荷载,不会出现垮塌现象。

(8) 此模型在 7 度罕遇地震作用下整体受力性能良好。

6.5　三栋塔楼整体结构模型分析

对本项目三栋塔楼整体结构模型进行罕遇地震下动力弹塑性分析,结构计算模型如图 6-37 所示。

图 6-37　结构计算模型

6.5.1 动力特性计算

计算整体结构的周期和振型，结构前 20 阶周期和前 9 阶振型分别见表 6-11 和图 6-38 所示。

表 6-11　前 9 阶周期

阶数	周期	阶数	周期
1	4.254	11	1.258
2	3.685	12	1.055
3	3.558	13	0.979
4	3.168	14	0.974
5	3.154	15	0.947
6	2.734	16	0.913
7	2.187	17	0.811
8	2.062	18	0.792
9	1.702	19	0.787
10	1.294	20	0.630

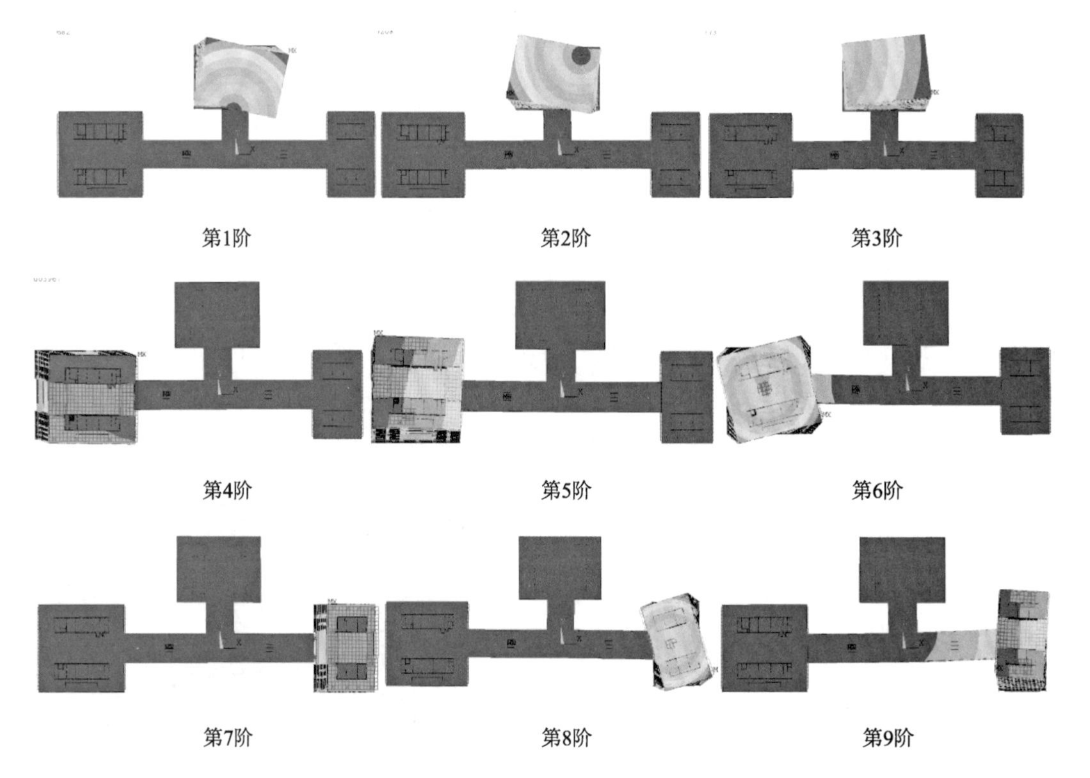

图 6-38　结构各阶振型图

由图 6-38 可以看出，前 9 阶各塔楼之间的振型还是相对比较独立的，连廊对整体的结构各塔楼之间的振型影响相对较小。

6.5.2 施工加载过程计算

在本工程的分析中，每个楼层采用 1 个施工步，连廊部分在结构主体施工全部完成后再施工安装。施工步完成后，对结构进行“恒＋0.5 活”加载，共有 41 个加载步。

各施工(加载)步完成后结构的竖向位移如图 6-39 所示。

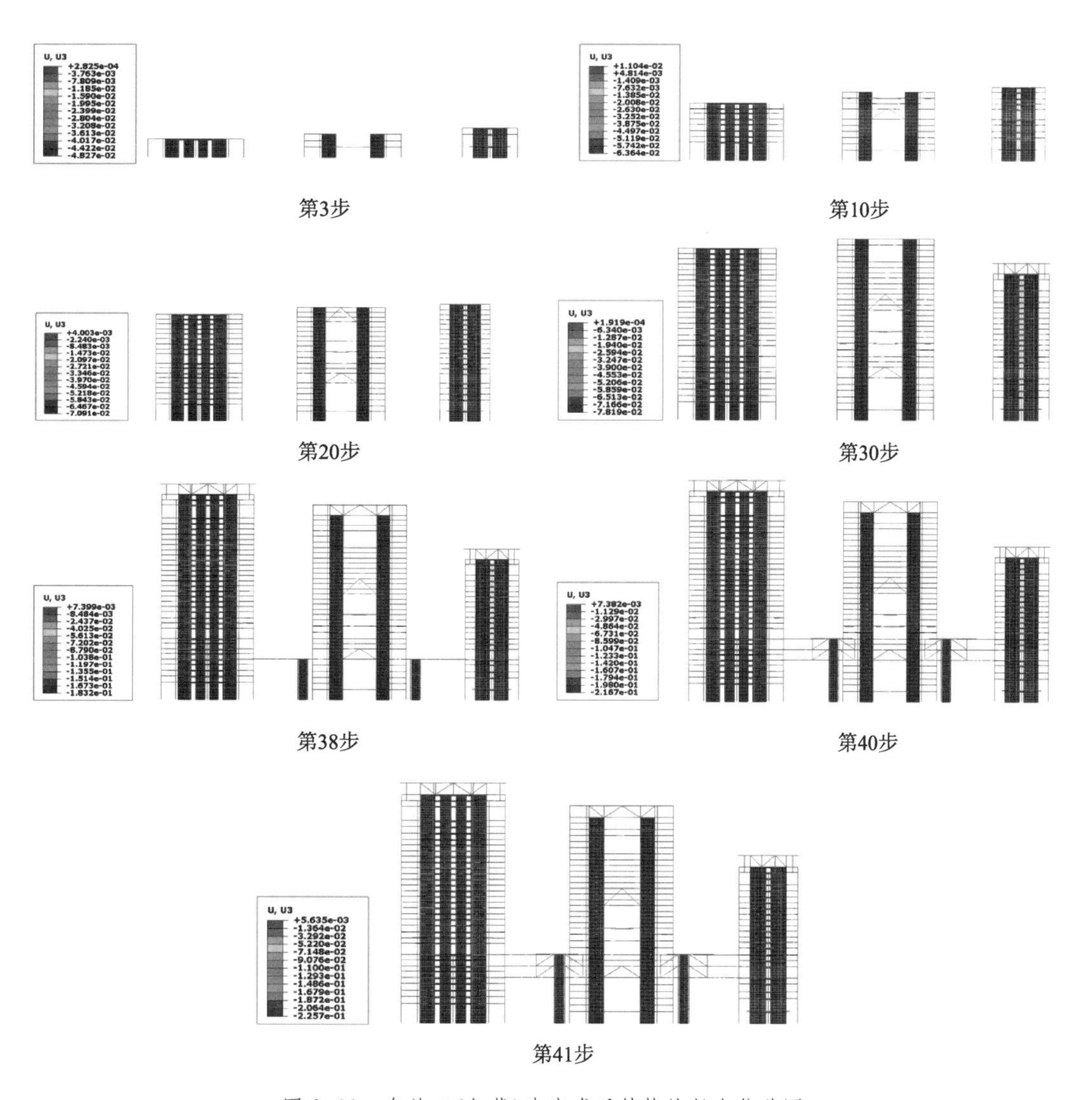

图 6-39 各施工(加载)步完成后结构的竖向位移图

由图 6-39 可以看出，在“恒＋0.5 活”结构最大竖向位移为 22.5 cm，在结构连廊处。

6.6 塔楼整体模型与独立模型对比分析

6.6.1 动力特性对比

整体模型前 9 阶振型均为单塔楼局部振型，其中前 3 阶为中金所振型，第 1 阶振型为 X 向平动，第 2 阶为扭转，第 3 阶为 Y 向平动。而单塔模型分析时，第 1 阶振型 X 方向平动，第 2 阶为 Y 方向平动，第 3 阶为扭转。中金所在整体模型中分析与单塔独立分析动力特性有略微的区别，整体结构的周期略长。具体周期及振型对比如表 6-12、图 6-40、图 6-41 所示。

表 6-12 前 3 阶周期比较

阶数	整体模型/s	独立模型/s	差异/%
1	4.254	4.166	2.07
2	3.685	3.304	10.34
3	3.558	3.229	9.25

(a) 第 1 阶

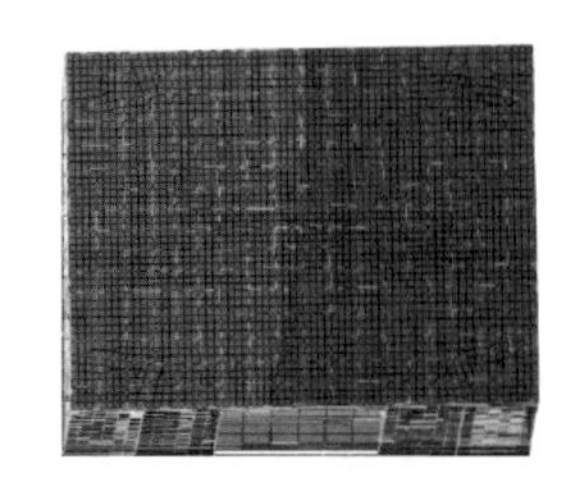

(b) 第 2 阶

(c) 第 3 阶

图 6-40 独立单塔结构振型

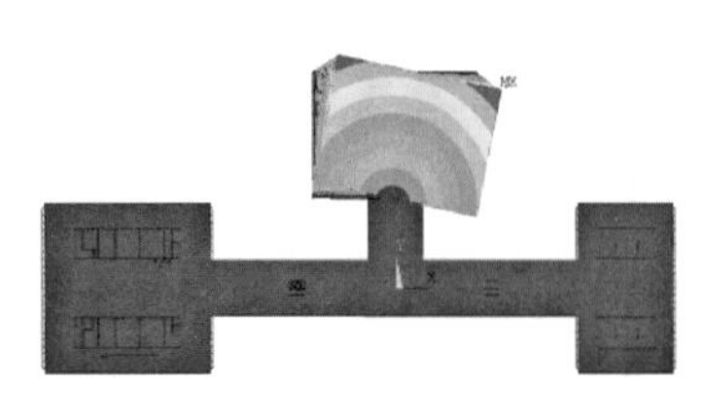

(a) 第 1 阶

(b) 第 2 阶

(c) 第 3 阶

图 6-41 整体结构振型

6.6.2 基底剪力对比

单塔在整体模型的剪重比与单塔独立模型下剪重比对比如表 6-13 所示。

表 6-13 最大基地剪力与相应的剪重比对比

主方向	地震波组	剪力/kN		剪重比/%		差异/%
		整体模型	独立模型	整体模型	独立模型	
X 方向	aw1	144 146	142 971	8.61	8.50	−0.82
	aw2	158 077	163 757	9.44	9.73	3.47
	nr3	113 350	134 650	6.77	8.00	15.82
	nr4	146 284	145 745	8.74	8.66	−0.37
	nr5	144 530	142 712	8.64	8.48	−1.27
	nr6	164 183	164 129	9.81	9.75	−0.03
	nr7	150 561	147 122	9.00	8.74	−2.34
	平均值	145 876	148 727	8.72	8.84	1.92
Y 方向	aw1	133 932	136 140	8.00	8.09	1.62
	aw2	132 893	142 980	7.94	8.50	7.05
	nr3	127 886	138 893	7.64	8.25	7.92
	nr4	145 297	142 798	8.68	8.49	−1.75
	nr5	151 157	150 865	9.03	8.97	−0.19
	nr6	171 025	180 612	10.22	10.73	5.31
	nr7	152 187	156 491	9.09	9.30	2.75
	平均值	144 911	149 826	8.66	8.90	3.28

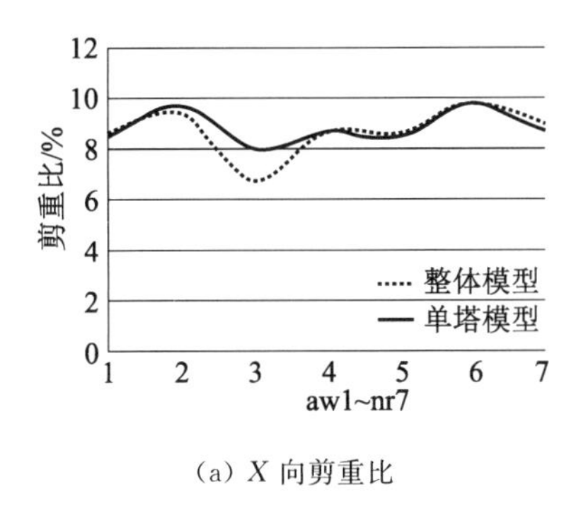

(a) X 向剪重比

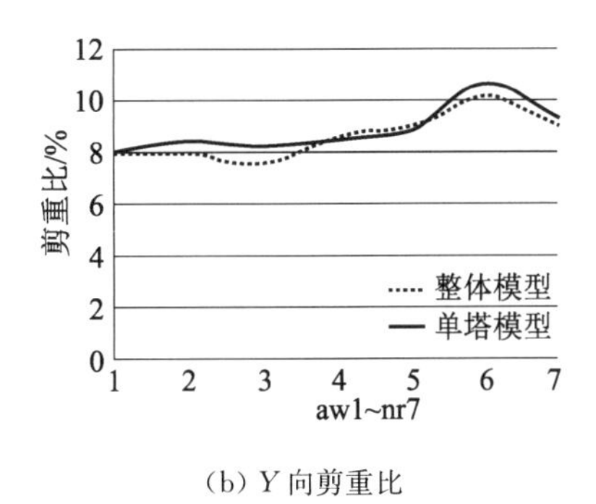

(b) Y 向剪重比

图 6-42 剪重比对比

由表 6-13 及图 6-42 可知，总体上单塔在独立模型下的剪重比略大于在整体模型下的剪重比，当然个别波组整体模型下的剪重比略大。从 7 组波剪重比的平均值也可以看出，单塔在独立模型下的剪重比略大。分析原因：

(1) 单塔在独立模型下的周期略小于在整体模型下的周期，因此地震力会有所偏大。

(2) 在地震作用下，连廊和单塔起到相互“帮扶”作用，即整体模型各塔楼的相互协调帮衬可适当降低各塔楼之间的最大剪力，因此在整体模型下，单体剪力会偏小。

6.6.3 层间位移角对比

单塔在整体模型的层间位移角与单塔独立模型下层间位移角对比如表 6-14 所示。

表 6-14 最大层间位移角对比

主方向	地震波组	位移角/rad		差异/%
		整体模型	独立模型	
X 方向	aw1	1/228	1/213	6.58
	aw2	1/209	1/201	3.83
	nr3	1/288	1/270	6.25
	nr4	1/213	1/205	3.76
	nr5	1/192	1/189	1.56
	nr6	1/103	1/97	5.83
	nr7	1/103	1/100	2.91
	平均值	1/167	1/160	4.39
Y 方向	aw1	1/223	1/237	−6.28
	aw2	1/247	1/219	11.34
	nr3	1/289	1/282	2.42
	nr4	1/269	1/239	11.15
	nr5	1/192	1/214	−11.46
	nr6	1/157	1/146	7.01
	nr7	1/148	1/152	−2.70
	平均值	1/206	1/202	1.64

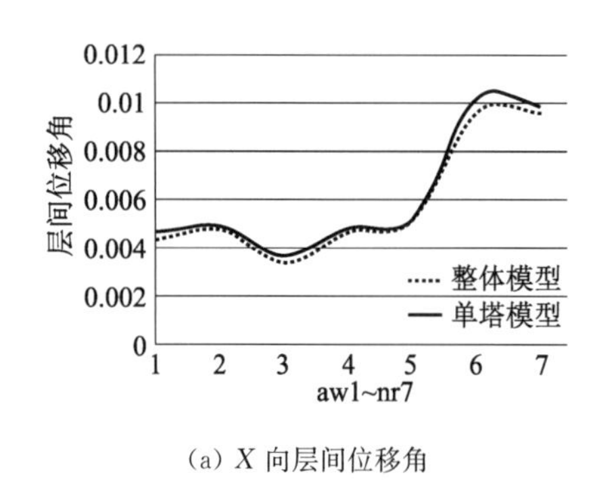

(a) X 向层间位移角

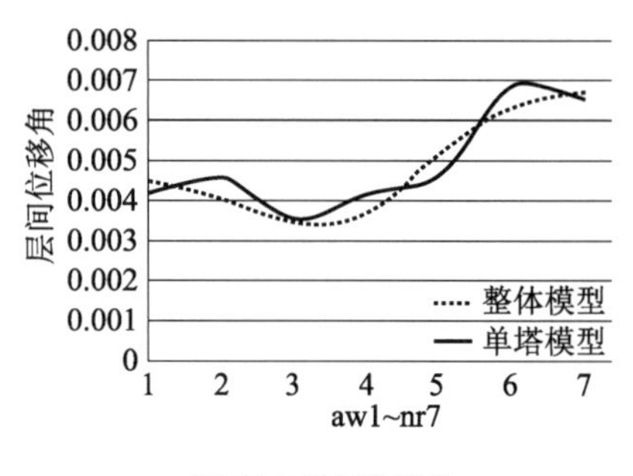

(b) Y 向层间位移角

图 6-43 层间位移角对比

由表 6-14 及图 6-43 可知，总体上单塔在独立模型下的层间位移角略大于在整体模型下的层间位移角，当然个别波组整体模型下的层间位移角略大。从 7 组波层间位移角的平均值也可以看出，单塔在独立模型下的层间位移角略大。

分析原因：同剪重比整体模型偏小一样，在地震作用下，连廊和单塔起到相互“帮扶”作用，即整体模型各塔楼的相互协调帮衬可适当降低各塔楼之间的最大层间位移角。因此在整体模型下，层间位移角会偏小。

6.6.4　结构顶点水平位移对比

单塔在整体模型的结构顶点位移与单塔独立模型下对比如表6-15所示。

表6-15　结构最大顶点位移对比

主方向	地震波组	顶点位移 U/m		U/H		差异/%
		整体模型	独立模型	整体模型	独立模型	
X方向	aw1	0.560	0.561	1/366	1/365	0.18
	aw2	0.505	0.587	1/406	1/349	13.97
	nr3	0.460	0.466	1/446	1/440	1.29
	nr4	0.521	0.530	1/393	1/387	1.70
	nr5	0.623	0.603	1/329	1/340	−3.32
	nr6	0.883	0.911	1/232	1/225	3.07
	nr7	0.836	0.834	1/245	1/246	−0.24
	平均值	0.627	0.642	1/327	1/319	2.34
Y方向	aw1	0.540	0.541	1/380	1/379	0.18
	aw2	0.432	0.600	1/474	1/342	0.28
	nr3	0.405	0.410	1/506	1/500	1.22
	nr4	0.445	0.465	1/461	1/441	4.30
	nr5	0.546	0.558	1/375	1/367	2.15
	nr6	0.813	0.823	1/252	1/249	1.22
	nr7	0.791	0.809	1/259	1/253	2.23
	平均值	0.567	0.601	1/361	1/341	5.66

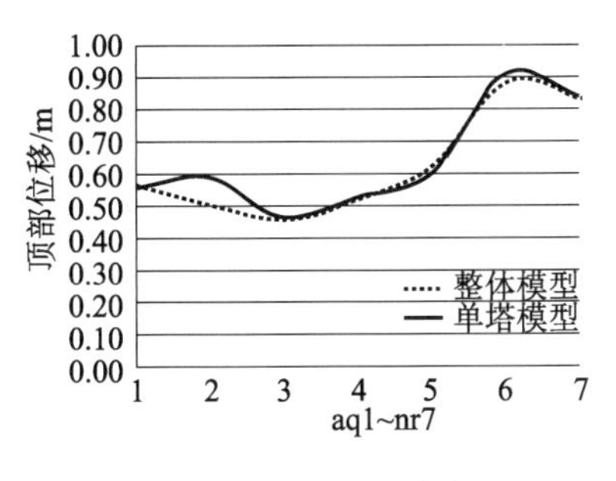

(a) 结构顶部X向位移

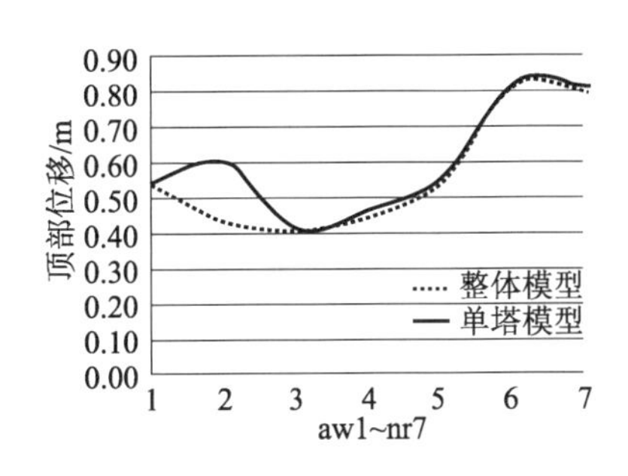

(b) 结构顶部Y向位移

图6-44　结构顶点位移对比

由表 6-15 及图 6-44 可知，总体上单塔在独立模型下的结构顶点位移略大于在整体模型下的顶点位移，当然个别波组整体模型下的结构顶点位移略大。从 7 组波结构顶点位移的平均值也可以看出，单塔在独立模型下的层间位移角略大。分析原因：同层间位移角整体模型偏小一样，在地震作用下，连廊和单塔起到相互“帮扶”作用，即整体模型各塔楼的相互协调帮衬可适当降低各塔楼之间的最大顶点位移。因此，整体模型下，结构顶点位移会偏小。

6.7 塔楼超限加强措施

根据塔楼弹塑性时程分析结果，对结构中相对比较薄弱或关键的构件采取一定的加强措施。具体措施如下：

(1) 提高竖向构件的耐震性能，对于巨型桁架连接层及相邻上下各 1 层、10 层以下至首层混凝土筒体采用中震弹性的设计标准，并控制截面剪应力水平，满足大震抗剪要求。

(2) 外框架采用抗震性能更好的刚框架梁＋钢管混凝土柱截面形式，并控制框架柱应力比小于 0.8。对于直径大于 1 200 mm 的柱及顶部 2 层柱，柱内加配钢筋，提高对混凝土的约束，从而提高结构延性。

(3) 控制楼板主拉应力，满足小震小于混凝土抗拉强度标准值，中震钢筋不屈服。

(4) 调整构件刚度分布，满足扭转位移比小于 1.35。

(5) 巨型桁架层及相邻层、楼板应力较大层选用钢筋桁架代替普通压型钢板，混凝土强度等级提高至 C40，采用双层双向钢筋，配筋率不小于 0.3%。

(6) 巨型支撑上下弦所在层设置钢＋混凝土复合楼板，钢板承担全部水平力，混凝土楼板内另配置钢筋承担竖向荷载。

第 7 章　廊桥抗震设计研究

7.1　廊桥概况

本项目在 40～60 m 高度设置了两层 10 m 高廊桥，用于连接 3 栋塔楼。廊桥总跨度 158 m，中间有两个核心筒，将桥跨分成 37 m，84 m，37 m。廊桥与塔楼相连端直接搁置在各塔楼上，核心筒为结构竖向承重及水平抗侧主要构件。廊桥地上建筑面积约为 14 329 m^2，地下与其他区域连成整体。

在廊桥的设计中，既要考虑温度作用下可能的结构变形，又要保证使用阶段外幕墙可正常工作。当遭遇偶然地震作用时，还要确保各结构体安全。

本项目建筑设计目标是创造出一个轻盈通透的桥结构，希望在桥与地面之间以及桥的楼板之间创造最大可能的通透性。此范围的构件数量和尺寸都尽量做到最低、最小，包括桥下面的两个电梯间。在廊桥结构设计时采用 3 个独立的桥面结构，楼面桥面采用 3 跨连续箱型梁 1 050×3 350×50×90，屋面桥面梁 1 050×3 750×50×90。与连续桥面梁垂直方向布置间距 3 000 mm 的 300×700×13×24 次梁，楼板采用 150 mm 厚闭口压型钢板。3 个桥面间设置了连系斜杆，构成局部桁架，斜杆 850×1 050×40×40。7～9 层楼电梯间筒体构成结构的抗侧体系。这样的设计保证了建筑效果，不仅在桥的正面避免了设置斜向支撑，满足建筑师通透、轻盈的构思理念，同时也保证了结构的整体性。

廊桥结构与塔楼连接关系图如图 7-1 所示，廊桥结构平面图如图 7-2 所示。

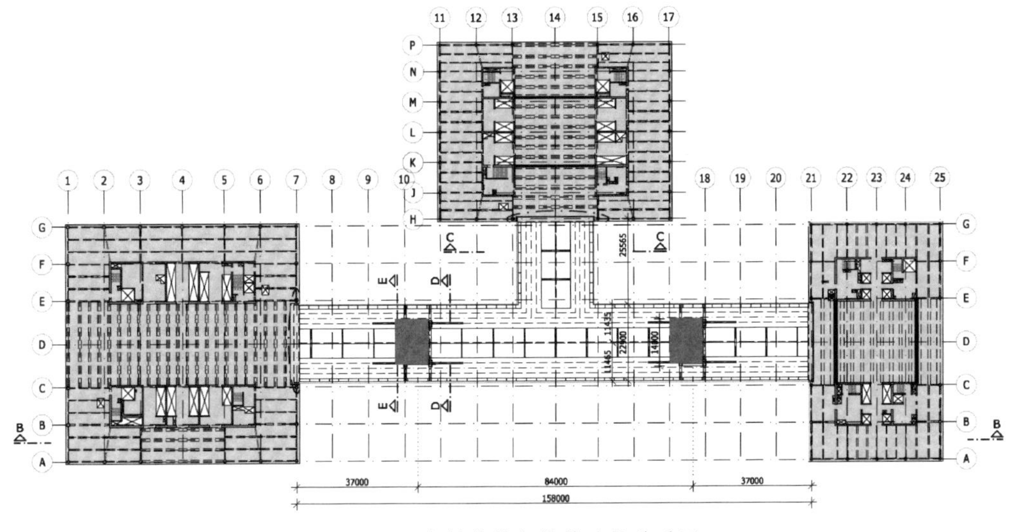

图 7-1　廊桥结构与塔楼连接关系图

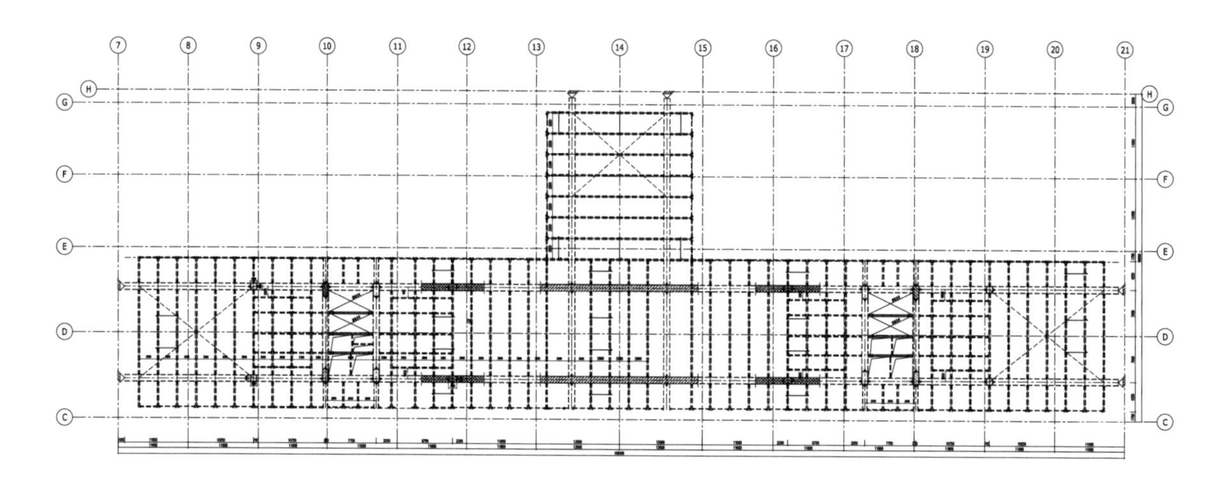

图 7-2　廊桥结构平面图

7.2　历次专家咨询意见

1. 10%的方案设计意见

原则上，廊桥与 3 栋高层间应设置防震缝形成独立的抗震体系。廊桥可设计为空间桁架结构体系，并充分利用电梯井作用，必要时适当放大电梯井平面尺寸，适当加强地面以下部位电梯井抗侧刚度。若 3 栋高层与廊桥采用滑动支座连接，建议支座按中震弹性，大震仅柱脚产生塑性铰控制。

2. 100%方案设计意见

应进一步深入分析，研究和细化廊桥与塔楼的连接设计，并进行多方案比较。

3. 50%扩初设计意见

（1）廊桥设计是本工程的一个难点，设计单位已做了大量工作，可在此基础上进一步细化和深化，要特别重视廊桥与塔楼的连接。竖向力以塔楼承担为主，水平力由塔楼承担也可以。设置阻尼器和耗能材料的构思均是合适的，可在下一步设计中考虑。廊桥重要连接的节点和构件应做好性能设计。如果对塔楼作为廊桥的抗侧力支承基本上达成共识，那么水平约束的方案尚可发展，且可对温度影响更有利。

（2）廊桥本身设计还应细化，目前 3 层廊桥各自分离，如何处理好由此产生的构造问题也应研究。

（3）如在廊桥和塔楼间产生可滑动的结构缝，缝宽的确定要考虑。

（4）楼电梯间有一定刚度，完全可以参与结构工作，必要时应该考虑。

7.3　结构超限分析

1. 廊桥不规则性分析

由于廊桥地面挑空达40 m，故可选取首层为嵌固层位置。表7-1对各分项进行判断，塔楼存在以下超限问题。

表7-1　廊桥不规则性分析

<table>
<tr><th colspan="2">分项项目</th><th>情况说明</th><th>规范要求</th><th>超限判断</th><th>备注</th></tr>
<tr><td colspan="2">结构类型</td><td>钢管混凝土支撑框架+钢板剪力墙</td><td>—</td><td>否</td><td>—</td></tr>
<tr><td colspan="2">结构总高度</td><td>60 m</td><td>—</td><td>否</td><td>—</td></tr>
<tr><td colspan="2">地下室埋深</td><td>28.45 m</td><td>(1/18)×房屋高度=60/18=3.3 m</td><td>否</td><td>—</td></tr>
<tr><td colspan="2">高宽比</td><td>60/7.5=8</td><td>7</td><td>是</td><td>—</td></tr>
<tr><td colspan="2">长宽比</td><td>158/23=7</td><td>6</td><td>是</td><td>—</td></tr>
<tr><td colspan="2">错层/连体-加强/多塔等复杂情况</td><td>大跨复杂特殊结构</td><td>—</td><td>是</td><td>—</td></tr>
<tr><td rowspan="4">平面规则性</td><td>扭转规则性</td><td>1.19</td><td><1.2</td><td>否</td><td>—</td></tr>
<tr><td>凹凸规则性</td><td>与中金所连接端突出平面>50%</td><td>≤30%总尺寸</td><td>是</td><td>—</td></tr>
<tr><td rowspan="2">楼板局部连续性</td><td rowspan="2">40 m以下仅筒体内有结构，与标准层相比楼板缺失面积>40%楼面面积</td><td>≤30%楼面面积</td><td rowspan="2">是</td><td rowspan="2">—</td></tr>
<tr><td>≤40%楼面典型宽度</td></tr>
<tr><td rowspan="5">竖向规则性</td><td rowspan="3">侧向刚度规则性</td><td rowspan="3">无</td><td>≥70%相邻上一楼层</td><td rowspan="3">否</td><td rowspan="3">—</td></tr>
<tr><td>≥80%相邻3个楼层平均</td></tr>
<tr><td>底层的应大于上层的1.5倍</td></tr>
<tr><td>竖向抗侧力构件连续性</td><td>无</td><td>连续</td><td>否</td><td>—</td></tr>
<tr><td>楼层承载力突变性</td><td>无</td><td>≥80%相邻上一楼层</td><td>否</td><td>—</td></tr>
</table>

由表7-1可知，廊桥存在结构平面和竖向规则性超限，属于超限复杂结构，需进行超限高层建筑抗震设防专项审查。

2. 抗震设防性能目标

按照《建筑抗震设计规范》(GB 50011—2010)(以下简称《规范》),并参照《高层建筑混凝土结构技术规程》(JGJ 3—2010)(以下简称《高规》)的相关要求,初定本工程抗震性能目标为:在正常使用阶段廊桥与各塔楼连成整体;发生多遇地震(小震)后与各塔楼连接失效,廊桥本身能保证未受损,功能完整,不需修理即可继续使用,即完全可使用的性能目标;发生设防烈度地震(中震)后能保证建筑结构轻微受损,主要竖向和抗侧力结构体系基本保持震前的承载能力和特性,建筑功能受扰但稍作修整即可继续使用,即基本可使用的性能目标;发生罕遇地震(大震)时,结构有一定破坏但不影响承重,功能受到较大影响,但人员安全,即保证生命安全的性能目标。如表 7-2 所示。

表 7-2　廊桥抗震设防性能目标

项目		抗震内容描述		
地震烈度		常遇地震	中度地震	罕遇地震
描述		功能完善,无损伤	基本功能,轻微损伤可修复	保障生命,中等损伤
最大层间位移		地震 $H-h/800$	—	$h/200$
		风 H—<—h/1 000		
结构工作特性		无损伤,处于弹性	可修复,处于弹性/不屈服	严重损伤,不倒
构件性能	钢板墙	弹性设计	不屈服,性能标准 3	附加满足剪力要求
				性能标准 4
	竖向桁架	弹性设计	弹性设计,性能标准 2	—
	水平支撑	弹性设计	不屈服,性能标准 3	—
	钢管柱	弹性设计	弹性设计,性能标准 2	仅柱脚屈服
				附加满足剪力要求
	廊桥与塔楼竖向连接节点	可滑动	部分耗能	可限位,防脱落、防撞击
	廊桥与塔楼水平连接节点	分离	—	防撞击

7.4 超限抗震设计的计算及分析论证

结构分析软件分别采用 PKPM 软件的 PMSAP 模块和 MIDAS BUILDING 计算模

型两种不同力学模型的三维空间分析软件进行整体计算，结构计算分析模型如图7-3所示，采用弹性方法计算结构荷载和多遇地震作用下内力和位移，并考虑 $P\text{-}\Delta$ 效应，采用弹性时程分析法进行补充验算，主要计算参数和计算结果见下文。

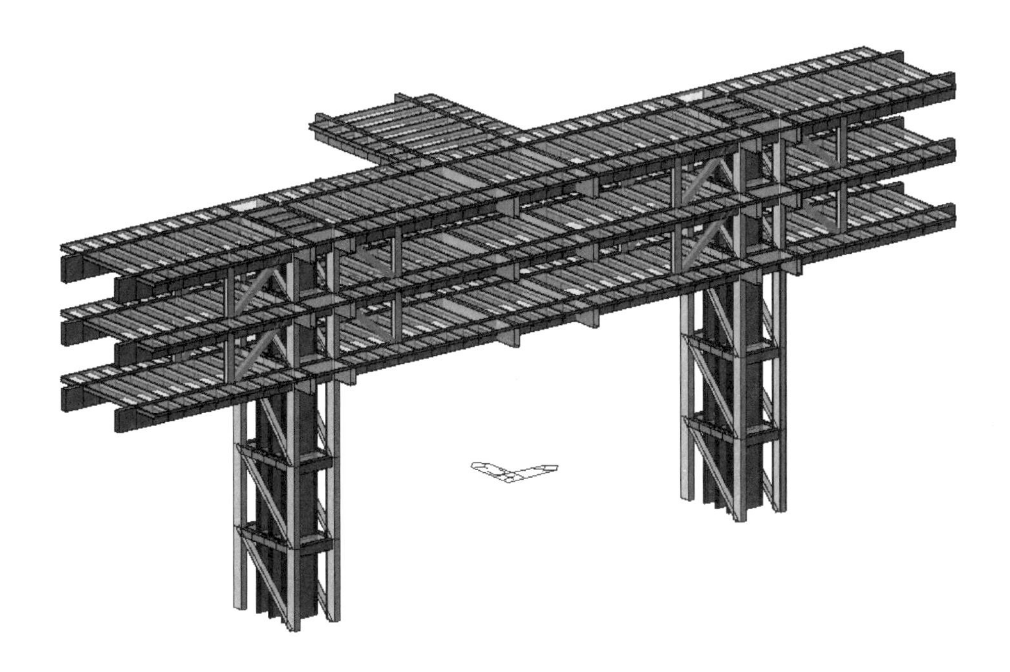

图7-3 MIDAS BUILDING 计算模型

7.5 廊桥弹性分析

7.5.1 周期与振型

MIDAS BUILDING 计算模型中分析了72个振型，X 方向和 Y 方向的有效质量系数分别为95.65%，96.11%，扭转为96.22%。表7-3列出了前10阶振型的周期以及质量参与系数。

表7-3 周期和振型

振型	周期/s	X 向平动质量/%	X 向平动累计质量/%	Y 向平动质量/%	Y 向平动累计质量/%	扭转/%	扭转累计质量/%
振型1	1.604 3	90.34	90.34	0	0	1.83	1.83
振型2	1.411 4	0	90.34	91.21	91.21	0	1.83
振型3	1.384 0	1.77	92.11	0	91.21	89.84	91.67
振型4	0.570 8	0	92.11	0.02	91.23	0	91.67

（续表）

振型	周期/s	X 向平动质量/%	X 向平动累计质量/%	Y 向平动质量/%	Y 向平动累计质量/%	扭转/%	扭转累计质量/%
振型 5	0.511 6	0	92.11	0	91.23	0	91.67
振型 6	0.482 6	0	92.11	0	91.23	0	91.67
振型 7	0.480 2	0	92.11	0.08	91.31	0	91.67
振型 8	0.438 5	0	92.11	0.21	91.52	0	91.67
振型 9	0.406 8	0	92.11	0.02	91.54	0	91.67
振型 10	0.391 6	0	92.11	0.38	91.92	0	91.67

可以看到，第 1 振型是 X 方向平动，第 2 振型是 Y 方向平动，第 3 振型是扭转振型，如图 7-4 所示。按照《规范》要求，以结构扭转为主的第 1 自振周期 T_t 与平动为主的第 1 自振周期 T_1 之比，A 级高度高层建筑不应大于 0.9。根据表 7-2 的结果，检查了此限值要求，$T_3/T_1=1.384\ 0/1.604\ 3=0.863<0.9$，符合《规范》的要求。

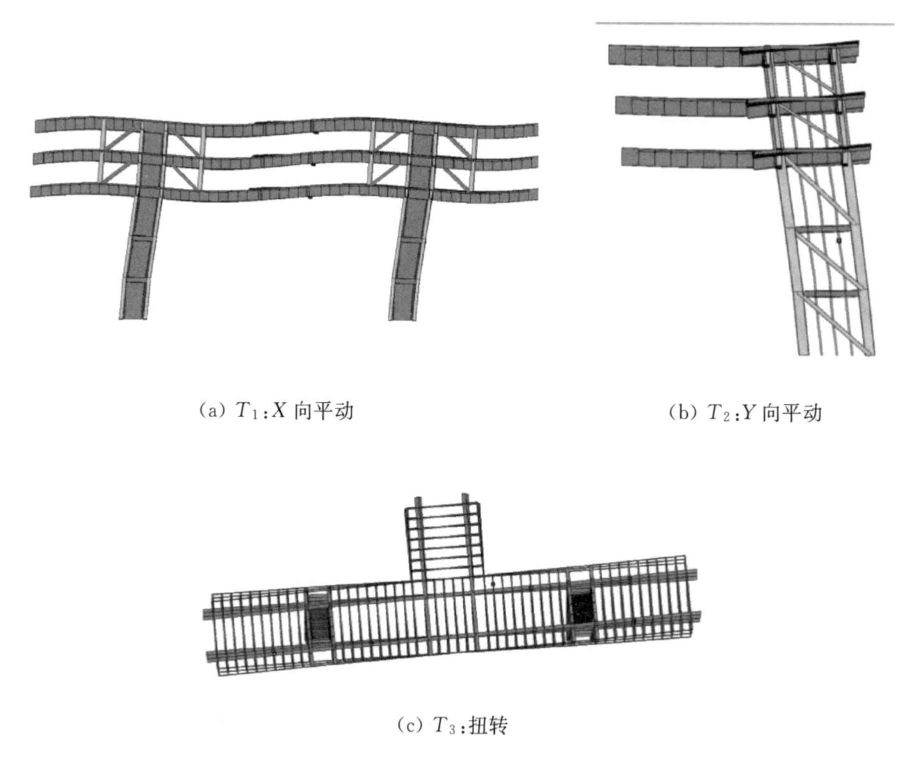

(a) T_1:X 向平动

(b) T_2:Y 向平动

(c) T_3:扭转

图 7-4　前 3 阶振型

7.5.2　层间位移角

图 7-5、图 7-6 分别给出了规范地震荷载作用下和风荷载作用下各楼层的层间位移

角，可以看到所有楼层都满足规范限值。

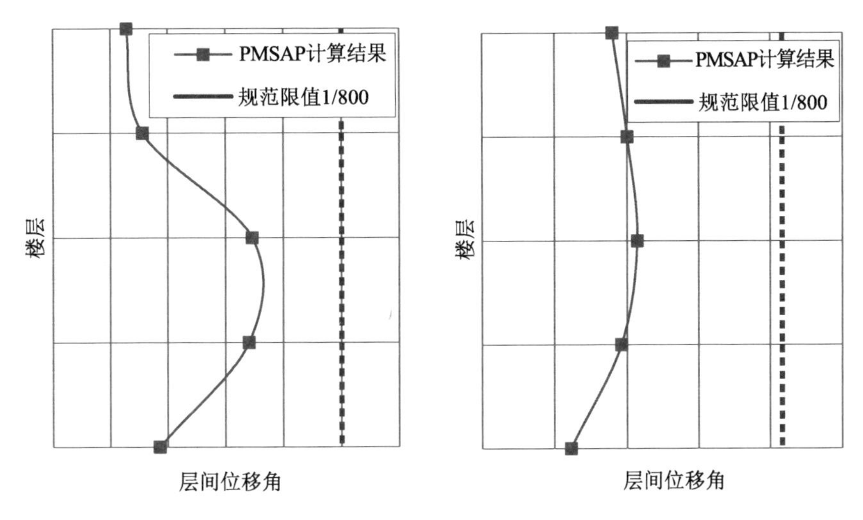

图 7-5 地震作用下 X 方向层间位移角　　图 7-6 地震作用下 Y 方向层间位移角

7.5.3 楼层侧向刚度

楼层的侧向刚度不宜小于相邻上部楼层侧向刚度的70%或其上相邻三层侧向刚度平均值的80%(《规范》中的3.4.2及《高规》中的3.5.2)。对框架结构楼层的侧向刚度可取该层剪力和该层层间位移的比值。对框架-剪力墙结构楼层的侧向刚度比可取剪力与层间位移角的比值。

表 7-4 X, Y 方向侧向刚度比(PMSAPS 计算结果)

楼层	RJX3	Ratx	Ratx1	楼层	RJY3	Raty	Raty1
1	3.22×10^5	—	—	1	1.28×10^6	—	—
2	6.47×10^5	2.009 3	2.009 3	2	1.71×10^6	1.335 9	1.335 9
3	9.98×10^5	1.542 5	2.313 8	3	1.53×10^6	0.894 7	1.342 1
4	1.29×10^6	1.292 6	1.077 2	4	2.34×10^6	1.529 4	1.274 5
5	2.43×10^6	1.883 7	1.883 7	5	3.73×10^6	1.594	1.594

注：Ratx，Raty：X，Y 方向本层塔侧移刚度与上一层塔侧移刚度的比值；
　　Ratx1，Raty1：X，Y 方向本层 X 刚度与本层层高的乘积与上层 X 刚度与上层层高的乘积的比值。

表7-4列出了 X 方向和 Y 方向的楼层侧向刚度比值，其中，PMSAP计算模型中的剪力墙为内含钢板剪力墙，模型中调节了3层处墙体内钢板的厚度而令侧向刚度比可以满足《规范》的要求。

图7-7—图7-9给出了各楼层抗剪承载力比，X 向通过调节剪力墙中钢板厚度满足抗剪承载力比，Y 向通过调节斜撑的截面满足《规范》要求。

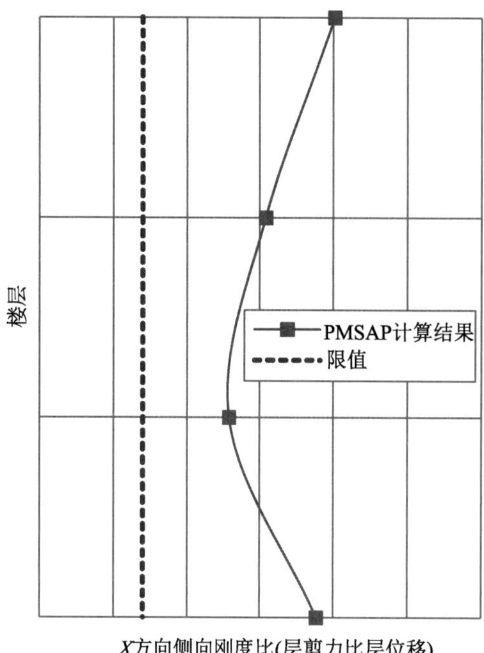

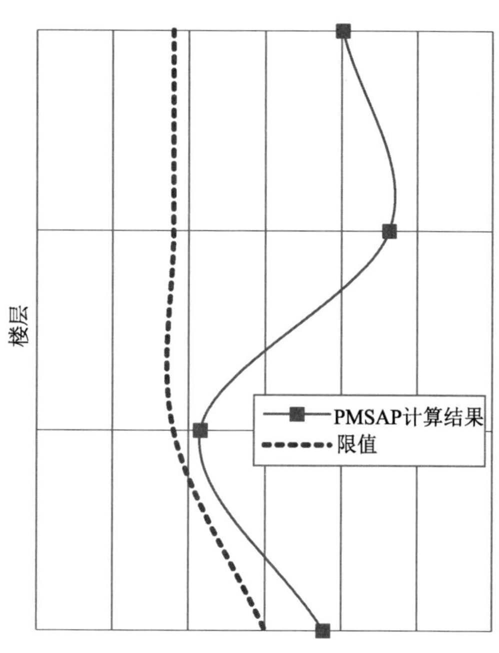

图 7-7　X 方向本层塔侧移刚度与上一层相应塔侧移刚度比

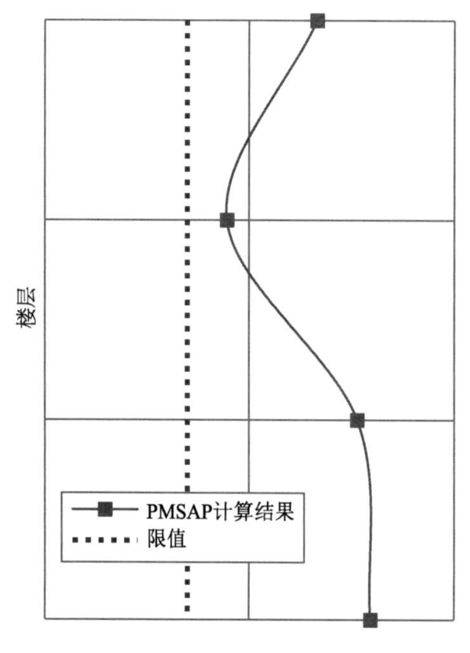

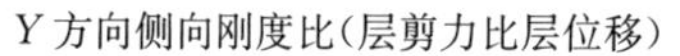

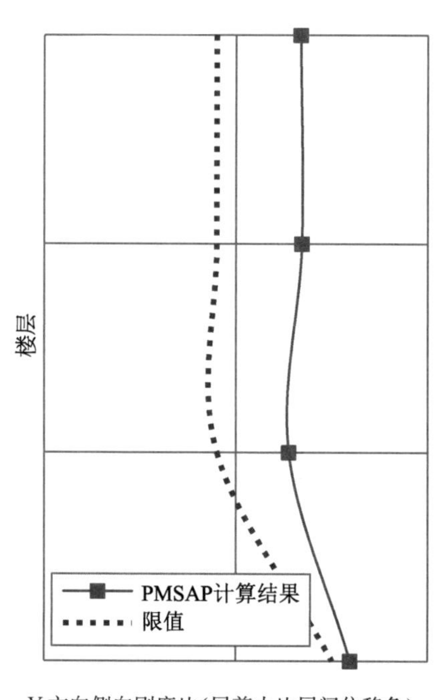

图 7-8　Y 方向本层塔侧移刚度与上一层相应塔侧移刚度比

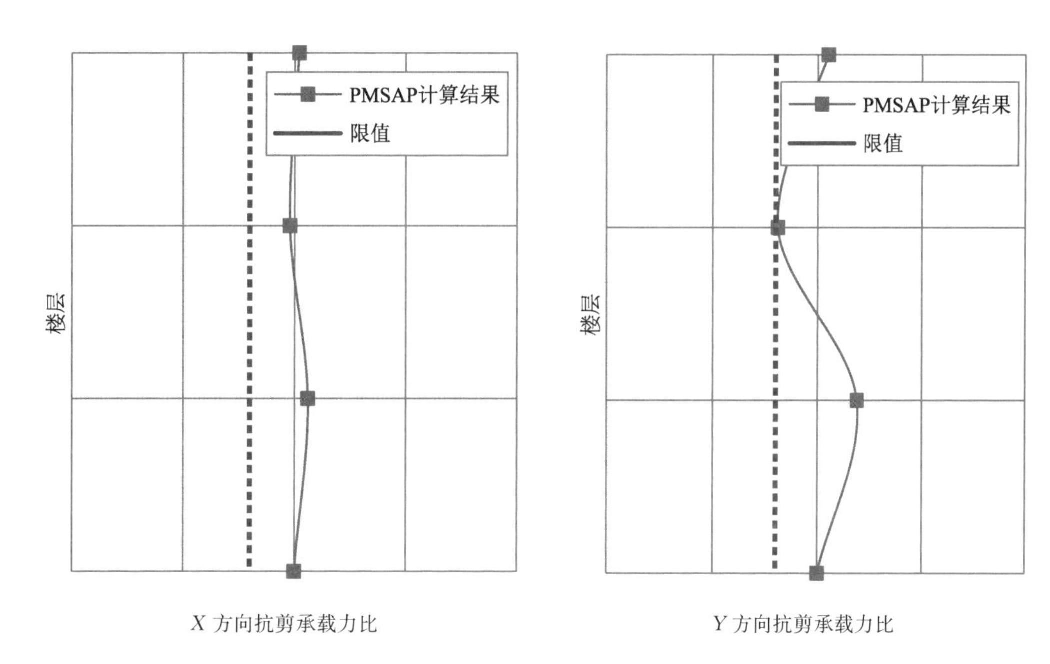

图 7-9　本层塔抗剪承载力与上一层塔抗剪承载力比

7.5.4　对主楼的影响分析

为防止意外情况下廊桥与主楼出现碰撞，设计考虑主楼额外负担一定级别的廊桥水平力。假定廊桥与主楼完全连接，引入整体结构处于弹性阶段模型，分析各单体间相互作用。在分析该作用时，对廊桥独立模型引入主楼侧向刚度作为弹簧支座，结构计算简图如图 7-10、表 7-5、表 7-6 所示。

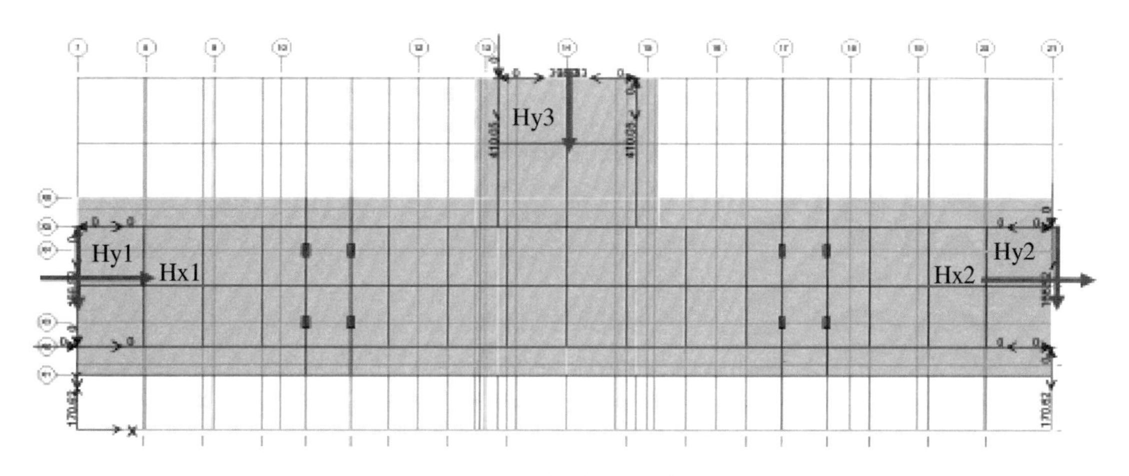

图 7-10　塔楼弹性约束简图

表 7-5 塔楼弹簧刚度选取 单位:kN/m

标高 H/m	Hx1	Hy1	Hy3	Hx2	Hy2
60	4.26×10^{6}	3.87×10^{6}	3.95×10^{6}	6.53×10^{6}	7.31×10^{6}
50	4.74×10^{6}	4.28×10^{6}	4.35×10^{6}	3.48×10^{6}	4.45×10^{6}
40	1.11×10^{7}	9.55×10^{6}	8.56×10^{6}	8.12×10^{6}	8.60×10^{6}

表 7-6 楼面弹性支座反力 单位:kN

<table>
<tr><th>工况</th><th>标高 H/m</th><th>总剪力/kN</th><th>Hx1</th><th>Hy1</th><th>Hy3</th><th>Hx2</th><th>Hy2</th></tr>
<tr><td rowspan="3">X 向多遇地震</td><td>60</td><td rowspan="3">X:121 41
Y:110</td><td>2 243</td><td>430</td><td>2 898</td><td>2 546</td><td>440</td></tr>
<tr><td>50</td><td>1 611</td><td>298</td><td>2 430</td><td>1 453</td><td>298</td></tr>
<tr><td>40</td><td>1 953</td><td>279</td><td>2 122</td><td>1 892</td><td>280</td></tr>
<tr><td rowspan="3">Y 向多遇地震</td><td>60</td><td rowspan="3">X:110
Y:22 032</td><td>1 357</td><td>1 737</td><td>4 202</td><td>1 631</td><td>1 816</td></tr>
<tr><td>50</td><td>1 255</td><td>1 276</td><td>3 118</td><td>1 080</td><td>1 304</td></tr>
<tr><td>40</td><td>1 252</td><td>1 142</td><td>2 562</td><td>1 281</td><td>1 170</td></tr>
</table>

经计算,廊桥小震下对主楼的作用力最大为 4 200 kN。主楼设计时在每个楼层均考虑该数值附加荷载以策安全,支座防撞弹簧刚度取为 4 200/0.3=14 000 kN/m。

7.5.5 温度作用影响分析

水平全释放温度应力状况如图 7-11、图 7-12 所示。

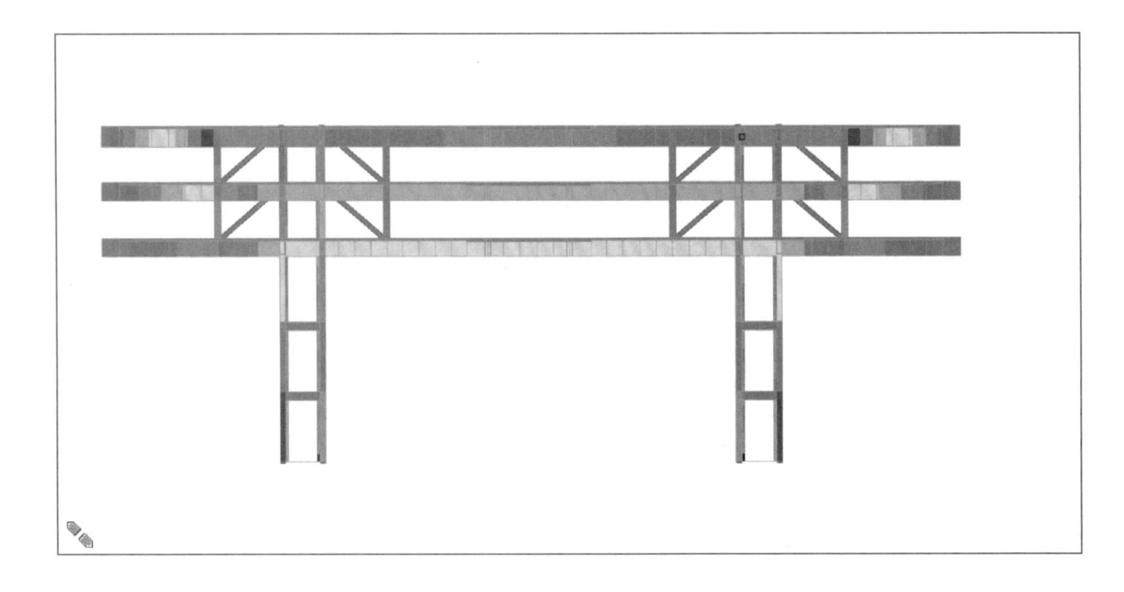

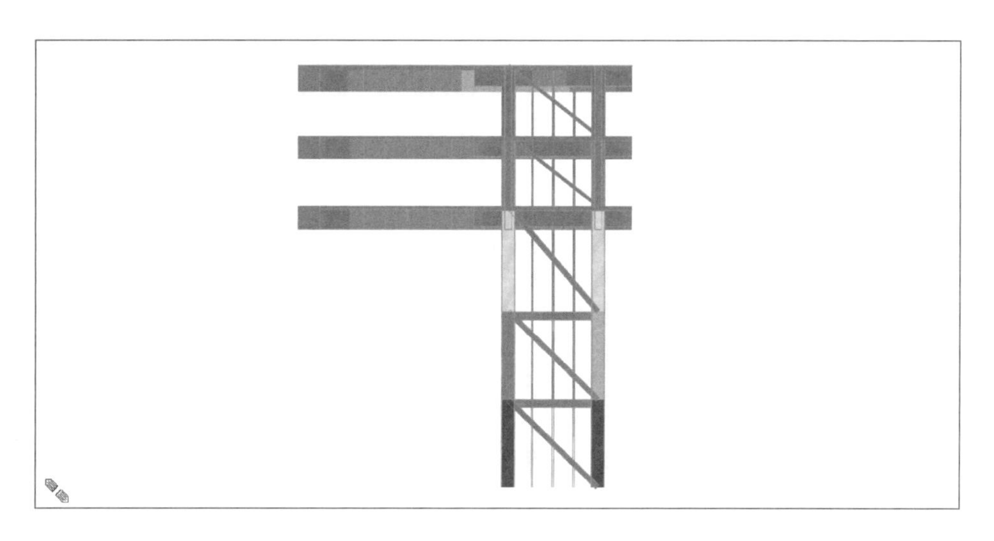

图 7-11　温度引起的构件轴力(约束条件为端部双向平动均释放)

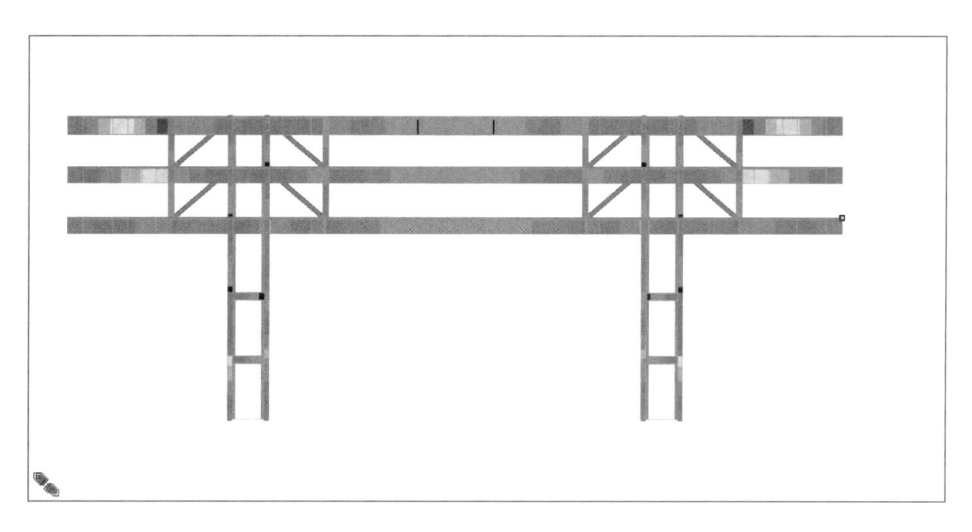

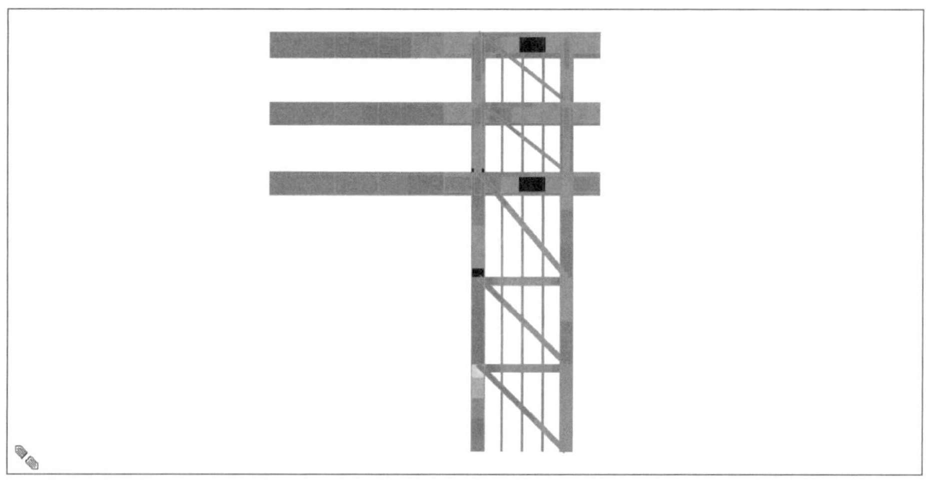

图 7-12　温度引起的构件弯矩(约束条件为端部双向平动均释放)

框架最大内力：

(1) 底部框架柱温度轴力为 4 283 kN，截面应力为 9.42 N/mm^2。

(2) 大梁温度轴力为 2 701 kN，截面应力为 11.50 N/mm^2。

(3) 通过充分释放后，温度应力对桥体结构影响几乎可以忽略。

7.6 主要构件验算

7.6.1 钢管柱中震、大震验算

塔楼选用钢管混凝土柱，下面验算了典型柱的承载力。根据本项目的抗震性能目标，在中震作用下外围的钢管柱保持弹性；在大震作用下不屈服。计算时取小震作用下的内力按地震影响系数的比例进行放大。如验算中震柱承载力时，将小震地震内力的放大系数为 0.23/0.08=2.875；验算大震柱承载力时，放大系数为 0.05/0.08=6.25。验算中震和大震时，不考虑风荷载的组合。

大堂跨层柱大震不屈服验算如图 7-13—图 7-18 所示，计算时均采用材料标准值，荷载分项系数取 1.0，可以看到大堂各跨层柱的内力均在钢管柱的曲线内。

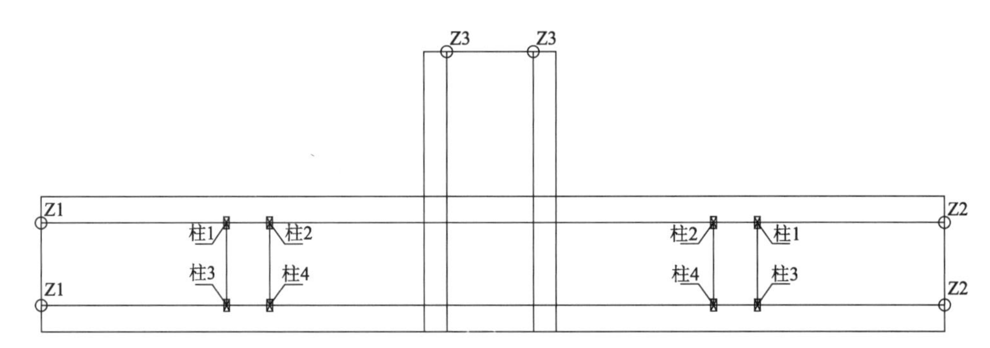

图 7-13 钢管柱平面位置

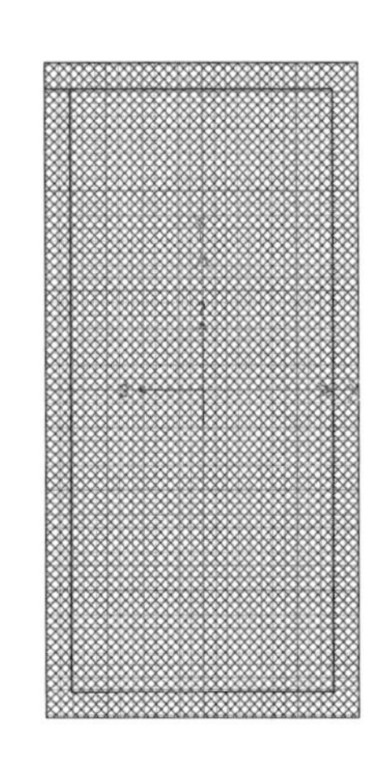

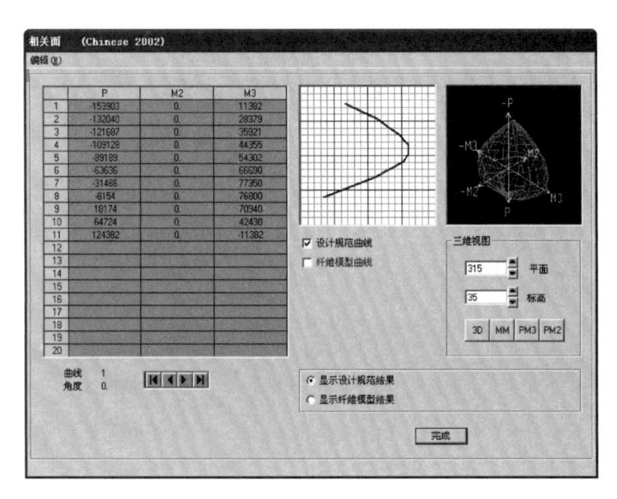

图 7-14 巨型钢管柱中震弹性验算

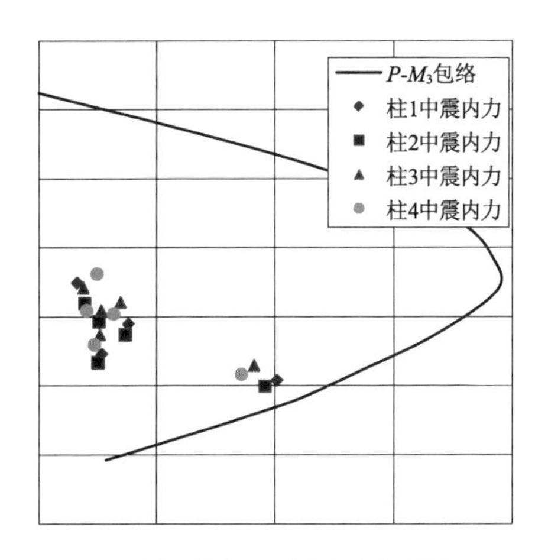

(a) 截面轴力 P-弯矩 M_3 相关线

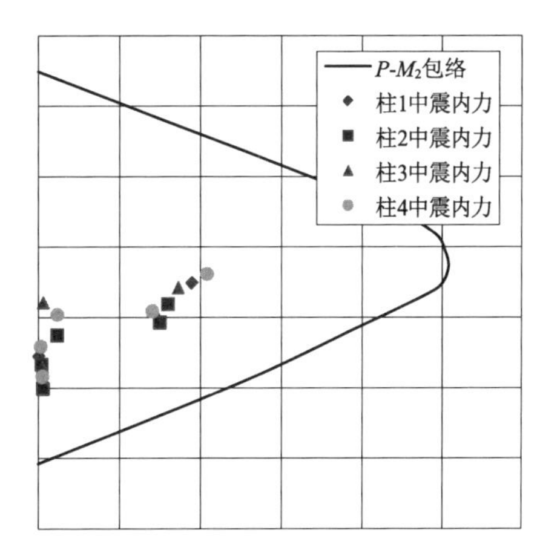

(b) 截面轴力 P-弯矩 M_2 相关线

图 7-15 第 1—3 层巨型钢管柱中震弹性验算(单位:kN·m)

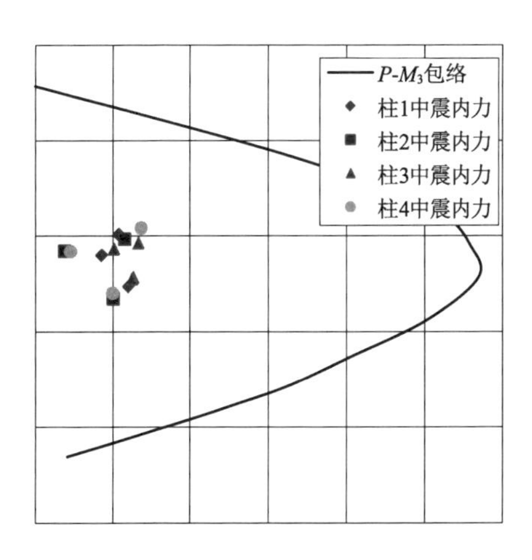

(a) 截面轴力 P-弯矩 M_3 相关线

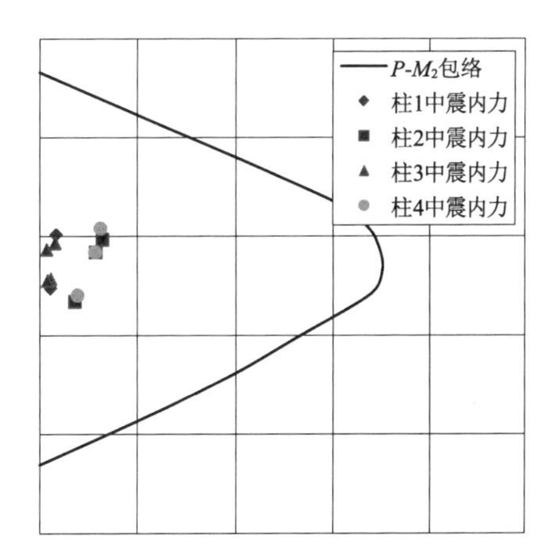

(b) 截面轴力 P-弯矩 M_2 相关线

图 7-16 第 4—5 层巨型钢管柱中震弹性验算(单位:kN·m)

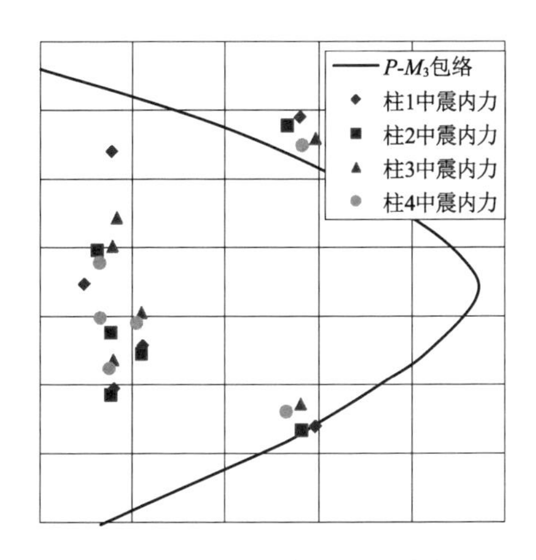

(a) 截面轴力 P-弯矩 M_3 相关线

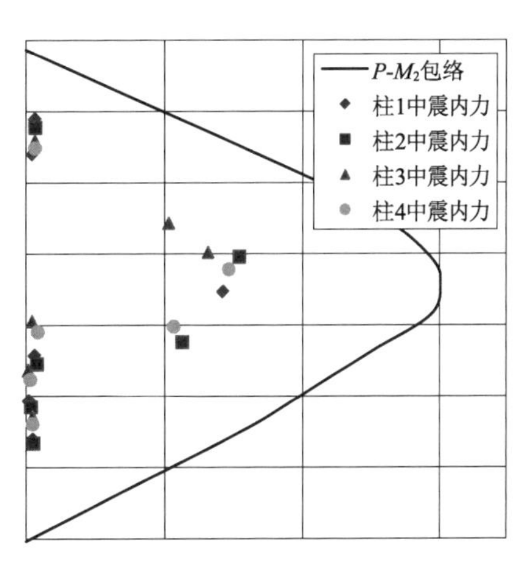

(b) 截面轴力 P-弯矩 M_2 相关线

图 7-17 第 1—3 层巨型钢管柱大震屈服应力验算(单位:kN·m)

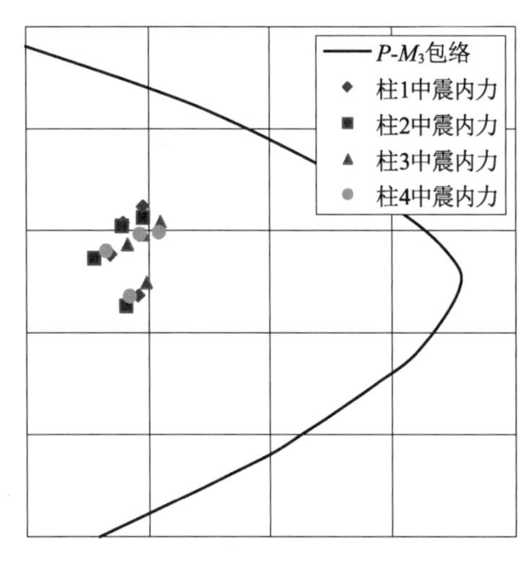

(a) 截面轴力 P-弯矩 M_3 相关线

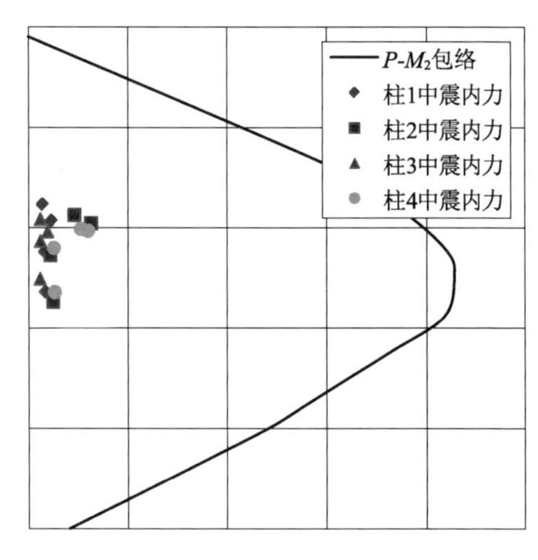

(b) 截面轴力 P-弯矩 M_2 相关线

图 7-18 第 4—5 层巨型钢管柱大震屈服应力验算(单位:kN・m)

从柱底内力可知,在小震作用下(组合风荷载),并未出现拉力,在中震作用下,底层的少数柱底的出现了较小的拉力,但其引起的内力远远小于钢筋的屈服值,在大震作用下,东西两侧和南侧的柱底出现了拉力,从柱 N-M 曲线可以看出,其拉力值仍在钢管柱的承载力范围内。由此可见,外框的钢管柱可以满足性能目标的要求。

7.6.2 钢板墙中震验算

根据《高规》第 11.4.13-2 条计算钢板混凝土剪力墙的受剪承载力,见表 7-7。

表 7-7 剪力墙肢抗剪承载力验算

墙肢标签	剪力 V/kN	轴力 N (压为正)/kN	弯矩 M /(kN・m)	墙肢厚度 b_w /m	墙肢高度 h_w /m	钢板厚度 /mm	水平分布筋配角率	抗剪承载力 /kN	应力比	判断
1-1	15 463.5	−4 287.6	197 573.3	0.3	5.9	25	0.50%	18 159.00	0.851 561	抗剪满足
1-2	14 358.5	8 840.0	194 392.8	0.3	5.9	25	0.50%	18 606.28	0.771 702	抗剪满足
1-3	16 191.2	11 316.8	199 984.4	0.3	5.9	25	0.50%	19 863.71	0.815 115	抗剪满足
2-1	15 002.0	−6 127.9	124 456.1	0.3	5.9	25	0.50%	28 647.08	0.523 683	抗剪满足
2-2	11 538.2	4 840.6	106 086.6	0.3	5.9	25	0.50%	28 220.68	0.408 856	抗剪满足
2-3	14 572.8	48.6	121 531.4	0.3	5.9	25	0.50%	29 264.73	0.497 965	抗剪满足
3-1	13 883.0	−6 772.8	131.2	0.3	5.9	25	0.50%	28 582.59	0.485 715	抗剪满足
3-2	11 415.2	3 878.8	757.0	0.3	5.9	25	0.50%	29 647.75	0.385 028	抗剪满足
3-3	13 112.1	−1 435.4	1 558.4	0.3	5.9	25	0.50%	29 116.33	0.450 335	抗剪满足

(续表)

墙肢标签	剪力 V/kN	轴力 N (压为正)/kN	弯矩 M /(kN·m)	墙肢厚度 b_w /m	墙肢高度 h_w /m	钢板厚度 /mm	水平分布筋配角率	抗剪承载力 /kN	应力比	判断
4-1	5 584.1	−2 847.1	63 907.4	0.3	5.9	16	0.50%	14 411.83	0.387 466	抗剪满足
4-2	7 317.9	4 270.1	69 992.7	0.3	5.9	16	0.50%	18 539.00	0.394 73	抗剪满足
4-3	6 508.5	295.2	64 143.4	0.3	5.9	16	0.50%	17 508.25	0.371 739	抗剪满足
5-1	488.1	2 313.0	2 135.9	0.3	5.9	16	0.50%	20 331.42	0.024 007	抗剪满足
5-2	332.1	2 165.4	1 416.7	0.3	5.9	16	0.50%	20 316.66	0.016 346	抗剪满足
5-3	510.1	2 268.9	2 234.5	0.3	5.9	16	0.50%	20 327.01	0.025 095	抗剪满足

从表7-7中数据可以看出，剪力墙在中震作用下，均出现了不同程度的拉力，虽然其拉力已经超过混凝土的轴心抗拉强度设计值(f_t)，但在配置一定数量的水平分布筋后，斜截面的抗剪承载能力满足规范要求。这个计算结果与SATWE的中震验算也是符合的，施工图设计时，将采用SATWE对所有墙肢进行中震验算，保证其达到性能目标。

7.6.3 竖向桁架中震验算

在伸臂桁架计算分析时，采用合理的施工模拟顺序减小结构竖向变形差异在伸臂桁架中产生的附加内力。表7-8为桁架各层各工况下的内力汇总。计算时取小震作用下的内力按地震影响系数的比例进行放大。如验算中震时，小震地震内力的放大系数为0.23/0.08=2.875；验算大震时，放大系数为0.05/0.08=6.25(验算中震时，不考虑风荷载的组合)。

表7-8 竖向桁架中震验算

桁架层位置	杆件类型	内力	恒载	活载	X向地震	Y向地震	竖向地震	设计内力	强度应力比	平面内稳定应力比	平面外稳定应力比
4	竖杆1	轴力	−7 742.4	−681.5	−2 392.7	−1 499.7	−1 333.0	−12 964.0	0.78	0.49	0.83
		弯矩	−5 429.8	−4 757	−8 511.4	−2 516.8	−3 975.8	22 553.7			
	竖杆2	轴力	−7 353.8	−668.7	−2 237.6	−1 383.0	−1 166.1	−12 556.5	0.73	0.47	0.78
		弯矩	−5 903.5	−4 507.7	−7 780.7	−2 581.6	−3 949.1	21 659.8			
	斜杆1	轴力	10 325.9	4 122.1	−5 345.8	−4 477.1	3 998.8	20 063.0	0.54		
	斜杆2	轴力	9 806.3	3 801.5	−4 425.6	3 680.7	3 870.3	19 080.0	0.52		
5	竖杆1	轴力	−10 511.8	−1 576.1	2 460.4	1 971.6	−3 009.7	−17 816.1	0.97	0.84	0.99
		弯矩	12 072.9	4 136.6	5 889.7	2 856.4	4 050.4	27 778.4			
	竖杆2	轴力	−10 038.1	−1 597.7	−2 155.3	−2 139.9	−2 720.4	−16 925.4	0.91	0.80	0.93
		弯矩	11 583.9	4 005.5	5 114.9	2 922.9	3 906.9	26 259.1			
	斜杆	轴力	6 715.6	4 027.8	−2 534.5	−2 194.5	3 728.1	15 322.0	0.41		
	斜杆	轴力	6 297.4	3 710.0	−2 098.9	1 741.1	3 598.6	14 461.0	0.39		

注：轴力单位为kN，弯矩单位为kN·m，表中的数值均为压力。

从表 7-8 的验算结果可以看出，中震弹性的情况下，强度和平面内的稳定验算应力比均小于 1.0。

7.7 支座设计

廊桥与主楼竖向连接处采用复摆支座，正常使用阶段既可充分释放温度变形，又可提供一定的抗风能力。水平相连处预留大震不碰的变形量，并附加防撞弹簧。根据主楼弹塑性分析结果，其 60 m 标高处变形为 200～300 mm；而廊桥弹塑性分析结果表明，其 60 m 标高处变形约为 280 mm。因此廊桥与主楼的理论防撞间距为 600～700 mm，附加弹簧行程设定为 300 mm，预期缓冲后的冲击力为 4 200 kN，总计预留 1 000 mm 作为抗震缝间距(表 7-9)。

表 7-9 风荷载、地震以及温度作用各层最大绝对位移量(水平全释放)

标高 H/m	风荷载		多遇地震		温度作用	
	X 向	Y 向	X 向	Y 向	X 向	Y 向
60	9.94	27.79	44.04	40.89	22.54	14.72
50	9.04	24.09	39.52	34.32	21.48	14.41
40	7.93	19.81	34.12	27.05	20.48	14.18

7.8 弹塑性动力时程分析结果

1. 分析方法及计算参数

工程采用 ABAQUS 进行弹塑性动力时程分析。梁、柱、斜撑等一维构件采用纤维梁单元 B31，可考虑剪切变形。楼板、墙体等二维构件采用分层壳单元 S4R，适合模拟分层钢筋和大变形。防撞击弹簧采用软件中的专用弹簧单元，根据小震初步估算，弹簧的刚度系数定为 16 000 kN/m(图 7-19)。

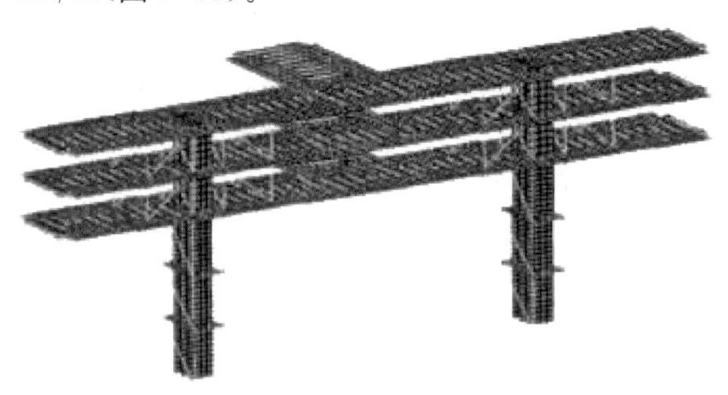

图 7-19 廊桥模型分析及计算模型

采用 5 组天然波和 2 组人工地震波，三向输入，主次方向和竖向的幅值比值为 1∶0.85∶0.65，最大峰值取为 200 gal，每组波交换主次方向进行两次计算，共计 14 个地震波输入工况。

2. 结构整体响应

(1) 7 组地震波都能顺利完成整个时间历程的动力弹塑性计算，数值收敛性良好。

(2) 结构依然处于稳定状态，满足“大震不倒”的抗震设防目标。

(3) X，Y 两个方向的平均剪重比分别为 19.2%和 26.2%。

(4) 廊桥两个楼层的层间位移角最大为 X 向 1/193，Y 向 1/217，满足现行规范 1/100的限值要求。

(5) 结构在 X，Y 两个方向的顶点位移平均值分别为 375 mm，312 mm，分别为结构总高度的 1/160，1/192。

3. 构件性能分析

1) 梁柱构件

(1) 柱脚钢管出现轻度塑性发展，最大塑性应变 0.0013。

(2) 所有混凝土柱未出现压碎现象。

(3) 楼面钢梁和桁架斜撑、柱间斜撑均未进入塑性。

(4) 梁、柱、斜撑构件满足目标性能要求。

2) 钢板剪力墙

在地震反复作用下，钢板主要承担 X 向地震剪力，由于钢板较薄(20 mm)，并且没有侧向支撑，在地震中很容易出现面外失稳，如图 7-20 所示，在底层和第三层钢板均出现向面外鼓出的现象，最大侧向变形可到 0.4 m。钢板出现屈曲时，仍未进入屈服阶段(图 7-21)，说明失稳先于强度破坏。从图 7-22 可看出在该组地震波作用下，18 s 以后钢板墙开始出现单侧逐渐增大的变形趋势，并且在后续变形过程中钢板未能回复到初始平衡位置，而近似在−0.25 m 轴线两侧振动。这说明钢板失稳发生在单个楼层范围内，失稳后未导致整个结构的垮塌，主体结构仍然保持正常的受力状态，失稳后的钢板在主体结构的约束下重新在一个新的平衡位置受力。图 7-23 给出了发生屈曲的钢板墙在地震过程中水平剪力与侧向变形的滞回曲线。从中可看出，该墙体在剪力达到大约 6 000 kN 时

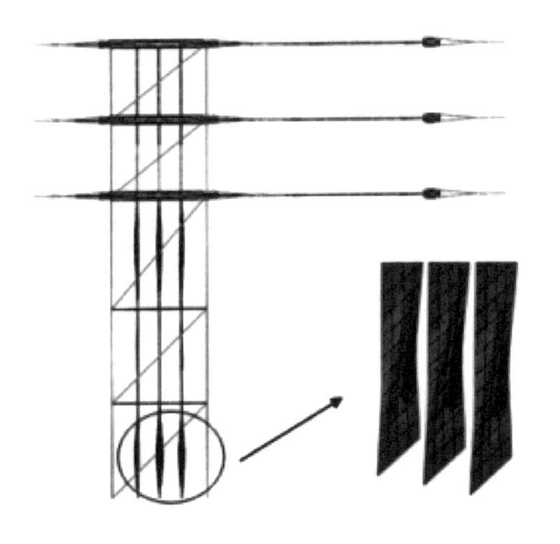

图 7-20　钢板侧向鼓出局部屈曲现象

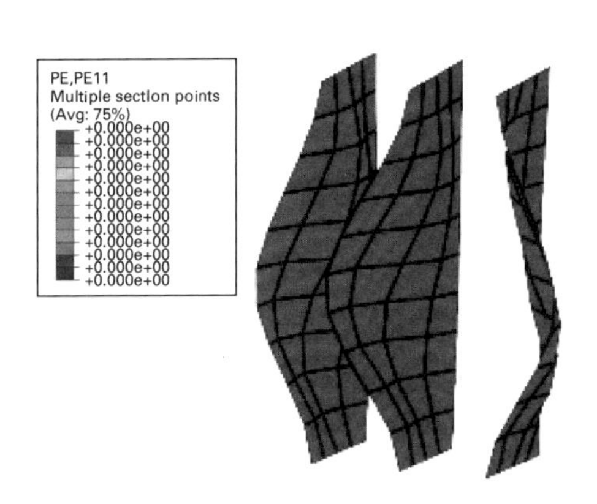

图 7-21　钢板发生屈曲时的塑性应变

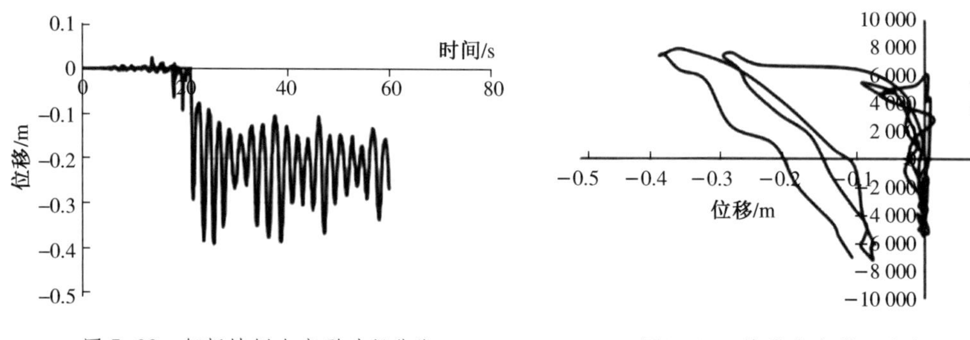

图 7-22 钢板墙侧向变形时程曲线

图 7-23 地震响应滞回曲线

发生失稳，该不利影响在整个大震弹塑性分析全过程是被考虑在内的，从前面的结构整体响应情况以及梁柱构件的性能，可认为廊桥结构在钢板剪力墙发生失稳的情况下依然能够满足抗震安全要求。

4. 连廊与主塔楼的碰撞分析

模型中每层楼面与每个塔楼之间设置 3 个防撞弹簧，每层 9 个弹簧，共计 27 个弹簧，编号设置见图 7-24。弹簧和廊桥之间有 350 mm 的间距，当廊桥的水平位移小于 350 mm时，弹簧不发生作用，水平位移大于 350 mm 时廊桥与弹簧发生接触碰撞。

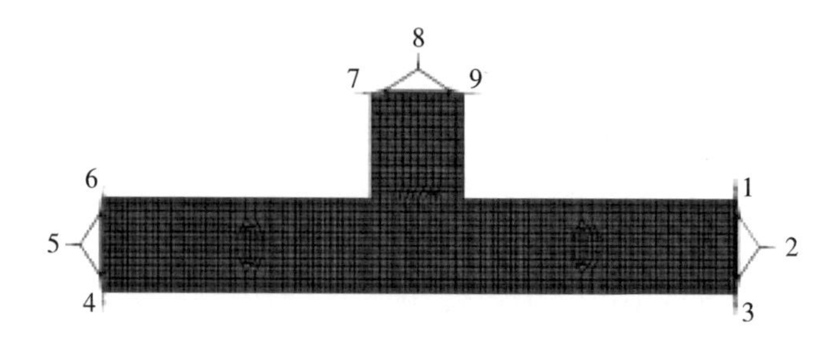

图 7-24 每层弹簧的布置及相应编号

由罕遇地震下 27 组弹簧的分析汇总表 7-10 可知，共有 9 组弹簧与廊桥碰撞，但均属于刚刚撞到的情况，撞击程度最大发生在上层楼面第 7 组弹簧的 X 向撞击，其撞击力仅 623 kN，远小于设计限定的 4 000 kN。

为进一步考察更大地震作用中的撞击情况，增加该组地震波的 8 度罕遇工况分析(峰值 360 gal)，结果汇总见表 7-10。最大撞击力 3 000 kN，小于 4 000 kN 限值，弹簧变形未超过 250 mm。图 7-25—图 7-28 分别为 7 度罕遇、8 度罕遇地震下连廊和弹簧变形时程曲线以及弹簧的内力(撞击力)时程曲线。

通过 3 个楼层的对比情况可知，下部楼层变形较小，上部楼层变形最大，从弹簧的撞击力上也可以反映出来。另外，T 字形连廊具有“单轴”对称的特点。对于本结构来讲，廊桥沿 Y 向振动时为对称性的振动；沿 X 向振动为非对称性振动，扭转变形相对明显，具体表现为“倒 T”字上端部(7 号弹簧位置)振动响应最大，弹簧的撞击力也最大。最终都能满足最大撞击力限值的要求。

表 7-10　弹塑性撞击力汇总　　单位：kN

弹簧所处楼层	下层		中层		上层	
弹簧编号	7 度罕遇	8 度罕遇	7 度罕遇	8 度罕遇	7 度罕遇	8 度罕遇
1	0	0	0	0	0	0
2	0	341	70	400	116	435
3	0	0	0	0	0	0
4	0	0	0	0	0	476
5	0	1 354	74	1 656	265	1 934
6	0	0	0	0	0	169
7	59	1 812	334	2 358	623	3 000
8	0	0	0	124	0	908
9	0	231	85	246	107	306

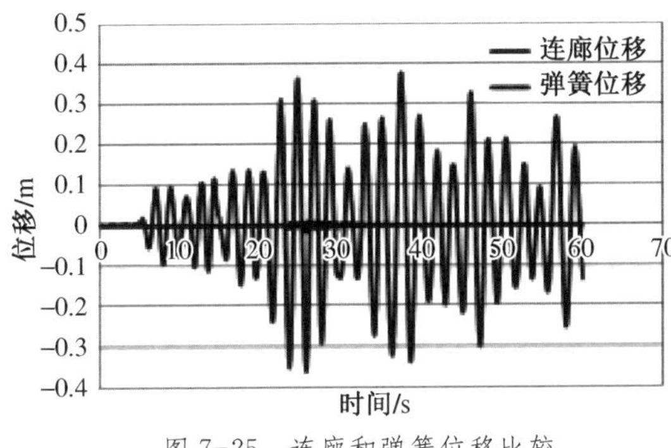

图 7-25　连廊和弹簧位移比较
(7 度罕遇,上层弹簧 5)

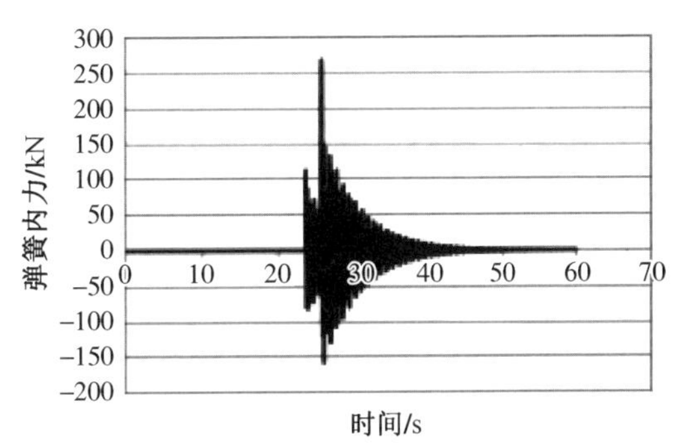

图 7-26　弹簧内力时程曲线
(7 度罕遇,上层弹簧 5)

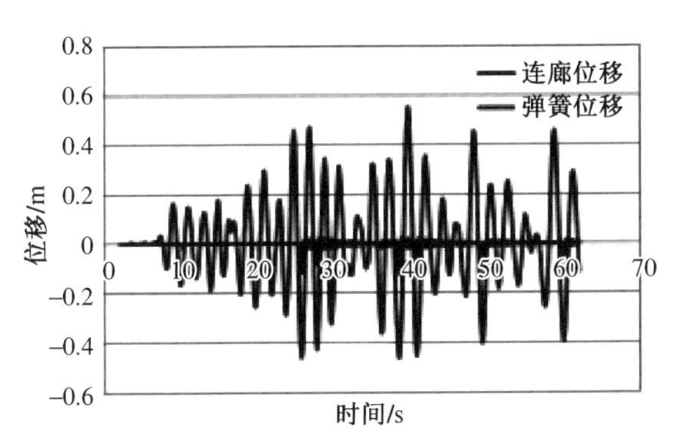

图 7-27　连廊和弹簧位移比较
(8 度罕遇,上层弹簧 5)

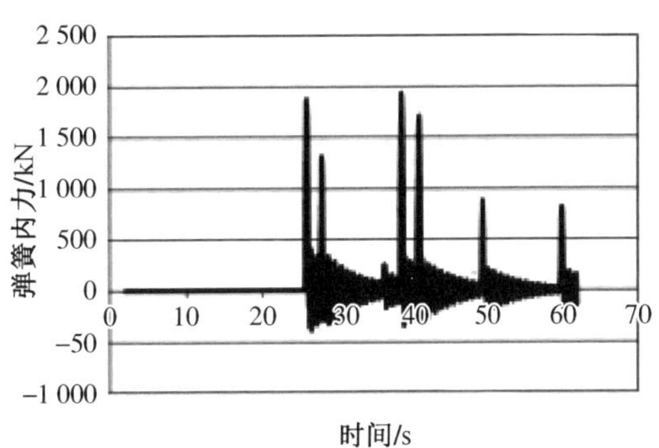

图 7-28　弹簧内力时程曲线
(8 度罕遇,上层弹簧 5)

5. 分析结论

通过对上海国际金融中心大跨度连廊结构进行罕遇地震下的抗震性能分析研究，得到如下结论：

(1) 在完成罕遇地震弹塑性分析后，廊桥结构仍保持直立，7 组波平均最大楼层层间位移角满足小于 1/100 的要求。结构整体性能满足“大震不倒”的设防水准要求。

(2) 钢管混凝土柱的钢管柱脚处出现轻度塑性发展，内部混凝土柱未发生受压损伤，满足预期性能目标；楼面钢梁、桁架斜撑及柱间斜撑处于弹性工作状态，未发生屈曲。

(3) 钢板剪力墙发生轻微塑性；面外出现局部失稳现象；在考虑了剪力墙失稳不利影响后，整个结构仍能保证预定的抗震性能。

(4) 7 度罕遇地震下连廊与弹簧出现轻度撞击，最大撞击力 623 kN。

7.9 超限设计的措施和对策

工程整体分析分别采用 PMSAP 和 MIDAS 两种不同力学模型的程序计算，分析结果基本一致，可以确保工程计算的可靠性。采用 PMSAP 作为分析主程序，并补充弹性时程分析，采用 ABAQUS 进行弹塑性动力时程分析，做了更深入的研究。除按照我国现行规范及上海市的有关规范要求进行承载力极限状态及正常使用极限状态验算外，还进行一些结构性能补充分析，并针对超限的内容采取一定的构造加强措施。

(1) 40 m 以下竖向构件承担的地震力统一放大 1.25 倍。

(2) 提高竖向构件设计的抗震构造措施，控制钢管混凝土巨柱轴压比<0.8，套箍指标大于 1.2。

(3) 提高钢板剪力墙延性，设计使其延性系数>2。

(4) 对连接支座进行试验，确保达到设计要求。

设置防撞缓冲和防脱落装置。

第 8 章　连体抗震设计研究

8.1　概述

上海国际金融中心项目，由“上海金融交易广场上交所项目”“上海金融交易广场中金所项目”和“上海金融交易广场中国结算项目”3 个高层结构组成。3 个高层结构在标高 39.780 m，49.830 m 和 59.270 m 处通过巨型连廊相连。连廊平面呈倒 T 形，南北长 158 m，东西宽 47 m。连廊在水平方向上由箱形截面钢梁、水平支撑和斜撑组成，竖向在中间由两栋楼、电梯间支撑，端部通过摆式滑动支座在 7，8 和 9 层处(即 3 个标高处)与 3 个高层连接。结构形式上，连廊为高层大跨钢板混凝土剪力墙-钢构架结构。

随着我国经济蓬勃发展，越来越多带连廊的高层建筑结构应用于工程实际中。连廊不仅可以便利地实现双塔楼或多塔楼间的交通，还可以提高结构的美观程度。

建筑物之间通过连廊的连接使结构成为多塔连体结构体系。由于各塔楼的动力特性不同，地震作用下连接部位的应力非常复杂，严重时连接部位破坏，连廊与主体结构脱离，从而造成整体下坠倒塌。国内外的地震灾害现象均证实了这一点。1995 年阪神地震和 1999 年台湾的集集地震，许多设计和构造措施不良的空中连廊发生了破坏和塌落；1976 年的唐山地震，也有不少连廊破坏的实例。

分析震害中连廊破坏发生的原因，大部分是由于连廊连接节点或连廊位移过大造成的。如图 8-1、图 8-2 为 1995 年日本阪神地震中连廊节点滑出支座，导致连廊塌落。图 8-3 中破坏发生的原因是连廊与主体结构之间拉裂。因此，连廊与主体连接处的设计与处理是连廊结构的关键。

图 8-1　连接两个建筑的架空连廊塌落

图 8-2　神户 M 公寓的连廊塌落

图 8-3　连接两个 11 层公寓的连廊震害

8.2 连廊的连接形式及结构特点

目前在工程实践中，连廊的连接方式一共有以下 5 种：刚性连接、铰接连接、半刚性连接、柔性连接、悬臂式连接等形式。

8.2.1 刚性连接

刚性连接是连廊与塔楼的连接方式中连接作用最强的一种，它加强了连廊与塔楼之间以及不同塔楼之间的连系，增强了连廊结构的整体工作性，这是它最大的优点。因此，《高层建筑混凝土结构技术规程》(JGJ 3—2002)中规定：连廊结构与主体之间宜采用刚性连接。

采用刚性连接的连廊不仅要求承受自身的恒载、活载，更主要的是协调不同的塔楼在水平荷载、竖向荷载作用下的不一致变形。这时，连廊与塔楼连接处的节点受力复杂，会产生较大的弯矩、剪力和轴力，并且上、下弦杆的轴力和弯矩还会产生很大的整体弯矩和剪力。这要求连廊本身具有较高的强度和刚度。

刚性连接的支座处理一定要保证连廊能够协调塔楼间的变形，因此，要特别注意加强连廊与主体结构的连接。必要时连廊可延伸至主体结构内筒并且与内筒可靠连接；如无法伸至内筒，也可在主体结构内沿连廊方向设置型钢混凝土梁与主体结构可靠锚固。连廊的楼板应与主体结构的楼板可靠连接并加强配筋构造。当与连廊相连的主体结构为钢筋混凝土结构时，竖向构件内宜可靠锚入下部主体结构中(图 8-4)。

图 8-4　地铁站上盖结构 L 连体结构示意图

8.2.2 铰接连接

铰接连接放松了端部上、下弦杆的局部弯矩约束，减小了端部杆件的内力，使连接处的构造设计变得方便。但是，由于没有了端部的负弯矩，连廊跨中的正弯矩会有所增大，同时它也削弱了连廊对塔楼共同工作的协调作用。

8.2.3 柔性连接(半刚性连接)

刚性连接能使塔楼和连廊作为一个整体在工作，但是连廊受力较大。滑动连接使连廊受力较小，但不能协调塔楼间的变形。柔性连接则是介于它们之间的一种连接方式，通过对连接材料参数的选择，使连廊同塔楼的连接刚度在很大的范围内变化，这对连廊自身的受力有利，同时对整体结构的受力也有利。

柔性连接可以采用橡胶垫或阻尼器，可以通过橡胶垫和阻尼器实现选择不同的刚度和阻尼，达到耗散地震能量的效果。

8.2.4 滑动连接

当连廊本身的刚度较弱时，即使连接采用刚性，它也不能起到协调两楼变形的作用，这时应当考虑做成滑动连接的形式。滑动连接可以是连廊的一端与塔楼铰接，一端滑动连接，也可以两端均做成滑动支座连接。采用这种连接方式，连廊的受力将会较小，但是这时连廊已经不能再协调塔楼间的共同工作，塔楼和连廊均单独受力，整个连廊结构仅仅是形式上的"连廊结构"。因为滑动端在荷载作用下会有一定的滑移量，所以滑动支座在设计时有一个重要问题就是要设限复位装置，并提供预计滑移量，防止连廊的滑落或与塔楼发生碰撞而造成结构的破坏。因此这种连接方式一般用于连廊位置较低、跨度较小的情况。

8.3 连廊支座不同连接方式对结构周期的影响

本节对上海国际金融中心的塔楼和连廊不同连接形式进行分析，研究连廊与塔楼不同的支座连接形式对连廊及整体结构的影响，并对其进行评价。

本研究结构共包含 3 栋塔楼，分别为上海金融交易广场上交所项目（以下简称"SSE"）、上海金融交易广场中金所项目（以下简称"CFFEX"）和上海金融交易广场中国结算项目（以下简称"CSDCC"）。连接体与塔楼之间的连接方式对连体结构的动力特性具有重要影响，因此本章针对该问题进行探讨。分析连廊与塔楼 SSE 和 CSDCC 相连的支座两端橡胶阻尼、两端铰接、两端刚接、两端滑动以及连廊与塔楼 CFFEX 考虑橡胶阻尼、铰接、刚接、滑动等不同的连接方式对连廊及整体结构动力性能的影响。支座位置如图 8-5 所示。

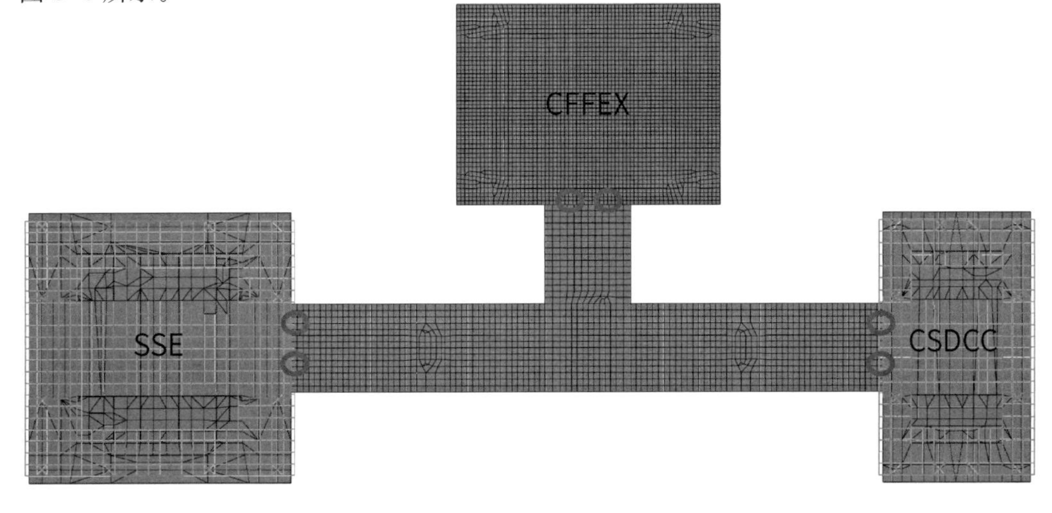

图 8-5　连廊不同支座形式位置示意

分析连廊与主体结构连接的支座分别为橡胶阻尼支座连接、铰接、刚接和滑动时结构的周期，具体如表 8-1、图 8-6—图 8-9 所示。

表 8-1 连廊支座不同连接方式对结构周期的影响

周期	连廊与 CFFEX 阻尼连接，与其余塔楼连接方式				连廊与 CFFEX 连接方式（其余阻尼）		
	两端阻尼	两端铰接	两端刚接	两端滑动	铰接	刚接	滑动
1	4.254	4.254	4.254	4.254	4.220	4.142	4.274
2	3.685	3.663	3.681	3.699	3.603	3.504	3.760
3	3.558	3.549	3.554	3.558	3.495	3.394	3.612
4	3.168	3.163	3.167	3.168	3.167	3.167	3.168
5	3.154	3.150	3.150	3.151	3.152	3.150	3.156
6	2.734	2.726	2.728	2.729	2.730	2.727	2.739
7	2.187	2.162	2.185	2.209	2.186	2.186	2.186
8	2.062	2.045	2.055	2.068	2.060	2.059	2.065
9	1.702	1.694	1.696	1.699	1.698	1.695	1.711

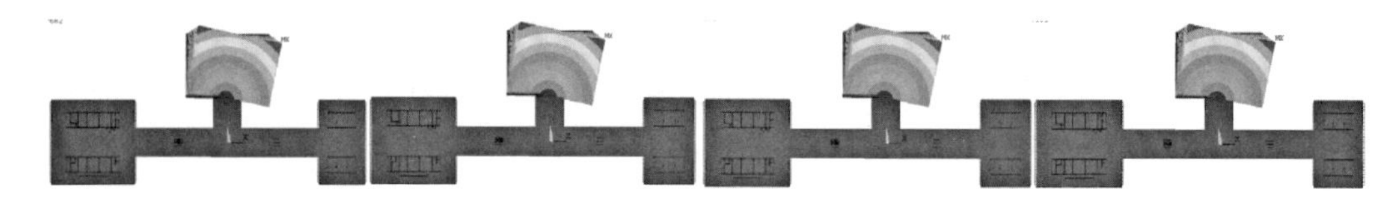

(a) 两端阻尼、两端铰接、两端刚接、两端滑动(第 1 阶)

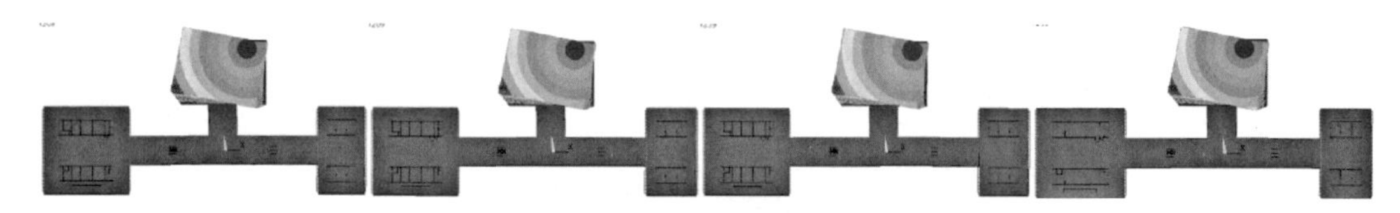

(b) 两端阻尼、两端铰接、两端刚接、两端滑动(第 2 阶)

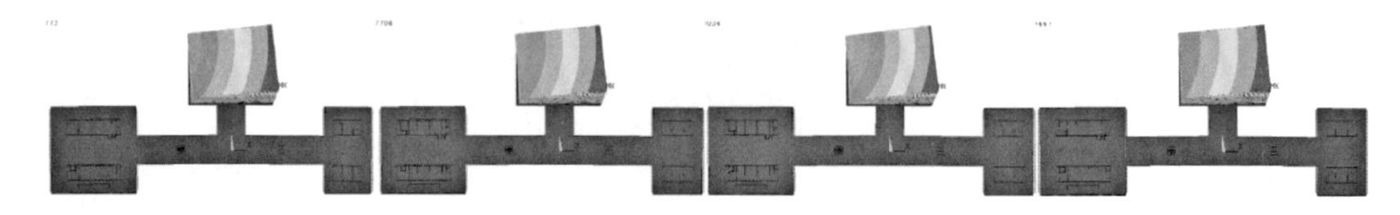

(c) 两端阻尼、两端铰接、两端刚接、两端滑动(第 3 阶)

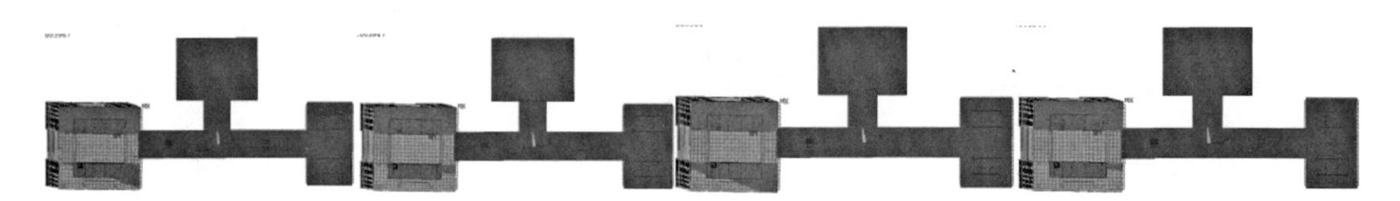

(d) 两端阻尼、两端铰接、两端刚接、两端滑动(第 4 阶)

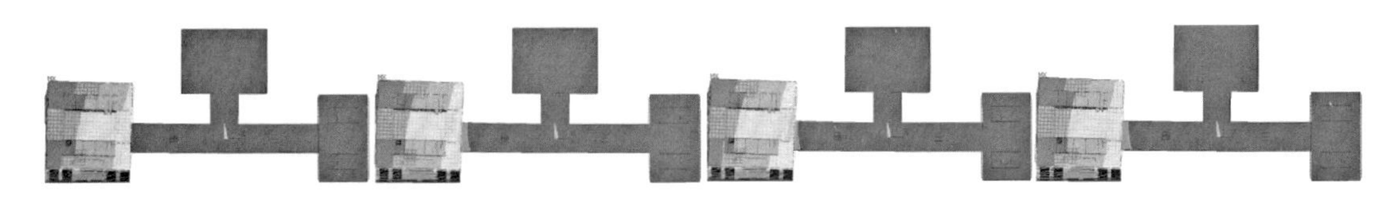

(e) 两端阻尼、两端铰接、两端刚接、两端滑动(第5阶)

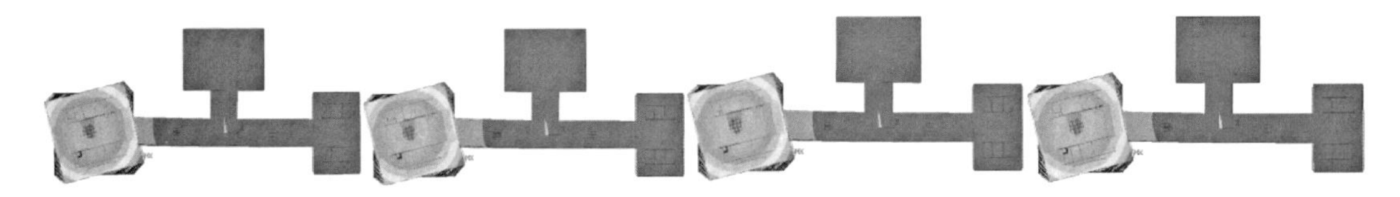

(f) 两端阻尼、两端铰接、两端刚接、两端滑动(第6阶)

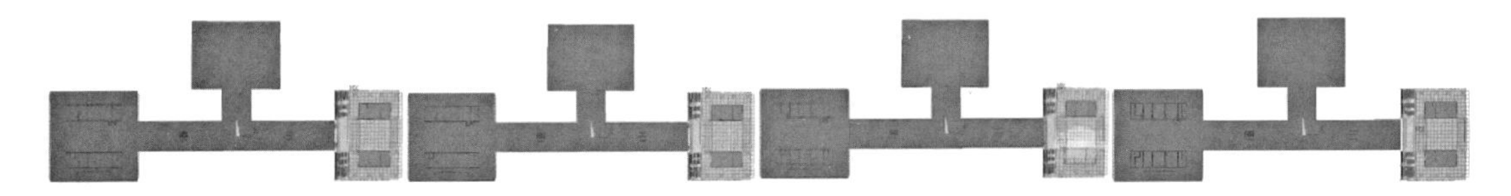

(g) 两端阻尼、两端铰接、两端刚接、两端滑动(第7阶)

(h) 两端阻尼、两端铰接、两端刚接、两端滑动(第8阶)

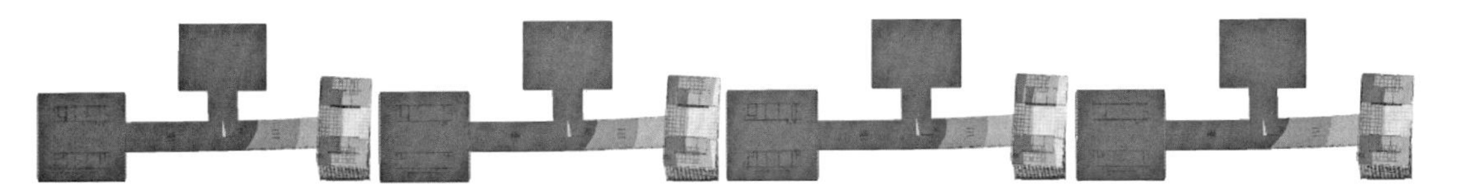

(i) 两端阻尼、两端铰接、两端刚接、两端滑动(第9阶)

图8-6 连廊与SSE和CSDCC不同连接形式整体结构前9阶振型

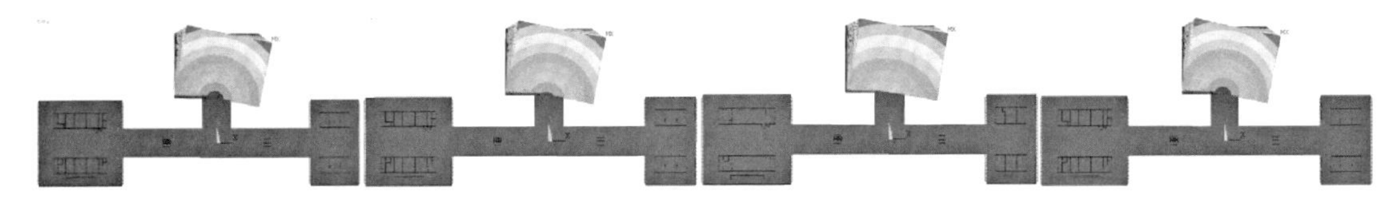

(a) 阻尼、铰接、刚接、滑动(第1阶)

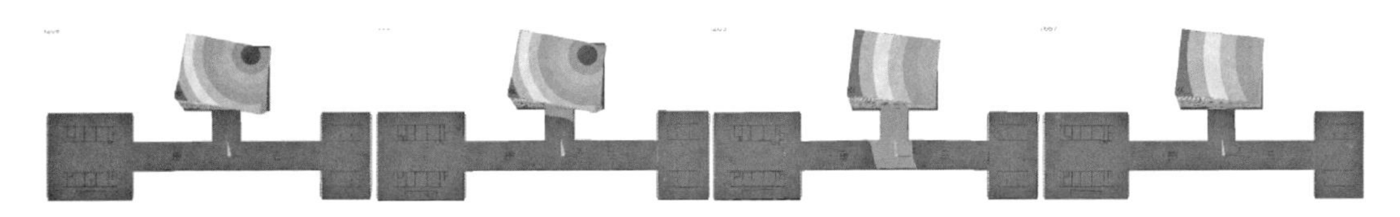

(b) 阻尼、铰接、刚接、滑动(第2阶)

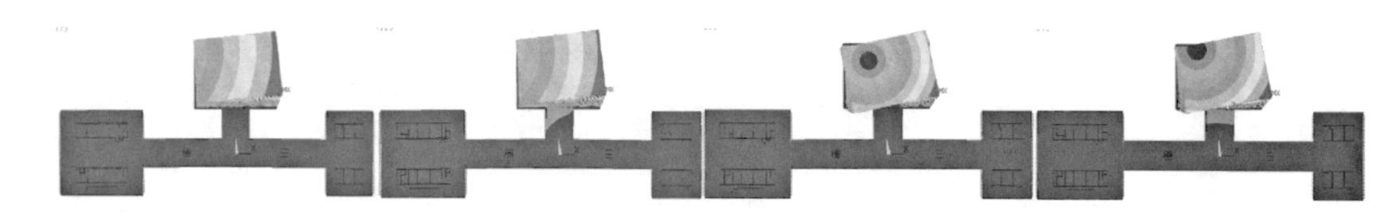

(c) 阻尼、铰接、刚接、滑动(第 3 阶)

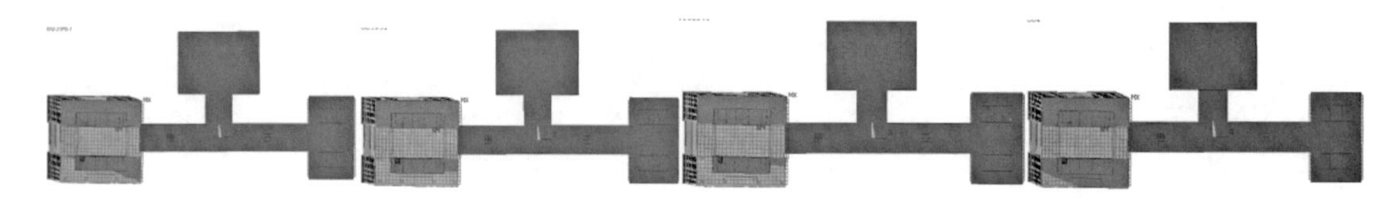

(d) 阻尼、铰接、刚接、滑动(第 4 阶)

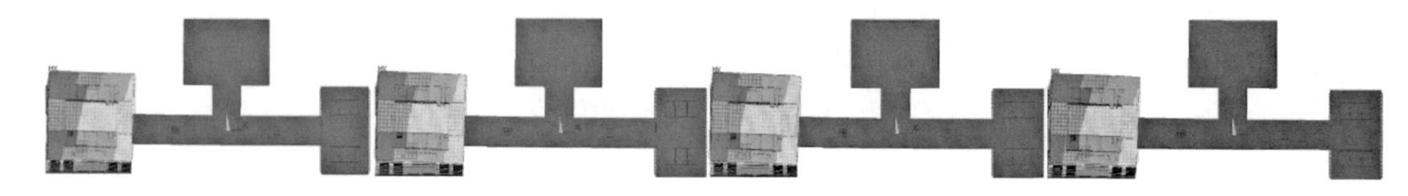

(e) 阻尼、铰接、刚接、滑动(第 5 阶)

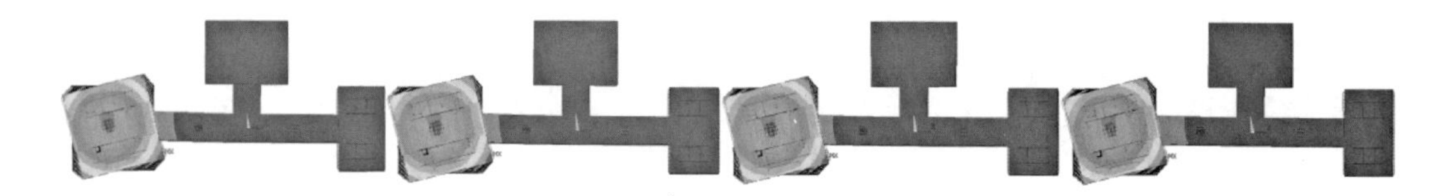

(f) 阻尼、铰接、刚接、滑动(第 6 阶)

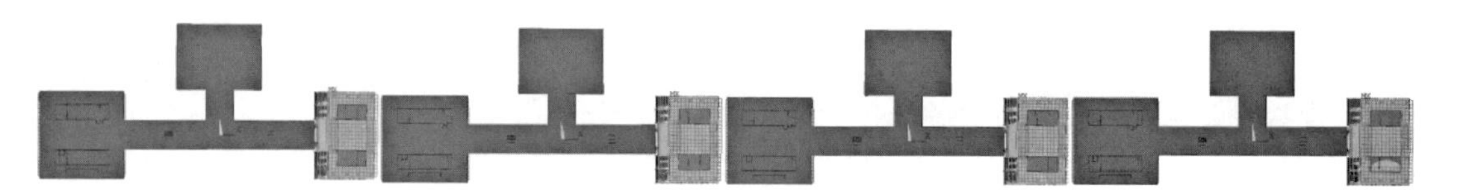

(g) 阻尼、铰接、刚接、滑动(第 7 阶)

(h) 阻尼、铰接、刚接、滑动(第 8 阶)

(i) 阻尼、铰接、刚接、滑动(第 9 阶)

图 8-7 连廊与 CFFEX 不同连接形式整体结构前 9 阶振型

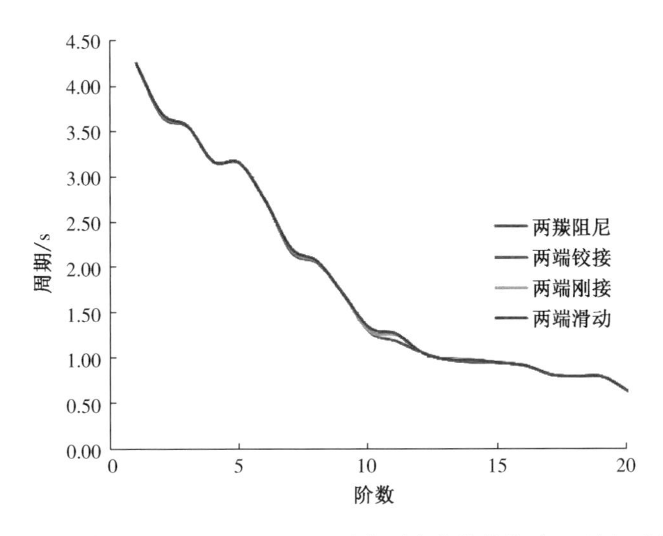

图 8-8 连廊与 SSE 和 CSDCC 不同连接形式整体结构前 20 阶振型周期

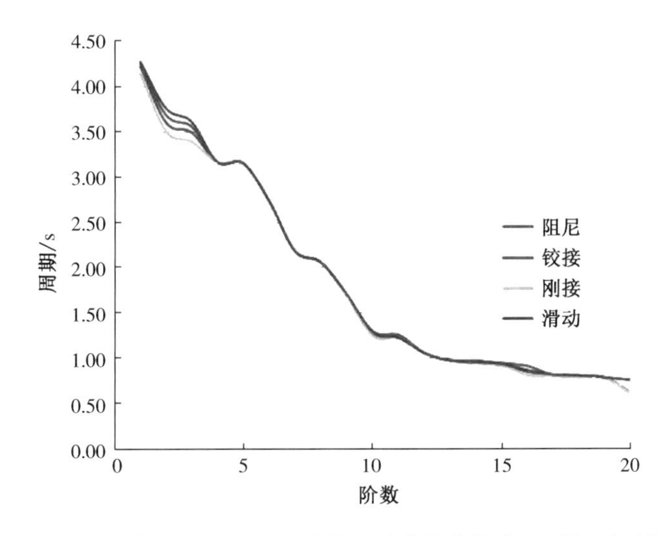

图 8-9 连廊与 CFFEX 不同连接形式整体结构前 20 阶振型周期

由表 8-1 和图 8-8、图 8-9 可以看出，连廊与 SSE 和 CSDCC 不同连接形式对整体结构周期的影响很小，而相比于连廊与 CFFEX 不同连接形式对 CFFEX 单体的周期有一定的影响，但总体影响均很小。因为该连体结构与常规连体结构有所不同，该连体结构通过连廊连接，而连廊自身通过电梯井与基础底部固结，因此连廊为自成体系。同时连廊刚度相对于 3 个独立塔楼的刚度大很多，周期如表 8-2 所示，可以看出，塔楼之间通过连廊相互影响就很小，从图 8-7 前 9 阶振型也可看出，塔楼之间的振型还是相对比较独立的。因此，仅仅通过连廊与塔楼之间的连接方式不同对整体结构的影响就很小。

表 8-2 各单塔与连廊第 1 阶周期

各单体	CFFEX	SSE	CSDCC	连廊
周期	4.17	4.03	2.33	1.42

8.4 不同地震响应对连廊的影响

分析不同的地震响应对连廊水平位移和竖向位移的影响，以便于设计人员根据不同要求设计不同的支座形式。本节分析整体结构在 X 向地震波作用下大震、中震和小震时的时程响应，总结出连廊与塔楼之间的相对变形情况。连廊与塔楼采用橡胶阻尼支座，如图 8-10 所示。

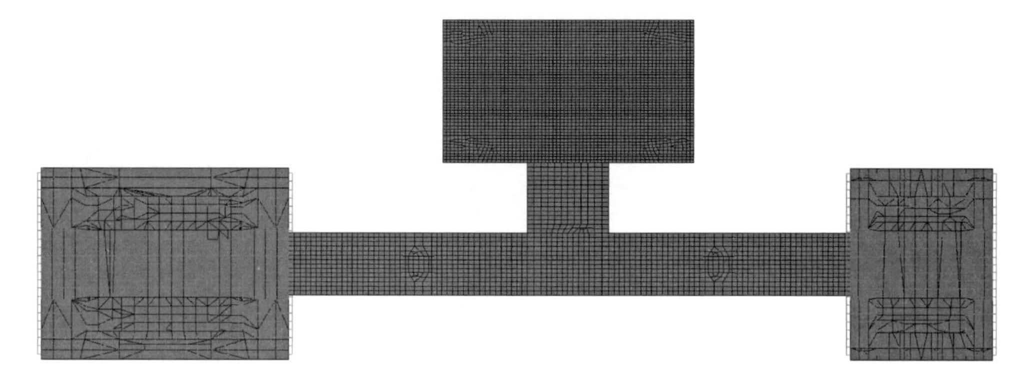

图 8-10 整体结构计算模型

8.4.1 不同地震响应下连廊与塔楼支座节点位移

在不同地震相应下分别计算连廊与塔楼相连处节点连廊和塔楼的位移，计算结果如表 8-3 所示。

表 8-3 连廊与塔楼支座节点处 X 向水平位移最大值

地震响应荷载[加速度时程最大值/(cm·s^{-2})]	连廊与 SSE 处支座/m		连廊与 CSDCC 处支座/m	
	支座连廊处	支座 SSE 处	支座连廊处	支座 CSDCC 处
小震(35)	0.024	0.029	0.021	0.022
中震(100)	0.069	0.073	0.071	0.052
大震(200)	0.147	0.134	0.149	0.118

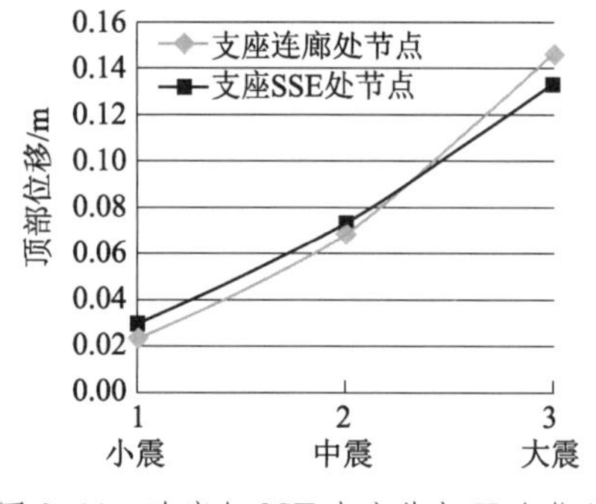

图 8-11 连廊与 SSE 支座节点 X 向位移

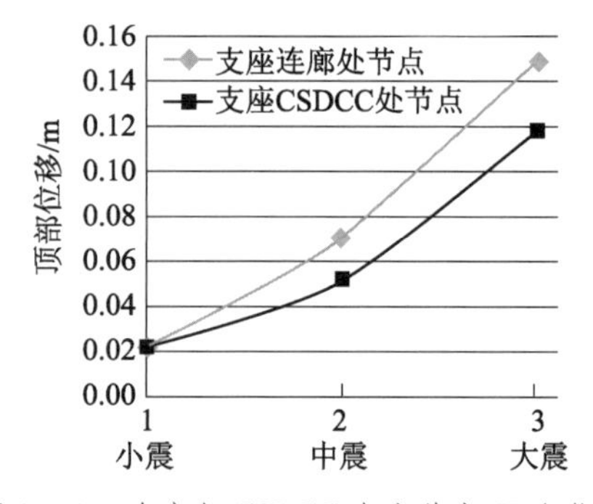

图 8-12 连廊与 CSDCC 支座节点 X 向位移

从表8-3及图8-11、图8-12可以看出，塔楼和连廊支座处的节点 X 向位移均随着地震力的增加而增大，水平位移基本上与地震力呈线性递增关系。

8.4.2 不同地震响应下连廊与塔楼支座节点相对位移

在不同地震相应下分别计算连廊与塔楼相连处节点连廊和塔楼的相对位移，计算结果如表8-4所示。

表8-4　连廊与塔楼相对 X 向水平位移最大值

地震响应荷载[加速度时程最大值/(cm·s^{-2})]	连廊与SSE单体相对 X 向水平最大位移/m	连廊与CSDCC单体相对 X 向水平最大位移/m
小震(35)	0.016	0.017
中震(100)	0.018	0.057
大震(200)	0.094	0.119

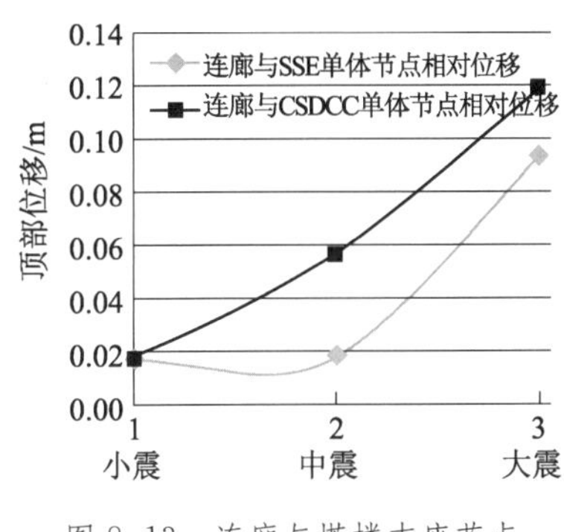

图8-13　连廊与塔楼支座节点 X 向相对位移

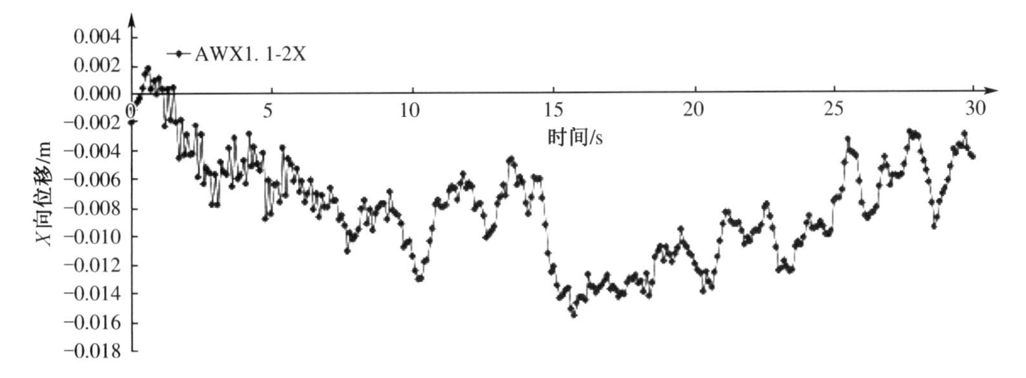

(a) 连廊与SSE单体相对 X 向水平时程位移曲线

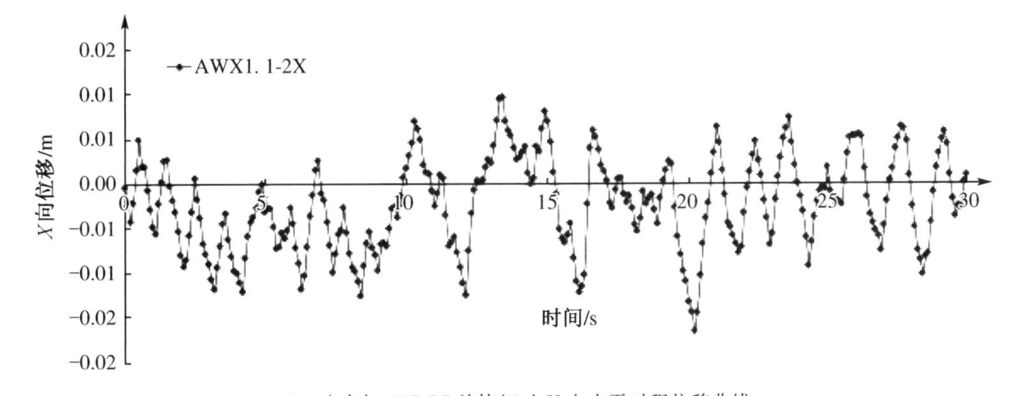

(b) 连廊与CSDCC单体相对 X 向水平时程位移曲线

图8-14　小震作用下连廊与塔楼相对 X 向水平位移时程曲线

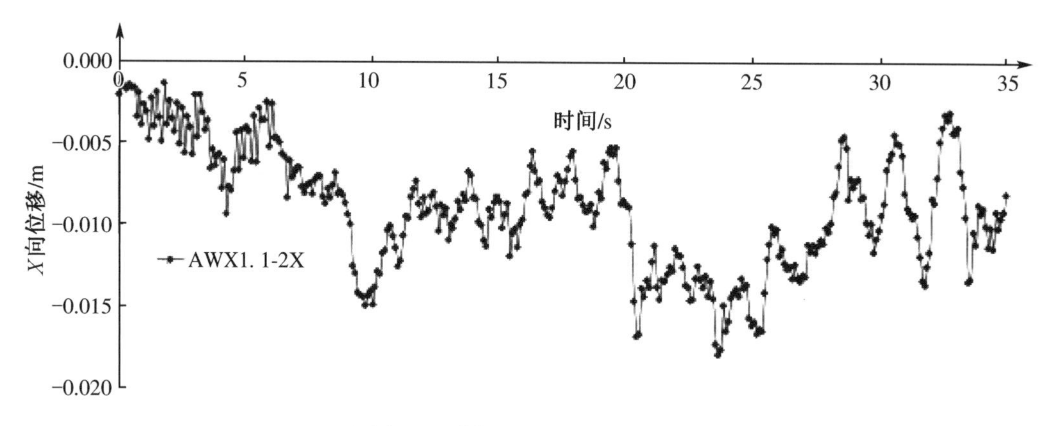

(a) 连廊与 SSE 单体相对 X 向水平时程位移曲线

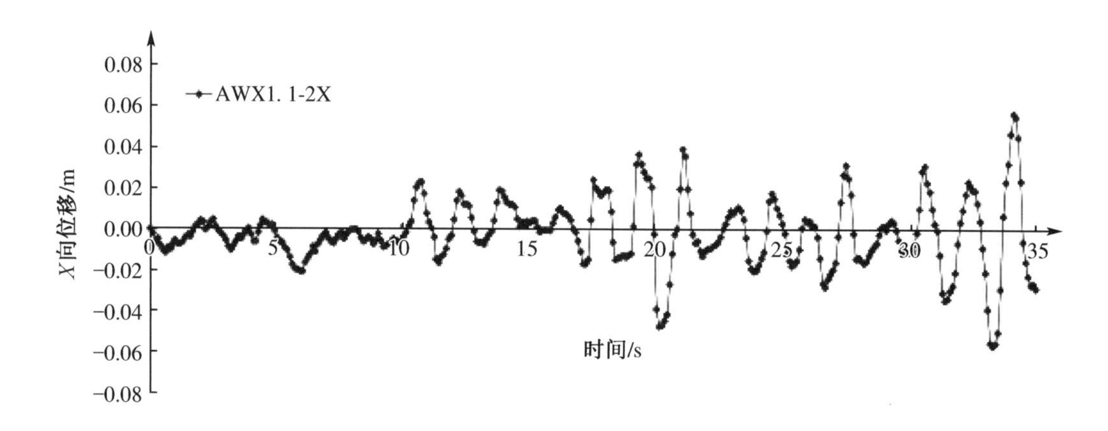

(b) 连廊与 CSDCC 单体相对 X 向水平时程位移曲线

图 8-15　中震作用下连廊与塔楼相对 X 向水平位移时程曲线

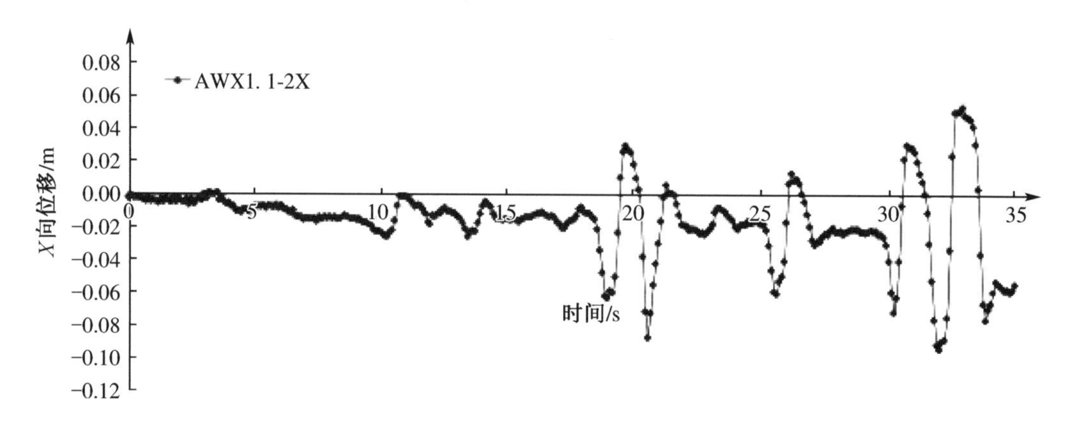

(a) 连廊与 SSE 单体相对 X 向水平时程位移曲线

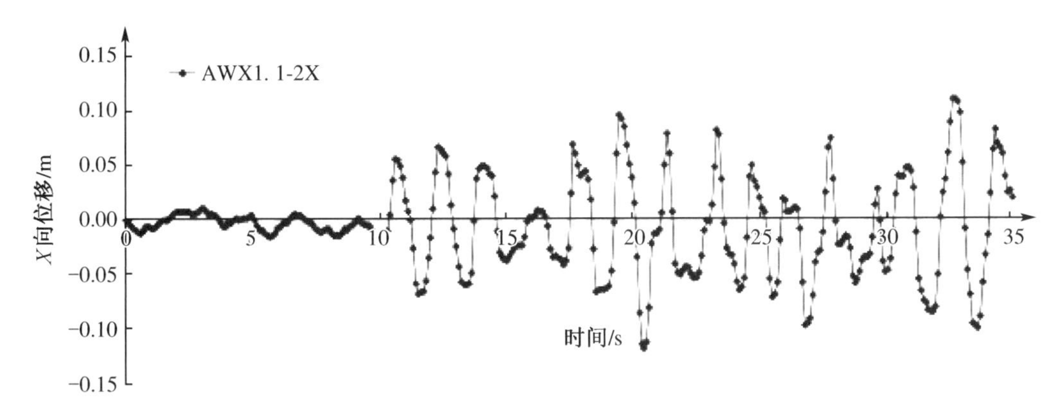

(b) 连廊与 CSDCC 单体相对 X 向水平时程位移曲线

图 8-16 大震作用下连廊与塔楼相对 X 向水平位移时程曲线

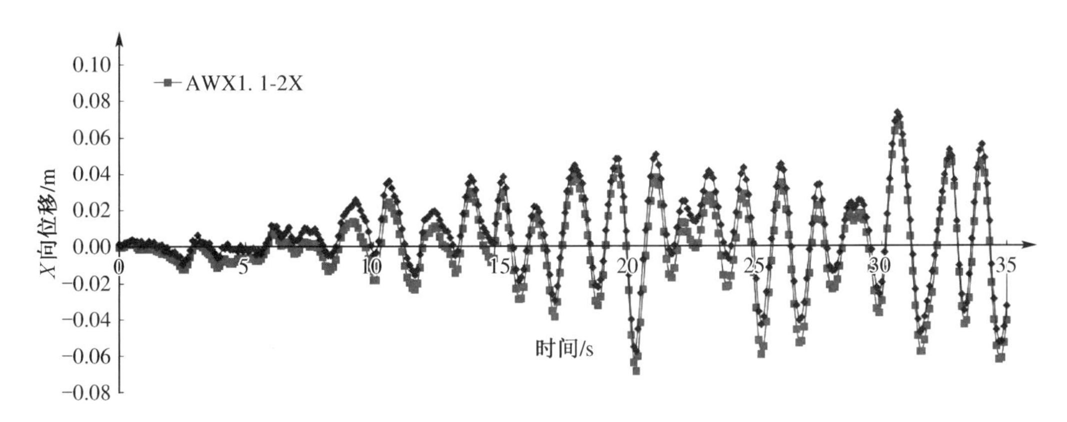

图 8-17 中震作用下连廊与 SSE 单体支座节点绝对位移

由表 8-4 可以看出，分别在小震、中震和大震作用下，随着地震力的增大，连廊与 CSDCC 单体相对 X 向水平最大位移近似满足线性递增关系。而连廊与 SSE 单体相对 X 向水平最大位移中震与小震相差不大，从时程曲线可以看出，连廊与 SSE 单体在中震作用下，水平位移振动相应方向相对比较一致，因此，连廊与 SSE 单体水平 X 向位移部分相互抵消，导致中震下 X 向水平相对位移较小。从以上分析可以看出，连廊与单体塔楼之间的相对位移并不是随地震力的增大而呈规律性变化，除与跟地震力响应大小有关外，还与单体和连廊本身的动力特性相关。

8.5 连廊与塔楼 SSE 和 CSDCC 不同连接方式对连廊的影响

整体结构在 X 向地震波作用下分别分析连廊与塔楼 SSE 和 CSDCC 连接时支座两端阻尼、两端铰接、两端刚接以及两端滑动等不同的连接方式对连廊水平位移和内力的影响，为设计人员在类似工程中提供参考，支座形式位置如图 8-18 所示。

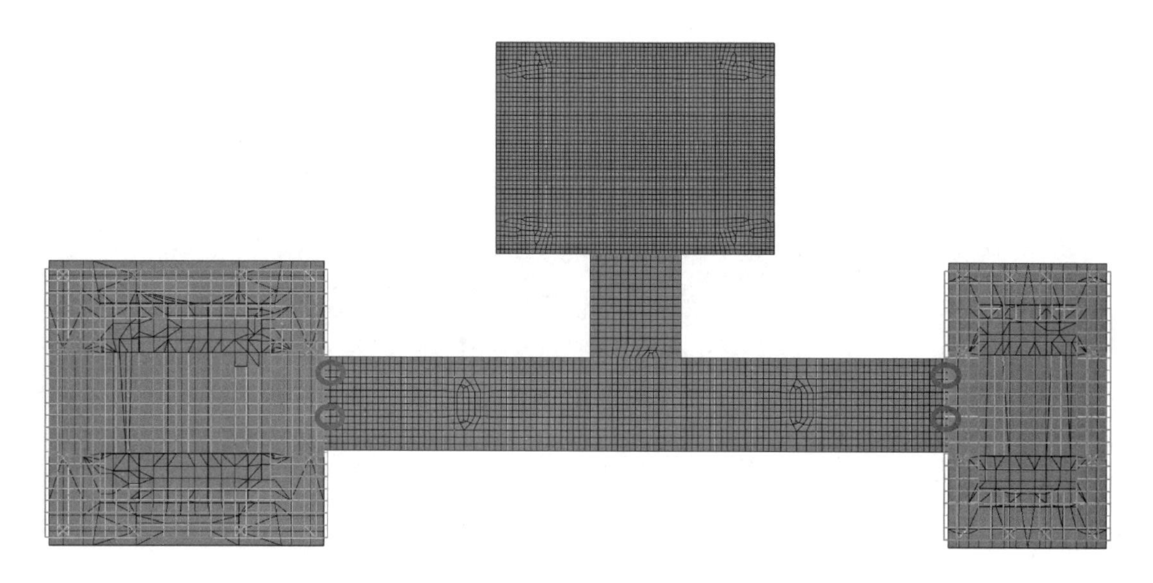

图 8-18 连廊不同支座形式位置示意

8.5.1 连廊支座不同的连接方式对连廊位移影响

在连廊支座不同的连接方式下连廊最大 X 向水平位移如表 8-5 所示，X 向水平位移时程曲线如图 8-19—图 8-22 所示。

表 8-5 连廊 X 向水平位移最大值

连廊支座连接方式	连廊 X 向水平最大位移/m
两端阻尼	0.147
两端铰接	0.169
两端刚接	0.171
两端滑动	0.176

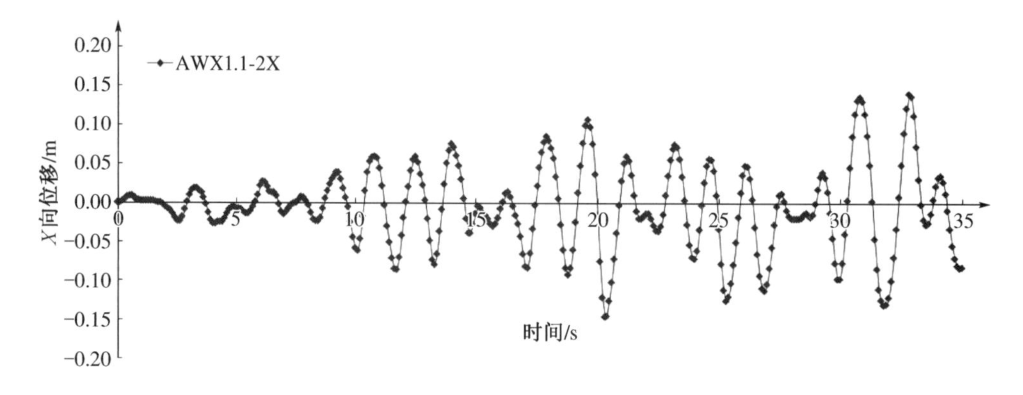

图 8-19 两端阻尼连廊 X 向水平位移时程曲线

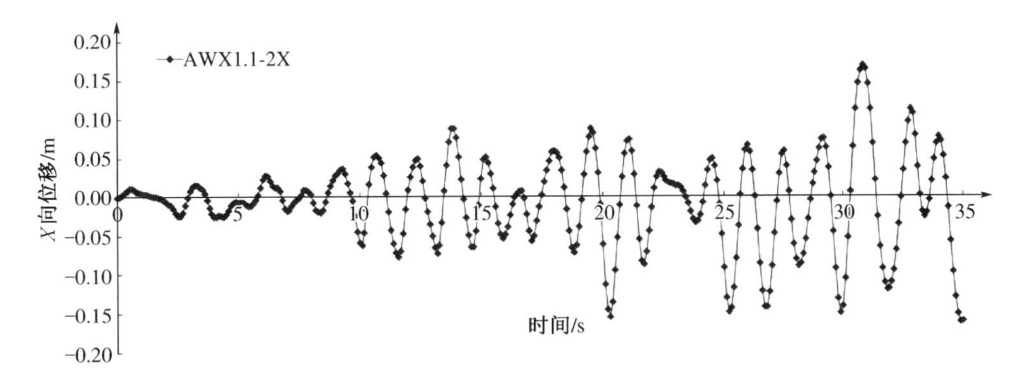

图 8-20 两端铰接连廊 X 向水平位移时程曲线

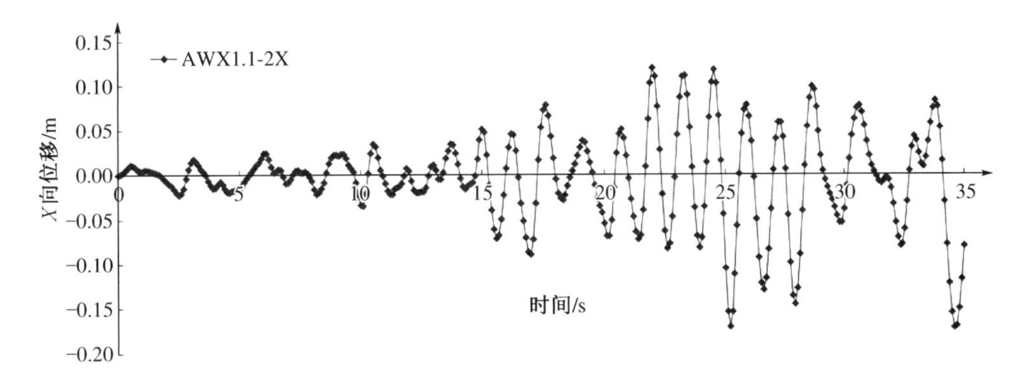

图 8-21 两端刚接连廊 X 向水平位移时程曲线

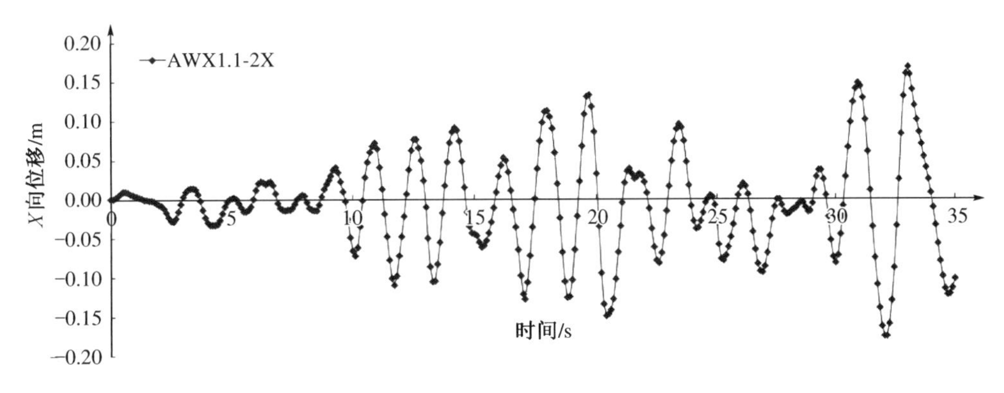

图 8-22 两端滑动连廊 X 向水平位移时程曲线

由表 8-6 可以看出，当连廊与塔楼刚接、铰接以及滑动连接时，连廊水平位移相差不大，与通常观念上连体结构采用滑动连接时连体部分位移较大有偏差。分析其原因可知，该连接部分与一般连接体不同，该连接部分的连廊通过两个电梯井与基础固结，自成结构体系。因此三个单体及一个连廊可以各自自成体系，各自抵抗地震响应，对比独立塔楼与整体刚接模型 X 向最大基底剪力可以看出，独立塔楼 SSE 单体和连廊的最大基底剪力小于整体刚接模型,独立塔楼 CSDCC 单体的最大基底剪力大于整体刚接模型。在整体模型中,单体 SSE 起到了“帮扶”连廊的作用,而连廊对 CSDCC 单体起“帮扶”作用。因此整体上,塔楼与连廊在地震作用下互相之间作用的影响不大,它们之间的连接方式不同对结程影响有限。当连廊支座采用阻尼连接方式时,支座起到耗能作用,因此可以适当降低连廊的水平位移。

表 8-6 不同连接方式各塔楼最大基底剪力

单体	两端刚接		两端铰接		两端阻尼		两端滑动	
	基底剪力/kN	比重/%	基底剪力/kN	比重/%	基底剪力/kN	比重/%	基底剪力/kN	比重/%
CFFEX	154 288.0	38.2	156 371.0	40.9	161 381.0	45.3	160 015.0	46.2
SSE	226 025.0	56.0	228 602.0	59.8	224 565.0	63.0	224 686.0	64.9
CSDCC	144 910.0	35.9	144 818.0	37.9	149 256.0	41.9	151 496.0	43.8
连廊	39 501.6	9.8	39 279.3	10.3	40 046.7	11.2	40 170.5	11.6

表 8-7 独立塔楼与整体刚接模型 *X* 向最大基底剪力对比

各独立塔楼	基底剪力/kN	
	各独立塔楼	刚接
CFFEX	160 433	154 288.0
SSE	223 715	226 025.0
CSDCC	149 606	144 910.0
连廊	37 679.5	39 501.6

表 8-8 不同连接方式连体结构最大基底剪力

连接方式	两端刚接	两端铰接	两端阻尼	两端滑动
结构基底剪力/kN	403 857.4	382 204.9	356 271.9	346 083.3

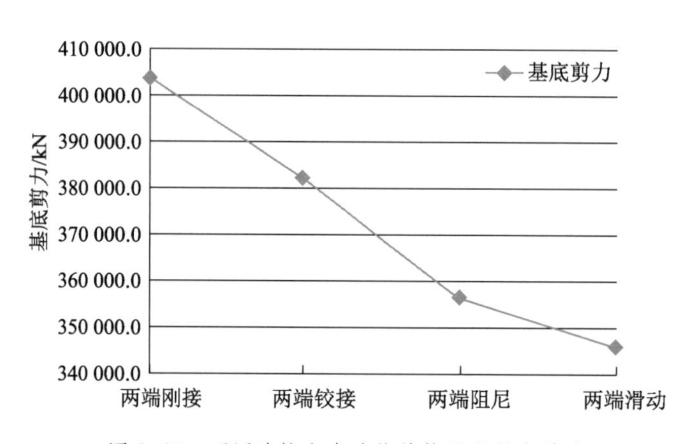

图 8-23 不同连接方式连体结构最大基底剪力

由表 8-8 可以看出，随着连廊与塔楼连接方式的减弱，结构整体刚度减小，因此整体结构的基底剪力也减小，其中连廊两端刚接时剪力最大，连廊两端滑动时剪力最小。在分析三连体结构中的单塔楼时，各塔楼的基底剪力并不是随着连廊连接方式的减弱而减小，恰恰相反，随着连廊连接方式的减弱各单塔楼各自的最大基底剪力均有所增加，由于连廊连接方式的减弱，各塔楼相互协调帮衬的能力减弱，当出现较大基底剪力时其他塔楼的协调帮衬能力减弱，因此出现了以上情况。

8.5.2 连廊支座不同的连接方式对连廊受力影响

分析连廊两端阻尼、两端铰接、两端刚接以及两端滑动等不同的连接方式对连廊内力的影响，4 种连接方式下连廊钢构件应力的影响如表 8-9 所示。

表 8-9 不同连接方式连廊钢构件应力

连廊支座连接方式	最大钢构件应力/MPa	与两端阻尼应力对比
两端阻尼	176.8	—
两端铰接	179.2	1.36%
两端刚接	182.1	3.00%
两端滑动	173.1	−2.09%

由表 8-9 可以看出，采用不同支座连接方式对连廊钢构件应力影响不大。当采用两端刚接时塔楼对连廊影响最大，其次是铰接，最后是阻尼和滑动。两端刚接对钢构件应力的影响较两端阻尼时大 3.00%。由以上分析可知，各个塔楼与连廊不同连接方式下各个塔楼与连廊的基底剪力变化不大，各个塔楼与连廊在地震作用下互相之间作用的影响不大，它们之间的连接方式不同影响有限，不存在谁帮扶谁的情况。

支座不同连接方式下塔楼与连廊地震下相互作用的最大水平地震力如表 8-10 所示。

表 8-10 塔楼与连廊相互作用最大水平地震力

连廊支座连接方式	最大水平地震力/kN
两端阻尼	3 491.3
两端铰接	12 953.5
两端刚接	34 907.6

从表 8-10 可以看出，随着塔楼与连廊的连接节点的增强，塔楼与连廊相互作用的最大水平地震力也增大。两端刚接时塔楼与连廊相互作用力最大，其次是铰接，最后是阻尼。

8.6 连廊与塔楼 CFFEX 不同连接方式对连廊的影响

整体结构在 Y 向地震波作用下分析连廊与塔楼 CFFEX 连接时支座阻尼、铰接、刚接以及滑动等不同的连接方式对连廊水平位移和内力的影响，为设计人员在类似工程中提供参考，支座位置示意如图 8-24 所示。

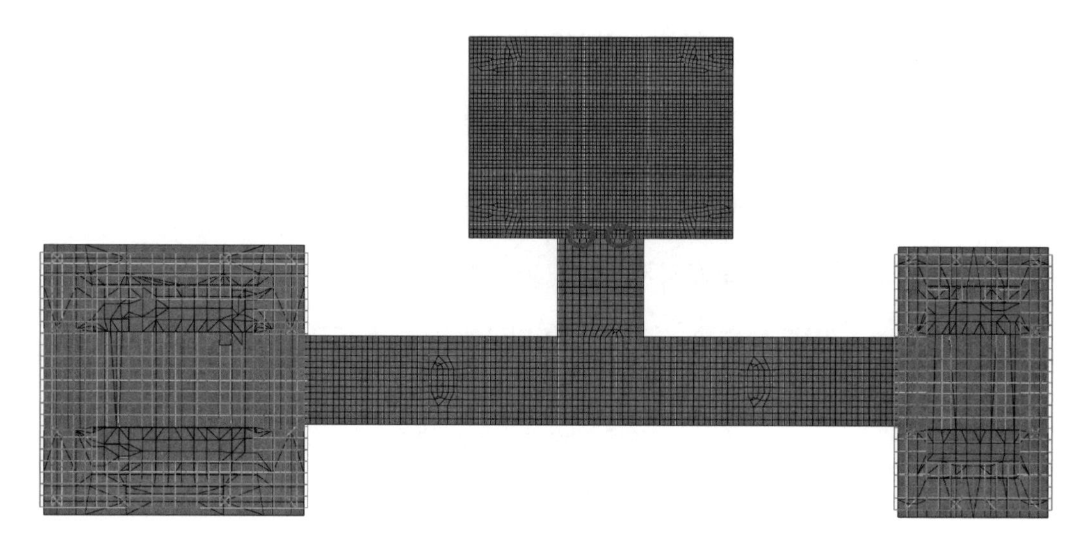

图 8-24　连廊不同支座形式位置示意

8.6.1　连廊支座不同的连接方式对连廊位移影响

在连廊支座不同的连接方式下连廊最大 Y 向水平位移如表 8-11 所示，Y 向水平位移时程曲线如图 8-25—图 8-28 所示。

表 8-11　连廊 Y 向水平位移最大值

连廊支座连接方式	连廊 Y 向水平最大位移/m
阻尼	0.197
铰接	0.126
刚接	0.130
滑动	0.237

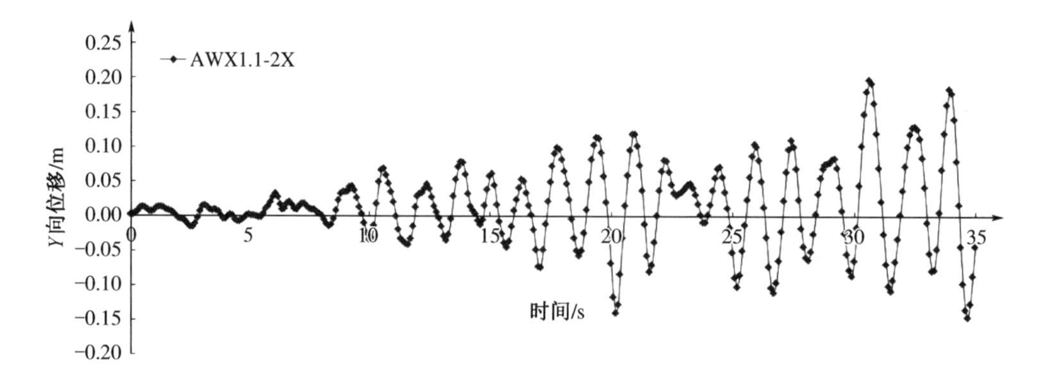

图 8-25　阻尼连廊 X 向水平位移时程曲线

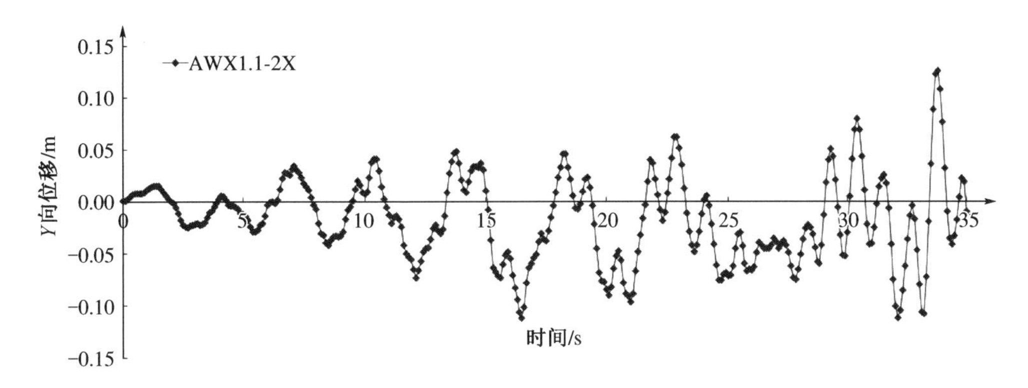

图 8-26　铰接连廊 X 向水平位移时程曲线

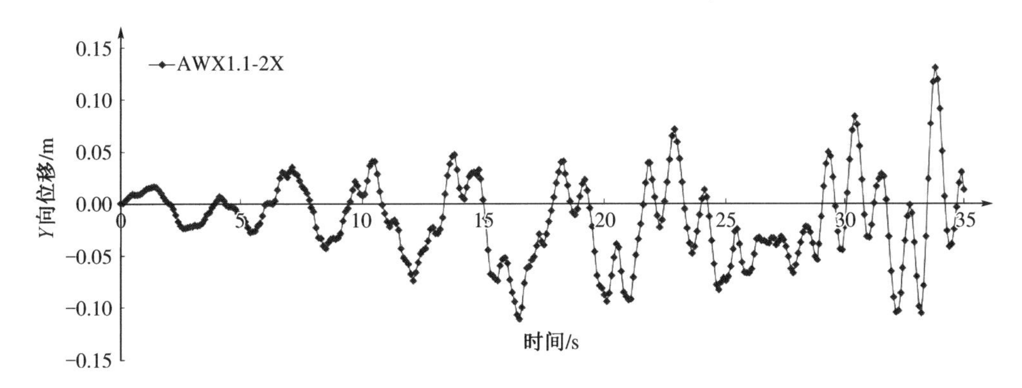

图 8-27　刚接连廊 X 向水平位移时程曲线

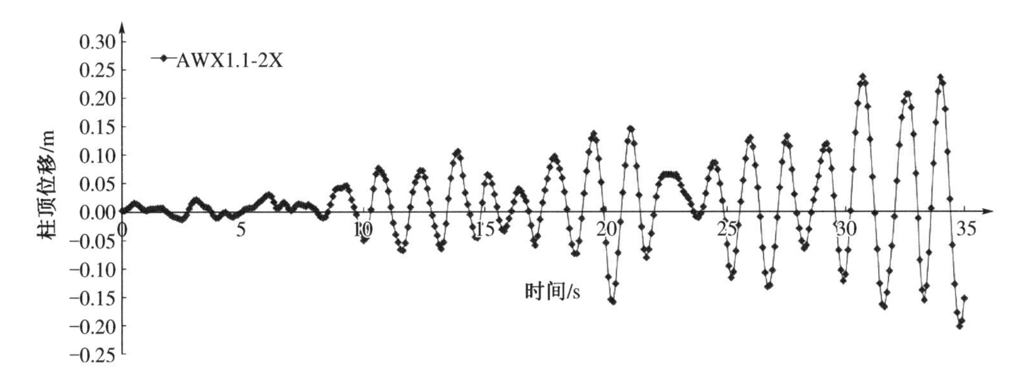

图 8-28　滑动连廊 X 向水平位移时程曲线

由表 8-12 可以看出，连廊与塔楼刚接、铰接、阻尼以及滑动连接时，随着连接刚度的逐渐减弱，连廊水平位移逐渐增大，与 X 向作用相应不一致。分析其原因可知，在 X 向上，各个塔楼与连廊不同连接方式下塔楼与连廊的基底剪力变化不大，它们相互之间作用影响很小；而在 Y 向上，随着连廊连接刚度的逐渐减弱，连廊承担的基底剪力逐渐增大，而与之相连的塔楼 CFFEX 相应减小。因此可以推出，在 Y 向上 CFFEX 塔楼对连廊起到“帮扶”作用(表 8-13)。同时,随着连廊与塔楼连接方式的减弱,结构整体刚度的减小,因此整体结构的基底剪力也减小,其中连廊刚接时最大,连廊阻尼时最小(图 8-29、表 8-14)。

表 8-12 不同连接方式各塔楼最大基底剪力

单体	刚接		铰接		阻尼		滑动	
	基底剪力/kN	比重/%	基底剪力/kN	比重/%	基底剪力/kN	比重/%	基底剪力/kN	比重/%
CFFEX	160 948	44.1	166 071.0	46.2	144 827	42.8	145 626	41.6
SSE	211 845	58.1	214 010.0	59.5	206 312	61.0	205 877	58.8
CSDCC	140 292	38.5	136 945.0	38.1	143 324	42.4	143 609	41.0
连廊	44 843.5	12.3	47 795.8	13.3	58 724.9	17.4	73 714.3	21.0

表 8-13 独立塔楼与整体刚接模型 *Y* 向最大基底剪力对比

各独立塔楼	基底剪力/kN	
	各独立塔楼	刚接
CFFEX	142 864	160 948
SSE	208 425	211 845
CSDCC	142 912	140 292
连廊	86 227.7	44 843.5

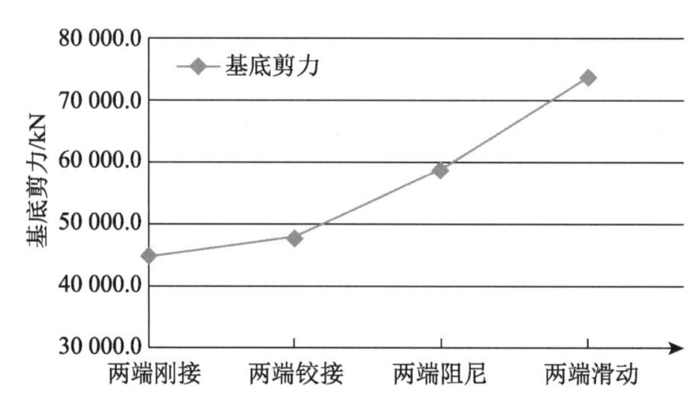

图 8-29 不同连接方式连廊基底剪力变化

表 8-14 不同连接方式连体结构最大基底剪力

连接方式	刚接	铰接	阻尼	滑动
结构基底剪力/kN	364 570.4	359 464.5	338 240.36	350 212.2

8.6.2 连廊支座不同的连接方式对连廊受力影响

分析连廊阻尼、铰接、刚接以及滑动等不同的连接方式对连廊内力的影响(图 8-30),四种连接方式下连廊钢构件应力的影响如表 8-15 所示。

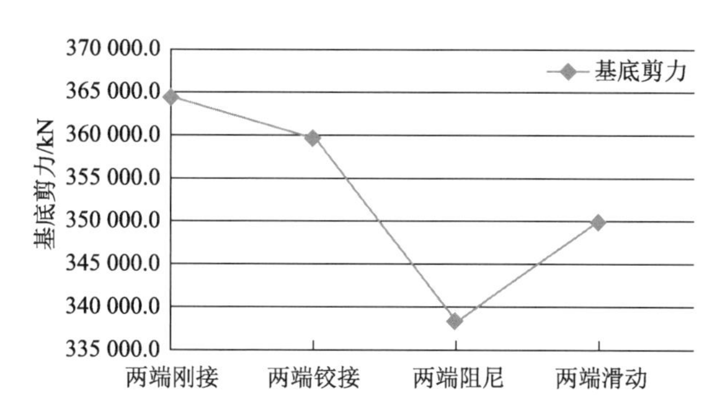

图 8-30 不同连接方式连体结构最大基底剪力

表 8-15 不同连接方式连廊钢构件应力

连廊支座连接方式	最大钢构件应力/MPa	与两端阻尼应力对比
阻尼	170.6	—
铰接	110.9	−35.0%
刚接	107.7	−36.9%
滑动	175.8	3.05%

由表 8-15 可以看出，采用不同支座连接方式对连廊钢构件应力影响较大。当采用两端滑动连接时塔楼对连廊内力影响最大，其次是阻尼，最后是铰接和刚接。两端滑动对钢构件应力的影响较两端阻尼大 3.05%，两端刚接对钢构件应力的影响较两端阻尼小 36.9%。由以上分析可知，在 Y 向上 CFFEX 塔楼对连廊起到"帮扶"作用，CFFEX 塔楼与连廊的连接节点越强，塔楼对连廊起到"帮扶"作用越大，因此滑动时连廊钢构件应力最大，刚接时最小。

同时从表 8-16 也可以看出，随着塔楼与连廊的连接节点的增强，塔楼与连廊相互作用的最大水平地震力也增大。两端刚接时塔楼与连廊相互作用力最大，其次是铰接，最后是阻尼。

支座不同连接方式塔楼与连廊地震下相互作用的最大水平地震力如表 8-16 所示。

表 8-16 塔楼与连廊相互作用最大水平地震力

连廊支座连接方式	最大水平地震力/kN
两端阻尼	5 285.6
两端铰接	40 992.5
两端刚接	40 163.2

8.7 连体结构分析结论

本章分别分析了连廊与塔楼 SSE 和 CSDCC 相连的支座两端橡胶阻尼、两端铰接、两端刚接、两端滑动以及连廊与塔楼 CFFEX 考虑橡胶阻尼、铰接、刚接、滑动等不同的连接方式对连廊及整体结构动力性能的影响。总结如下：

(1) 连廊与塔楼 SSE 和 CSDCC 不同连接形式对整体结构周期的影响很小，而相比于连廊与 CFFEX 单体不同连接形式对 CFFEX 单体的周期有一定的影响，但总体影响均很小。因为连廊自身通过电梯井与基础底部固结，自成体系。连廊刚度相对于 3 栋独立塔楼的刚度大很多，塔楼之间通过连廊相互影响很小，塔楼之间的振型还是相对比较独立的。而仅仅通过连廊与塔楼之间的连接方式不同对整体结构的影响很小。

(2) 连廊与单塔之间的相对位移并不随地震力的增大而呈规律性的变化，除与地震力响应大小有关外，还与单体和连廊本身的动力特性相关。

(3) 在 X 方向上，连廊与塔楼刚接、铰接以及滑动连接时，连廊水平位移相差不大，与通常观念上连体结构采用滑动连接时连体部分位移较大有所偏差。分析其原因可知，该连接部分与一般连接体不同，该连接部分的连廊通过两个电梯井与基础固结，自成结构体系。三个单体及一个连廊可以各自自成体系，各自抵抗地震响应。在整体模型中，单体 SSE 起“帮扶”连廊作用，而连廊对单体 CSDCC 起“帮扶”作用。因此，整体上塔楼与连廊在地震作用下互相之间作用的影响不大，它们之间的连接方式不同，影响有限。当连廊支座采用阻尼连接方式时，支座起到耗能作用，可以适当降低连廊的水平位移。

(4) 在 X 方向上，随着连廊与塔楼连接方式的减弱，结构整体刚度减小，整体结构的基底剪力也减小，其中连廊两端刚接时最大，连廊两端滑动时最小。分析三连体结构中的单塔楼时，各塔楼的基底剪力并不是随着连廊连接方式的减弱而减小，恰恰相反，随着连廊连接方式的减弱各单塔楼各自的最大基底剪力均有所增加，由于连廊连接方式的减弱，各塔楼的相互协调帮扶的能力减弱，当出现较大基底剪力时其他塔楼的协调帮扶能力减弱。

(5) 在 X 方向上，采用不同支座连接方式对连廊钢构件应力影响不大。

(6) 在 Y 方向上，连廊与塔楼刚接、铰接、阻尼以及滑动连接时，随着连接刚度的逐渐减弱，连廊水平位移逐渐增大，与 X 方向作用相应不一致。由于在 X 方向上，不同连接方式下各个塔楼与连廊的基底剪力变化不大，它们相互之间的作用很小。而在 Y 方向上，随着连廊连接刚度的逐渐减弱，连廊承担的基底剪力逐渐增大，而与之相连的塔楼 CFFEX 相应减小。即在 Y 方向上 CFFEX 塔楼对连廊起到“帮扶”作用。同时，随着连廊与塔楼连接方式的减弱，结构整体刚度的减小，因此整体结构的基底剪力也减小，其中连廊刚接时最大，连廊阻尼时最小。

(7) 在 Y 方向上，采用不同支座连接方式对连廊钢构件应力影响较大。其中，采用两端滑动连接时塔楼对连廊应力影响最大，其次是阻尼，最后是铰接和刚接。

第四篇 其他关键结构专题设计与研究

第 9 章　强约束边缘构件钢板剪力墙研究

9.1　工程背景

在连廊结构设计中，仅有两处筒体与底部基础，在图 9-1 和图 9-2 中用椭圆线框出的便是连廊筒体。由于连廊外侧 3 处支座与主体结构采用滑动连接的方式，无法传递连廊结构所受到的水平荷载，所有的水平荷载均由图 9-1 中的筒体传递到底部基础。其中横向水平荷载由钢柱与斜向支撑传递，纵向水平荷载由钢柱与剪力墙传递。在连廊楼板标高处，钢柱与横向、纵向水平箱梁相连接形成筒体，剪力墙两端与横向钢箱梁可靠连接以传递水平荷载。为了保证该节点处水平荷载的可靠传递，将钢板混凝土剪力墙的两侧边缘构件进行加强，形成了如图 9-2 所示的具有强边缘构件的组合钢板剪力墙。

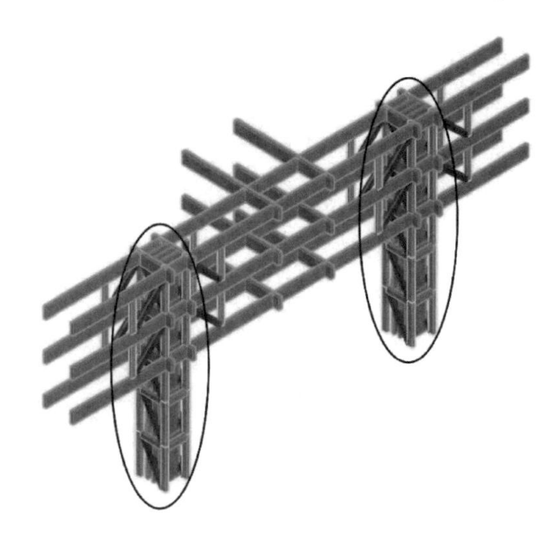
图 9-1　连廊结构三维示意

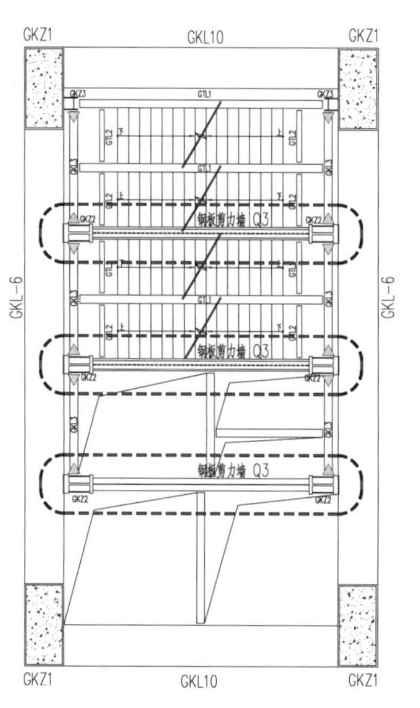

图 9-2　钢板混凝土剪力墙平面位置示意

图 9-3　钢板混凝土剪力墙构件三维示意

根据是否有强边缘构件，钢板剪力墙分为强边缘组合钢板剪力墙与非强边缘剪力墙。二者的区别在于强边缘试件的边缘钢柱在钢筋混凝土外，布置在混凝土中的水平向钢筋与钢柱内表面焊接连接，钢柱各钢板通过焊接可靠连接；非强边缘试件的边缘钢柱包在钢筋混凝土中，水平向钢筋与钢柱内表面焊接连接。图 9-4 中(a)，(c)所示为强边缘组合钢板剪力墙，(b)，(d)所示为非强边缘组合钢板剪力墙。

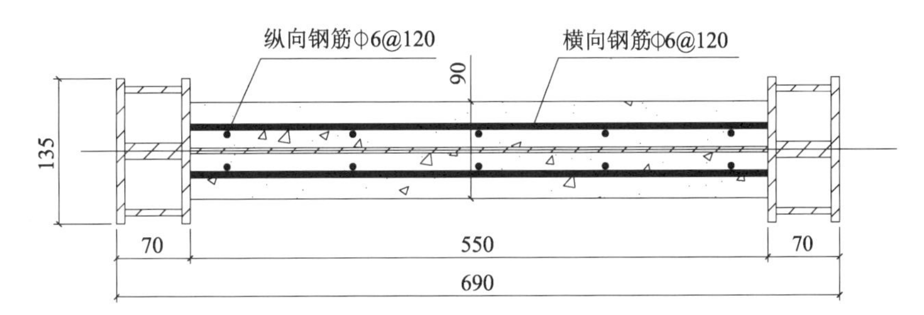

(a) 强边缘组合钢板剪力墙

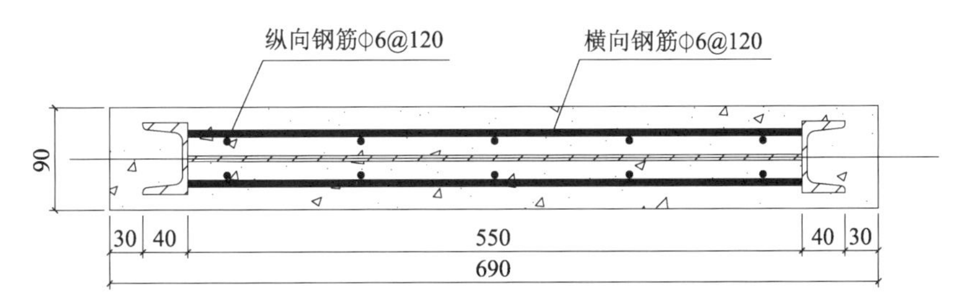

(b) 非强边缘组合钢板剪力墙

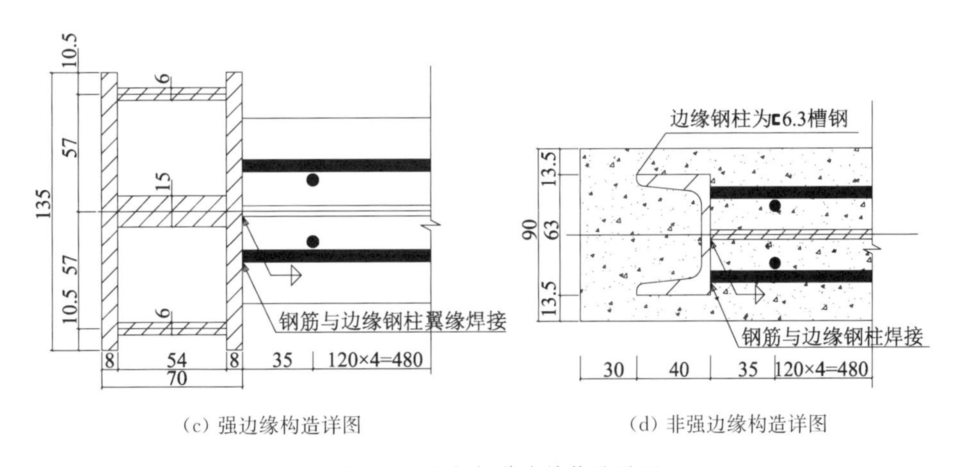

(c) 强边缘构造详图　　(d) 非强边缘构造详图

图 9-4　组合钢板剪力墙构造详图

作为主要抗侧力构件，强边缘钢板混凝土剪力墙起了承担连体结构的侧向力的作用，强边缘组合钢板剪力墙构件在低周反复荷载作用下的力学性能未见研究，因此本节主要试验目的包括：

(1) 强钢边缘构件剪力墙受力破坏机理的试验研究。

(2) 强钢边缘构件剪力墙恢复力模型的确定。

(3) 对比强边缘构件与非强边缘构件的试件受力性能的区别。

9.2 钢板剪力墙构件力学性能试验方案

试验采用4片钢板剪力墙试件进行低周反复试验,分别命名为W1, W2, W3, W4,其中W1, W2为弱边缘构件,W3, W4为强边缘构件,试件如图9-5所示。

1. 加载方案

采用先轴向施加给定的压力N,然后施加反复水平力V的方法,对剪力墙进行试验,试验装置如图9-6所示。

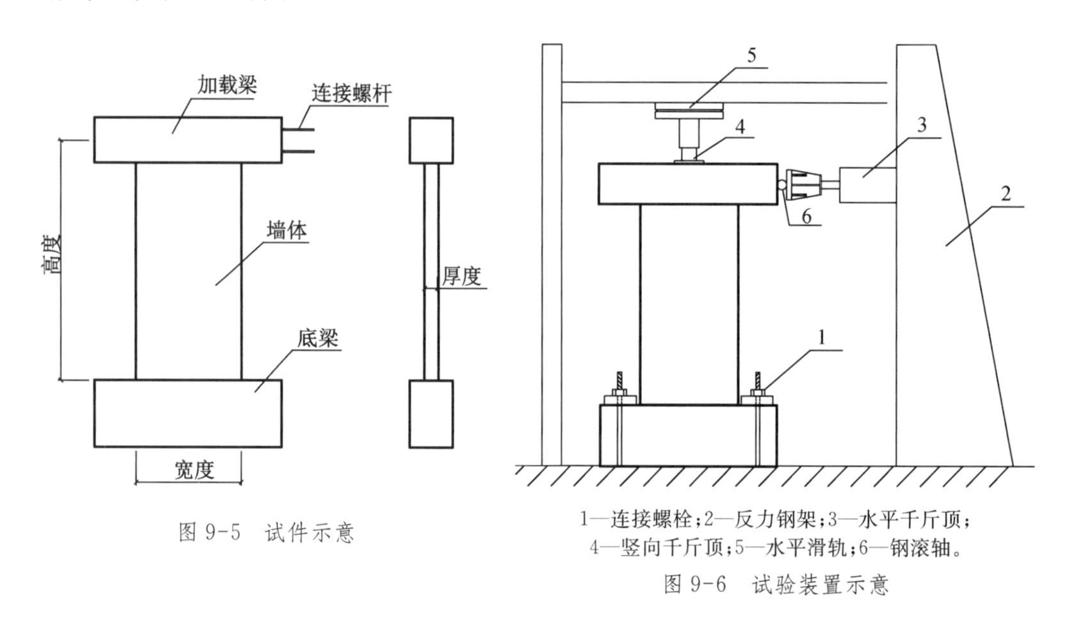

图9-5 试件示意

1—连接螺栓;2—反力钢架;3—水平千斤顶;
4—竖向千斤顶;5—水平滑轨;6—钢滚轴。

图9-6 试验装置示意

2. 模型尺寸

试验模型以实际构件为参考,依据《混凝土结构设计规范》(GB 50010—2010)、《建筑结构抗震设计规范》(GB 50011—2010)、《高层建筑混凝土结构技术规程》(JGJ 3—2002)与《型钢混凝土组合结构技术规程》(JGJ 138—2001)进行设计。结构安全等级为一级,建筑场地类型为Ⅳ类。混凝土材料试验、钢筋材料试验以及钢板材料试验均在同济大学建筑结构试验室进行,试件由实际工程中的试件依据试验室设备条件进行缩尺得到,钢板混凝土剪力墙水平截面示意图如图9-7所示。

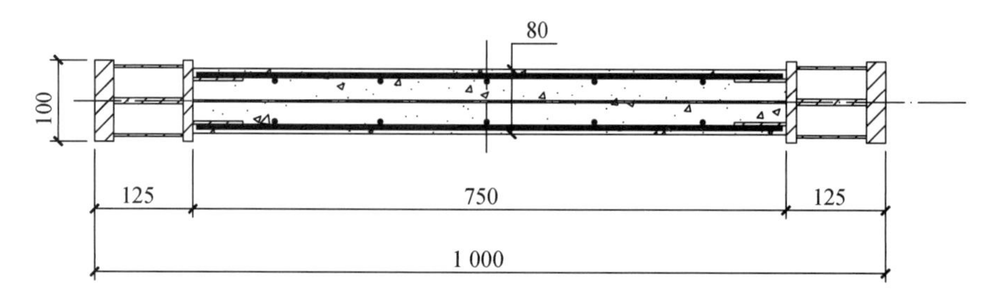

图9-7 钢板混凝土剪力墙水平截面示意

根据中华人民共和国行业标准《建筑抗震试验方法规程》(JGJ 101—96)，钢板钢筋混凝土剪力墙结构模型相似系数如表9-1所示。

表9-1　试件相似系数

项目	具体数值
混凝土、钢筋、钢板应力相似系数	$S_\sigma = 1$
混凝土、钢筋、钢板应变相似系数	1
混凝土、钢筋、钢板弹性模量相似系数	$S = S_\sigma = 1$
宽度方向几何尺寸相似系数	$S_L = \frac{1}{10}$
厚度方向剪力墙数量	$n = 3$
厚度方向几何尺寸相似系数	$S = n \times S_L = \frac{3}{10}$
宽度方向线位移相似系数	$S = S_L = \frac{1}{10}$
集中荷载相似系数	$S = nS_\sigma S_L^2 = \frac{3}{100}$

因为在实际工程中有3片相同的强边缘钢板剪力墙，故在本试验中，将厚度方向的几何相似系数乘以3，以模拟3片剪力墙共同受力的情况。

试件构造要求如下：

(1) 钢板采用Q345钢材，边缘钢柱采用Q420—GJ钢材，混凝土强度等级为C35，钢筋标号为HRB400。

(2) 墙体纵向分布筋为C6@120，墙体横向分布筋为C6@120。

(3) 拉结筋为A6@240@240，在钢板上穿孔，与钢筋网绑扎；钢板上栓钉为A10@120，长度为24 mm。

试件有强边缘试件和弱边缘试件两种，表9-2为试件参数设计。

表9-2　试件参数设计

试件编号	混凝土截面尺寸/mm×mm	高宽比	钢板厚度/mm	边缘钢柱形式
W1	550×90	3.261	5	弱边缘
W2	550×90	3.261	5	弱边缘
W3	690×90	3.261	5	强边缘
W4	690×90	3.261	5	强边缘

注：试件与原构件的缩尺比例为1∶6.16。

9.3 强钢边缘构件剪力墙受力破坏机理

W3 与 W4 为强边缘试件,试验现象相似。随着水平荷载的不断增大,裂缝最早出现在试件的中部靠近墙体边缘处,中部裂缝为水平向。随着荷载不断增大,在试件顶部、角部出现了多条细小的斜向裂缝,中部水平裂缝不断显现,且多数水平裂缝沿斜向下的方向不断发展,宽度逐渐增大。继续增大荷载,剪力墙片下半部分斜向裂缝数量增多且宽度增加,同时试件顶部也出现斜向裂缝,如图 9-8 所示。试件出现刚度退化后,在加载位移为两倍屈服位移时,观察到试件基础再次出现破坏,强边缘钢柱与混凝土分离,加固钢板包裹内的混凝土呈粉碎状态,混凝土粉碎如图 9-9 所示。

图 9-8　试件顶部出现斜向裂缝

图 9-9　混凝土粉碎

强边缘与弱边缘构件破坏机理区别在于:在试验过程中,弱边缘试件最终角部钢板与钢柱屈曲,外部混凝土丧失约束能力后发生破坏。强边缘试件在基础发生破坏时,角部钢柱与钢板处钢材均已屈服,但并未发现肉眼可见的钢板屈曲。

9.4 钢板混凝土剪力墙受力性能评价

本节以水平力-顶部位移滞回曲线为基础,从钢板混凝土剪力墙的骨架曲线、承载力、延性、刚度、耗能能力等指标对剪力墙的受力性能进行评价。

9.4.1 骨架曲线

根据水平力-顶部位移滞回曲线,得出水平力和顶部位移的骨架曲线,如图 9-10 所示。

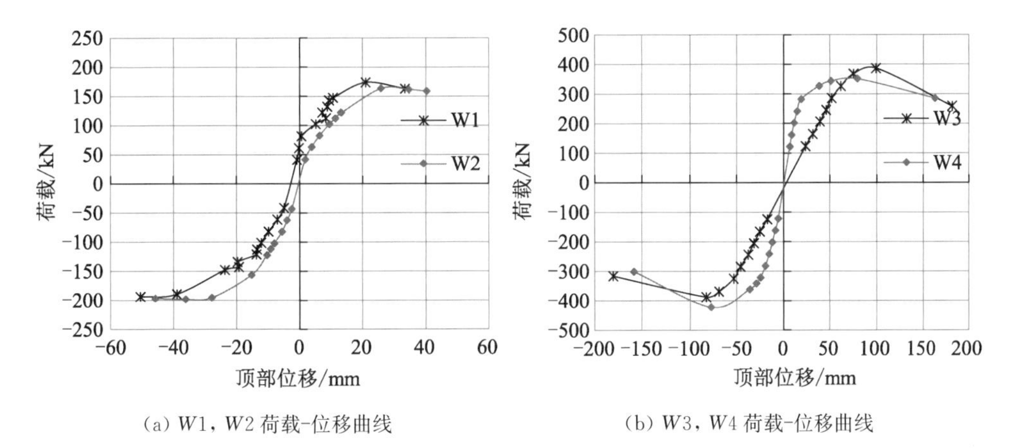

(a) $W1$, $W2$ 荷载-位移曲线　　(b) $W3$, $W4$ 荷载-位移曲线

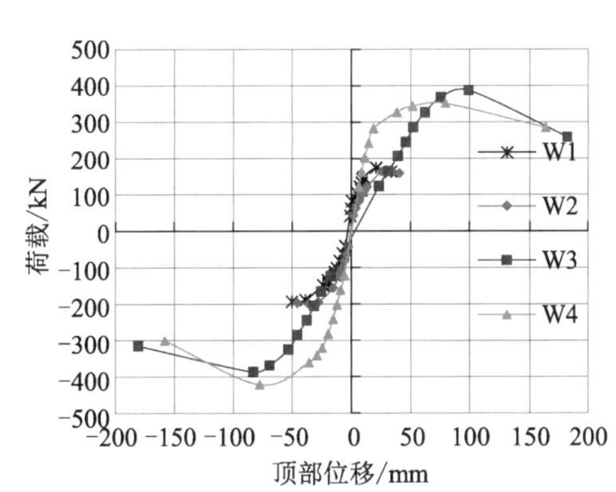

(c) $W1$, $W2$, $W3$, $W4$ 荷载-位移曲线

图 9-10　水平力-顶部位移骨架曲线

根据图 9-10 中剪力墙试件的水平力-顶部位移骨架曲线，可以容易得出节点试件的屈服点（屈服荷载 V_y，屈服位移 Δ_y）、极限点（峰值荷载 V_{max}，峰值位移 Δ_{max}）、破坏点（破坏荷载 $0.85V_{max}$，极限位移 Δ_u）、延性 μ。极限变形 Δ_u 即为破坏荷载所对应的顶部位移，延性即为

$$\mu = \Delta_u / \Delta_y \tag{9-1}$$

屈服承载力按照 Park 法进行确定：找出骨架曲线上 $0.75V_{max}$ 的点 A，做过 A 点的割线 OA，与直线 $V=V_{max}$ 相交于点 B。过点 B 向横轴（顶部位移轴）引垂线，交骨架曲线于点 C。C 点即为屈服点，其对应水平力和顶部位移即为屈服荷载 V_y 和屈服位移 Δ_y。如图 9-11 所示。

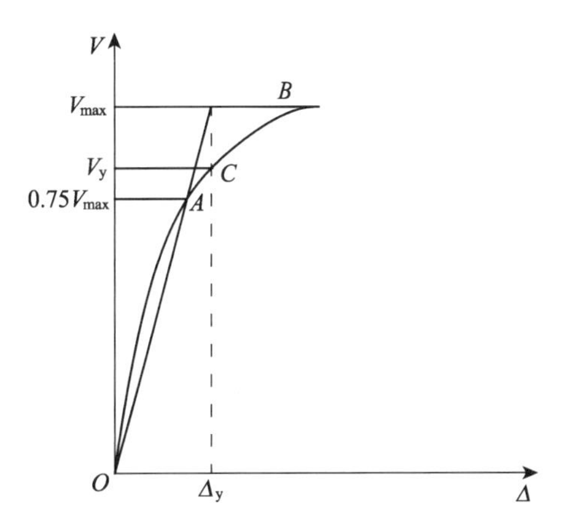

图 9-11　屈服点及其参数的确定

表 9-3　剪力墙试件承载能力、变形及延性汇总

试件编号		屈服点		极限点		破坏点		延性
		V_y /kN	Δ_y /mm	V_y /kN	Δ_y /mm	V_y /kN	Δ_y /mm	μ
W1	正向①	149.1	11.32	173.6	20.93	—	—	—
	反向	160.7	28.40	193.7	50.59	—	—	—
W2	正向	137.2	17.92	163.2	25.78	—	—	—
	反向	167.4	18.86	197.9	36.05	—	—	—
W3	正向	354.1	70.94	387.0	99.13	329.0	136.62	1.93
	反向	350.6	62.50	387.5	83.07	329.4	162.25	2.60
W4	正向	290.8	22.34	351.2	79.35	298.5	146.13	6.54
	反向	349.1	31.63	421.9	77.83	358.6	120.02	3.79
W1	均值②	154.9	19.86	183.7	35.76	—	—	—
W2	均值	152.3	18.39	180.6	30.92	—	—	—
W3	均值	352.3	66.72	387.3	91.10	329.2	149.44	2.24
W4	均值	320.0	26.98	386.6	78.59	328.6	133.07	4.93

注：①试件承载能力、变形及延性汇总(正向和反向)；②试件承载能力、变形及延性汇总(均值)。

由表 9-3 可以看出：

(1) 强边缘试件峰值荷载相对于非强边缘试件提高了约 112%，峰值位移提高了约 154%。可以看出强边缘试件具有远优于非强边缘试件的承载能力和变形能力。

(2) 非强边缘试件 W1 和 W2 在屈服点和极限点的水平力和顶部位移非常接近；强边缘试件 W3 和 W4 在极限点和破坏点的水平力和顶部位移非常接近。可以看出此次试验中试件材料性能较为稳定，混凝土试件材料性能的离散性对试验最终结果影响较小。

(3) 强边缘试件 W3 屈服点水平力和顶部位移明显高于同类型试件 W4，这是由于加载历史的影响。试件 W3 在第一次试验时出现了基础破坏，不能反映剪力墙的受力性能，故在加载到基础破坏(±215 kN)后，停止加载对基础进行加固之后，重新进行加载试验。第一次加载未达到屈服荷载，但试件已出现混凝土开裂等现象，因此与试件 W4 相比，屈服点水平力提高了约 10%，而屈服点顶部位移提高了 147%。

9.4.2 刚度及其退化规律

参考《建筑抗震试验方法规程》的方法，采用计算割线刚度的方法来计算试件的抗侧刚度，即为下式：

$$K_i = \frac{|+F_i| + |-F_i|}{|+X_i| + |-X_i|} \tag{9-2}$$

式中　F_i ——第 i 次峰值点荷载值；

X_i ——第 i 次峰值点位移值。

在试验过程中，F 即为水平力 V；X 即为顶部位移 Δ 。

图 9-12 给出了各剪力墙试件抗侧刚度随着顶部位移的变化曲线。

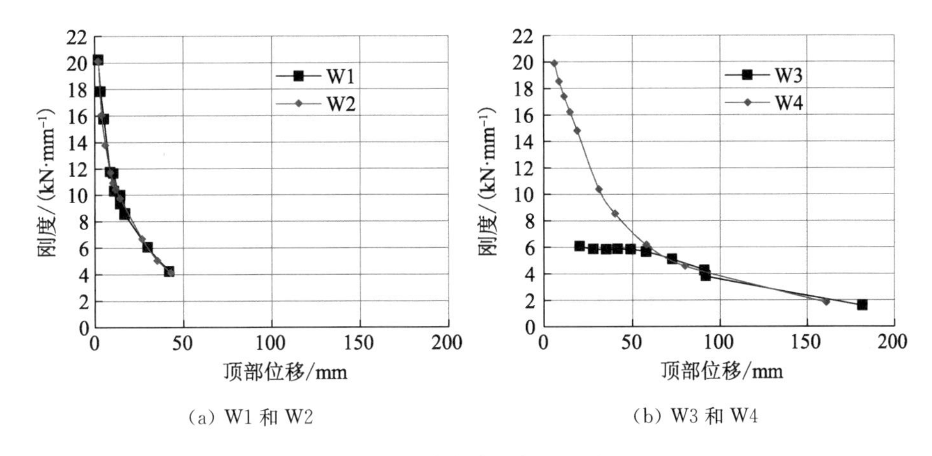

(a) W1 和 W2　　(b) W3 和 W4

图 9-12 剪力墙刚度退化曲线

对比试验过程中钢板剪力墙试件刚度退化曲线，可以看出：

(1) 图 9-12(a)中，试件 W1 和 W2 的刚度退化曲线基本一致；图 9-12(b)中，试件 W3 和 W4 在屈服点(顶部位移约 67 mm)之后，刚度退化曲线基本一致。表明试件制作和混凝土材料性能的离散性对钢板剪力墙试件刚度退化过程影响不大

(2) 试件 W3 的刚度退化曲线形状明显异于其他三条曲线。表明加载历史对试件 W3 的刚度退化曲线形状具有较大影响，极大降低了试件的前期刚度。

(3) 强边缘试件 W4 比非强边缘试件 W1，W2 的刚度退化曲线要高。表明强边缘的存在可以提高剪力墙试件的刚度，改善试件刚度的退化。

9.4.3 耗能能力

采用等效黏滞系数 h_e、单次循环耗能量 E 和全程累计耗能量 $\sum E$ 等指标，评价剪力墙试件的耗能能力。

等效黏滞阻尼系数 h_e 用滞回环面积与滞回环卸载点至横坐标之间三角形面积之比来定义，如图 9-13所示，按下式计算：

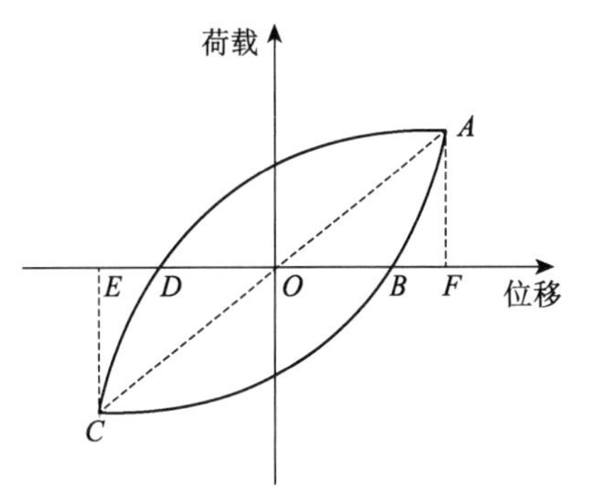

图 9-13 等效黏滞系数的确定

$$h_e = \frac{1}{2\pi} \cdot \frac{S_{ABD} + S_{CDB}}{S_{AFO} + S_{CEO}} \tag{9-3}$$

式中 S_{ABD}，S_{CDB} ——闭合图形 ABD 和 BCD 的面积；

S_{AFO}，S_{CEO} ——三角形 AFO 和 CEO 的面积。

图 9-13 给出了各试件等效黏滞阻尼系数 h_e 随循环次数 N 的变化曲线。

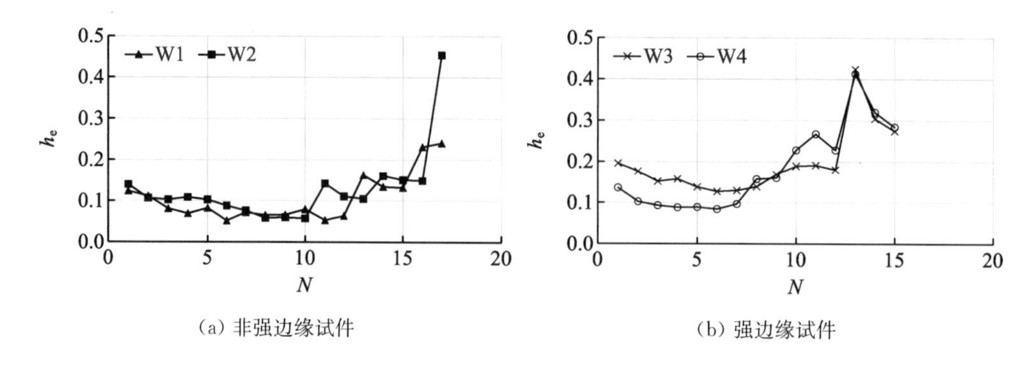

(a) 非强边缘试件　　(b) 强边缘试件

图 9-14　等效黏滞阻尼系数

由图 9-14 可以看出：

(1) 随着循环次数的增加，各试件的等效黏滞阻尼系数均呈现先缓慢下降，然后急速上升的趋势。这是由于在加载初期，试件基本处于弹性阶段；在加载后期，试件进入塑性阶段。并且，随着塑性变形的增大，试件的相对耗能能力增大。

(2) 非强边缘试件的等效黏滞系数总体而言略小于强边缘试件。这表明前者的相对耗能能力略逊于后者。

(3) 非强边缘试件水平荷载在到达屈服荷载时，等效黏滞阻尼系数才开始增大，强边缘试件水平荷载在到达屈服荷载 78%左右时，等效黏滞阻尼系数就开始增大，这表明前者较后者更晚发挥其耗能能力。

(4) 在加载后期，强边缘试件的等效黏滞阻尼系数开始下降，这是由于支座处混凝土发生破坏。

图 9-15 给出了各试件单次循环耗能量 E 随循环次数 N 的变化曲线。

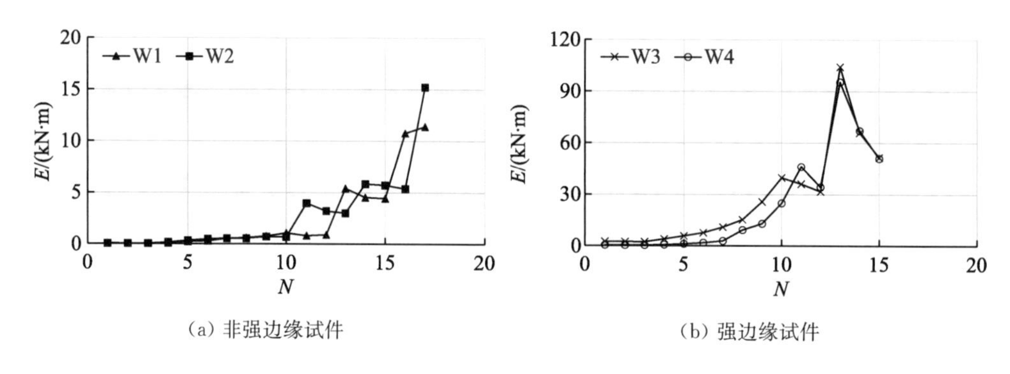

(a) 非强边缘试件　　(b) 强边缘试件

图 9-15　单个滞回环耗能量

由图 9-15 可以看出：

(1) 随着位移幅值的增大，试件单次循环耗能量呈上升趋势。

(2) 当位移幅值相同时，随着加载次数的增多，试件单次循环耗能量逐渐衰减，这是由于损伤累积造成的。就衰减速度而言，非强边缘构件慢于强边缘构件。

(3) 非强边缘试件的绝对耗能能力远不及强边缘试件。

图 9-16 给出了各试件全程累计耗能量 $\sum E$ 随循环次数 N 的变化曲线。

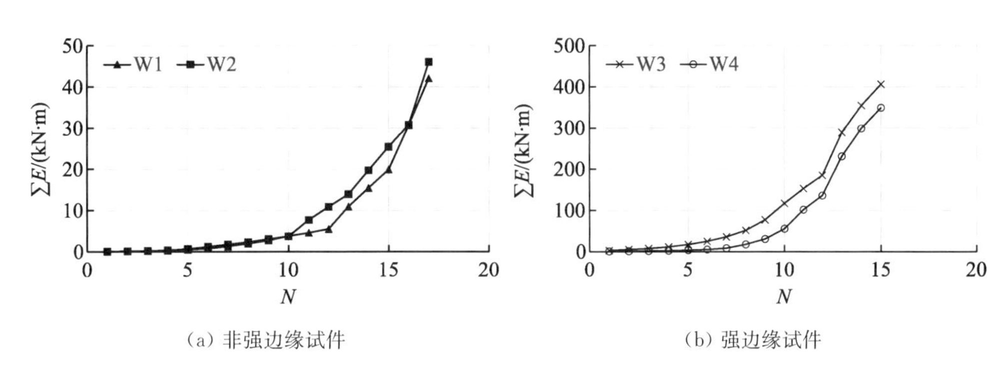

(a) 非强边缘试件　　(b) 强边缘试件

图 9-16　累计耗能量

由图 9-16 可以看出,在整个加载过程中,非强边缘试件消耗的能量远不及强边缘试件,二者相差近 10 倍。

9.5　试验研究结论

1. 钢板剪力墙试验

(1) 强边缘试件相对于普通试件,侧向承载力试验结果在受拉方向升高 119%,在受压方向升高 107%。

(2) 在所有剪力墙试件中,钢柱应变与钢板主应力在高度方向上呈现为"底部较大,顶部较小"的受力情况,且仅在最底部应变测点处观察到屈服现象,由此可见钢板剪力墙在高跨比较大的情况下整体以受弯破坏为主。

(3) 在所有剪力墙试件中,钢板水平应变沿高度方向呈现的现象为"随着高度从中部向底部与顶部变化,应变逐渐变小",但在最底部的水平应变测点处钢材会最终屈服,其余应变测点处钢材均处于弹性。可见水平应变符合受剪试件的剪应变分布规律,且最大剪应变未达到屈服应变,最底部测点观察到的屈服是由于钢板局部受压屈曲产生。可见,钢板混凝土剪力墙内部剪力传递正常,但受剪破坏不是造成试件破坏的主要原因。

(4) 在所有剪力墙试件中,钢板混凝土剪力墙在承受水平荷载时,剪力墙水平截面上受压区总小于受拉区,且中性轴不断向受压区方向移动。

(5) 强边缘试件钢筋最终未发现屈服,在内力分配中,强边缘钢板混凝土剪力墙钢筋混凝土部分受力较小,未充分利用其强度。

2. 钢板剪力墙受力性能评估

(1) 强边缘试件具有远优于非强边缘试件的承载能力和变形能力。

(2) 对比强边缘试件与普通试件,强边缘试件刚度退化曲线更高,说明增大边缘钢柱的截面积可以提高剪力墙试件的刚度,改善试件刚度的退化。

(3) 非强边缘试件的等效黏滞系数总体而言略小于强边缘试件,这表明前者的相对耗能能力略逊于后者。但强边缘试件等效黏滞系数升高较早,能更早地发挥其耗能能力。

(4) 在整个加载过程中,非强边缘试件消耗的能量远不及强边缘试件。

3. 试验结果对工程实际设计成果评估

由剪力墙试验结果可知,因强边缘钢板剪力墙试验的最终破坏发生在试件基础,所以当剪力墙水平荷载小于如表 9-4 所示水平荷载时,钢板剪力墙是安全的。

表 9-4 强边缘钢板混凝土剪力墙最大承载能力

试验项目	受拉/kN	受压/kN
强边缘钢板混凝土剪力墙试件	387.50	−351.20
强边缘钢板混凝土剪力墙实际构件	12 916.67	11 706.67

根据上述表格的计算数据,当实际工程中构件小于 11 706.67 时,结构安全。而该钢板剪力墙的原设计荷载为 5 000 kN,因此原设计安全可靠。

第 10 章　金融剧场大跨预应力结构研究

10.1　复杂大跨结构布置

复杂大跨圆形剧院位于该工程地下一层，剧院顶盖为圆形大跨度屋面，圆形直径 44 m，在剧院内部不设置柱，以便形成大跨度的建筑使用空间。在复杂大跨结构布置中，所有环向梁截面均为 700 mm×1 800 mm，外圈环向梁截面为 800 mm×1 500 mm，中间圈环梁截面为 800 mm×1 600 mm，内圈环向梁截面为 700 mm×1 800 mm。结构平面布置如图 10-1 所示。

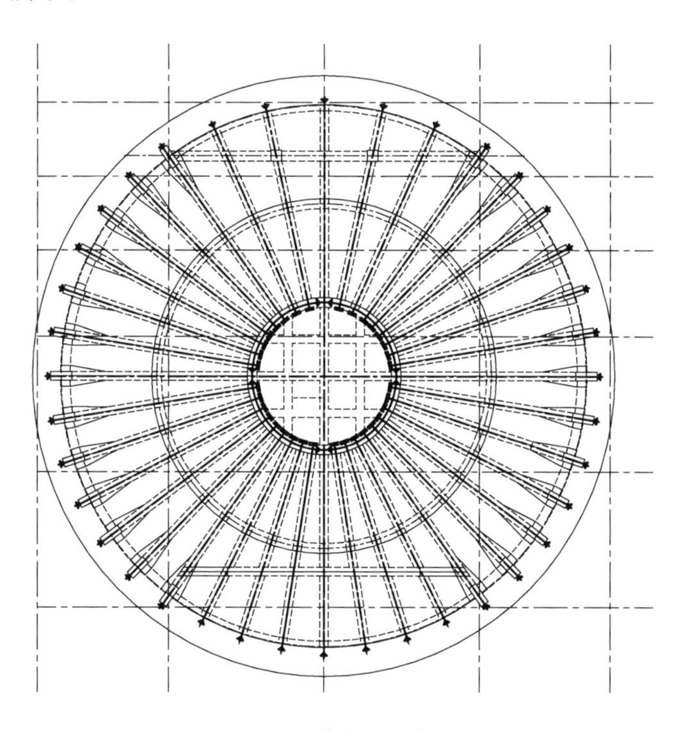

图 10-1　结构平面布置图

在结构设计时，工程存在以下技术难点：

(1) 跨度大，在剧院内不允许设柱，仅允许在圆形周边设置柱。

(2) 梁高受到建筑净高限制，最大梁高为 1 800 mm。

(3) 荷载比较大，首层屋面为种植回填区域。为实现建筑功能，本工程采用预应力结构体系进行结构设计(图 10-2)。

图 10-2 金融剧院建筑效果图

10.2 预应力设计

四段抛物线线型的预应力筋可以在梁内跨中形成均布向上的等效反荷载，对控制大跨度结构挠度非常有效。水平向预应力框架梁线型如图 10-3 所示，图中反映了反弯点的位置，有关预应力线型及其说明详见《后张预应力混凝土结构施工图表示方法及构造详图》(06SG429)[2]。本项目最初设计思路是考虑环向贯通的梁并形成受力体系，在每一根贯通的梁内布置预应力筋，从而形成预应力结构体系。该布置在计算时没有问题，但是在实际操作上，所有的梁在圆形中心汇交于一点，则难以施工。

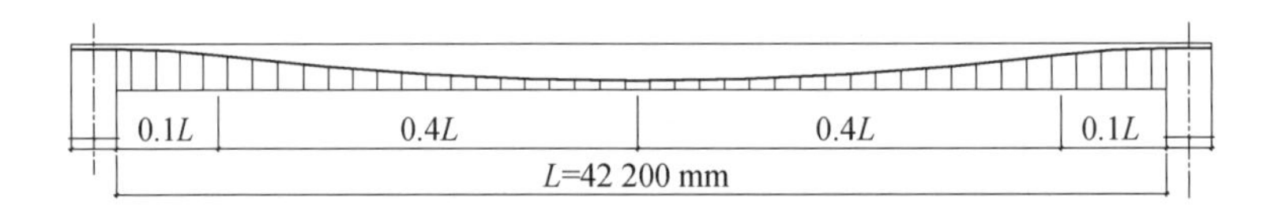

图 10-3 水平向预应力框架梁线型

为了解决这一矛盾，在径向梁中部设置圆形环梁，圆形环梁内为结构厚板，形成传力体系，将纵向梁连系起来，从而解决多梁汇交问题。按这种布置方式，需要具体分析圆形环梁的内力分布与传力路径。为分析环梁的内力分布，取出单根径向梁和环梁在竖向均布荷载作用下，其结构计算简图如图 10-4 所示。通过结构分析软件建立计算模型，在环梁两侧均为正常简支梁假定下，得到梁的弯矩分布情况如图 10-5 所示，可知环梁可以有效传递弯矩。圆形剧院屋盖结构中环梁受力为一系列上述子单元内力分布的叠加，环梁内弯矩为各根径向梁传递来的跨中弯矩之和，通过分析可知，环梁的主要内力形式为弯矩，并且根据对称性，圆形剧院屋盖结构中环梁为近乎均布的受弯构件。采用 PKPM 软件进行进一步验算，得到环梁的弯矩图如图 10-6 所示，可知环梁弯矩几乎为均匀分布的

（图 10-6 采用自重作用下的弯矩图，其他工况下的弯矩图和此图形状一致）。

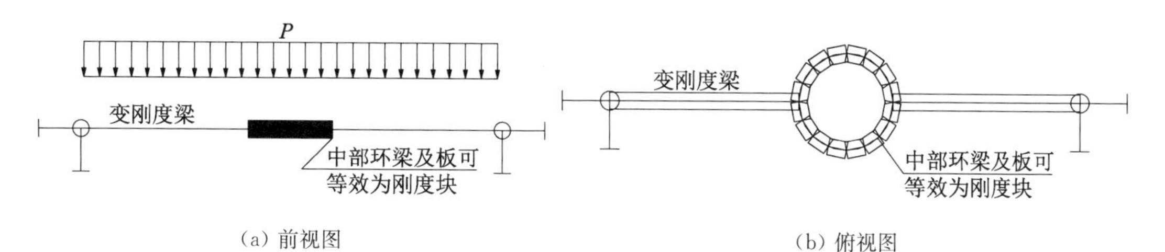

（a）前视图　　　　（b）俯视图

图 10-4　沿圆形直径方向取某个计算单元示意

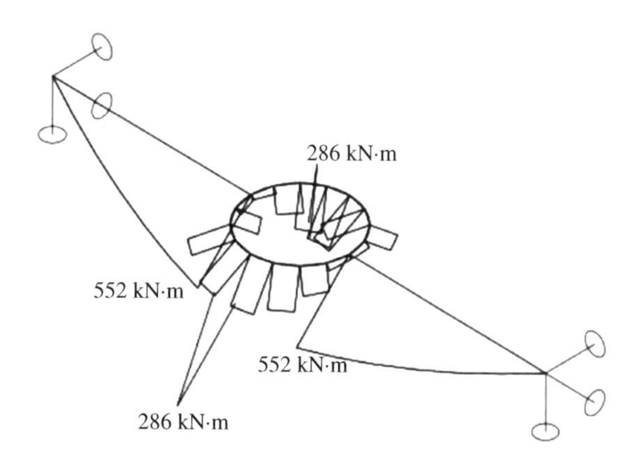

图 10-5　计算单元弯矩图

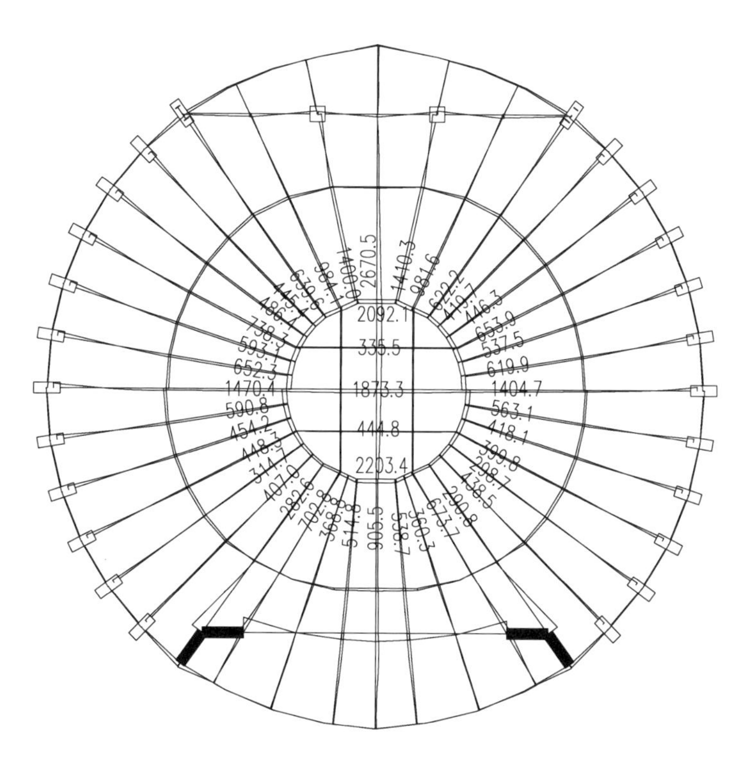

图 10-6　梁弯矩图(自重作用，单位 kN · m)

取如图 10-7 所示中隔离体，验证环梁的导荷方式与连续梁的导荷方式基本相似，如果环梁和中间厚板能有效传递弯矩，则有：

$$\sum M_{径} \cos \alpha = \sum M_{环} + \sum M_{刚} \tag{10-1}$$

式中 $M_{径}$——隔离体中径向梁的端部弯矩；

α——径向梁与水平方向的夹角；

$M_{环}$——环梁上下两端的弯矩；

$M_{刚}$——圆环梁所围成区域内梁板承受的弯矩。

隔离体内力计算结果如表 10-1 所示，可知：

$$\sum M_{径} \cos \alpha = 7\,504.9 \text{ kN} \cdot \text{m},$$

$$\sum M_{环} + \sum M_{刚} = 6\,949.1 \text{ kN} \cdot \text{m}$$

上述计算结果也验证了式(10-1)的正确性。本次计算中没有考虑隔离体上的荷载和环梁内部楼板的抗弯作用，因此在计算结果中，$\sum M_{径} \cos \alpha$ 略大于 $\sum M_{环} + \sum M_{刚}$。

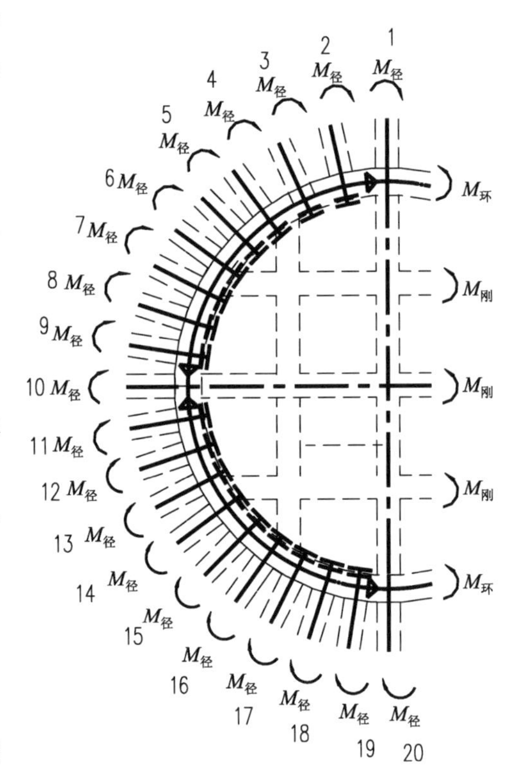

图 10-7 隔离体计算简图(图中数字为径向梁编号)

为了进一步分析环梁的受力状态，在前述某个计算单元的基础上，增加四梁汇交和八梁汇交的计算结果，如图 10-8、图 10-9 所示。由上述计算分析可知，在大跨度圆形剧院屋盖结构的设计中，中部设置的环梁可以有效传递弯矩，基于小变形情况下的受力分析，环梁内力主要为弯矩且分布较为均匀。

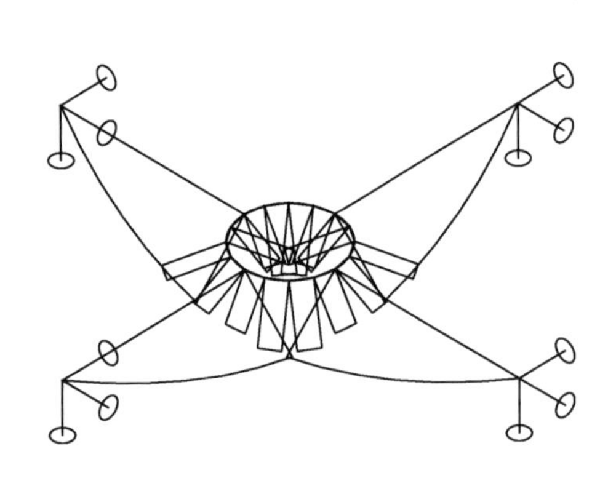

图 10-8 四梁汇交弯矩图(环梁最大弯矩 268.2 kN・m)

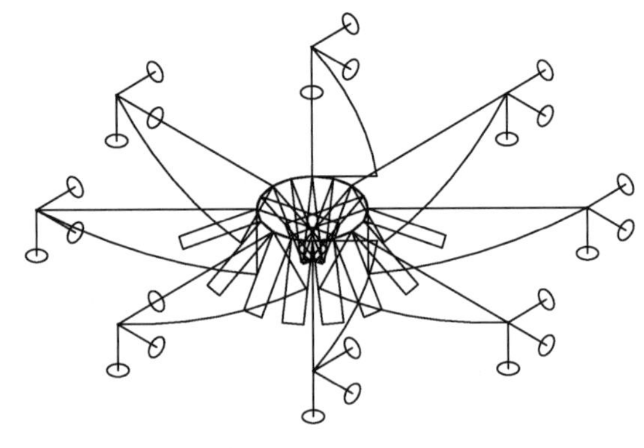

图 10-9 八梁汇交弯矩图(环梁最大弯矩 383.3 kN・m)

在预应力设计中，结构在施工阶段的反拱值也是重要控制指标之一。梁的反拱挠度和正向受力挠度控制指标一致，本工程为大跨度结构，挠度控制指标为梁跨度的 1/400。在预应力施工阶段，结构仅有恒载和施工活载，按此荷载工况进行复核，结果如图 10-10 所示。由计算结果可知，在施工阶段，剧院中心挠度最大为 54 mm，挠跨比为 1/815，仍旧是向下的挠度，即在施工过程中不会产生向上的反拱。

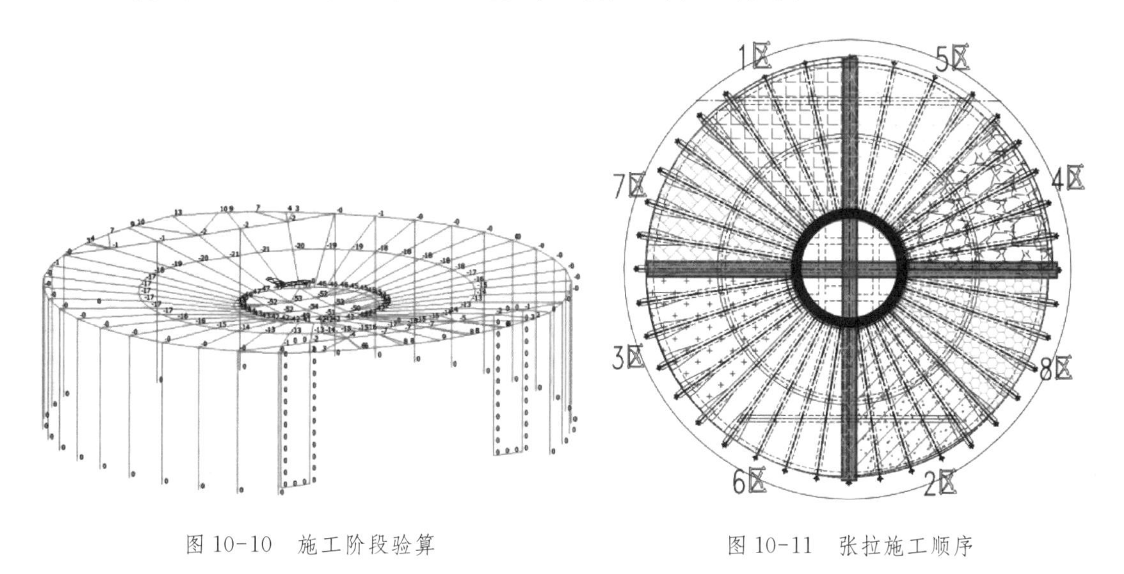

图 10-10　施工阶段验算

图 10-11　张拉施工顺序

表 10-1　隔离体内力计算结果

径向梁编号	1	2	3	4	5	6	7	8	9	10
$M_{径}$ /(kN・m)	2 670.5	1 400	984.1	639.6	445.4	486.4	738.3	593.1	652.3	1 470.4
角度 α/(°)	90	80	70	60	50	40	30	20	10	0
$M_{径}\cos\alpha$/(kN・m)	0	243.1	336.6	319.8	286.3	372.6	639.4	557.3	642.4	1 470.4
径向梁编号	11	12	13	14	15	16	17	18	19	20
$M_{径}$ /(kN・m)	590.8	454.2	448.3	314.7	407.0	282.6	702.8	368.8	514.8	905.5
角度 α/(°)	−9	−18	−27	−36	−45	−54	−63	−72	−81	−90
$M_{径}\cos\alpha$/(kN・m)	583.5	431.9	399.4	254.6	287.8	166.1	319.1	113.9	80.5	0

10.3　施工监测

大剧院屋面直径为 44 m，预应力径向及环向梁尺寸均为 700 mm×1 800 mm，配筋形式有 $2\times7\phi^{s}15$，$2\times9\phi^{s}15$，$2\times12\phi^{s}15$，$4\times9\phi^{s}15$，$2\times9\phi^{s}15+2\times12\phi^{s}15$ 五种形式，预应力梁平面张拉布置分区布置图如图 10-12—图 10-15 所示。

图 10-12　环向梁钢筋绑扎完毕

图 10-13　预应力张拉完锚固

图 10-14　现场钢筋绑扎完毕

图 10-15　现场混凝土浇筑完毕

确定合理的预应力施加过程及施加顺序，是预应力施工的关键所在。预应力施工顺序要考虑结构的受力特点，本工程主要采取如下张拉方案：

(1) 先张拉通长预应力梁 YKL1 及 YL1(图 10-11 中十字形部分)至设计要求张拉力的 100%。

(2) 张拉环向预应力梁 L-L1-02(图 10-11 中圆环形梁)至设计要求张拉力的 50%。

(3) 为保证区域变形一致，径向预应力梁按区域遵循对称张拉原则，张拉顺序为张拉 1 区→张拉 2 区→张拉 3 区→张拉 4 区→张拉 5 区→张拉 6 区→张拉 7 区→张拉 8 区。且每一分区预应力张拉也应符合对称张拉的原则。

(4) 径向梁张拉完成后，将环向预应力梁 L-L1-02(图 10-11 中圆环形梁)张拉至设计要求张拉力的 100%。

理论分析结果与现场实测对比如表 10-2 所示，实测结果与理论分析结果基本吻合。

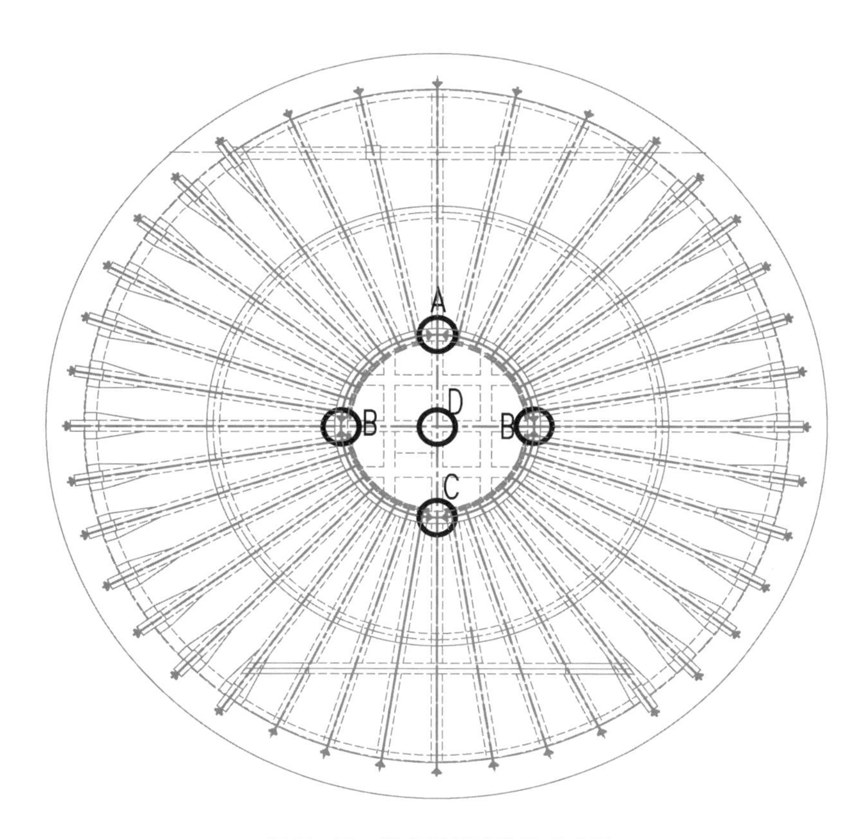

图 10-16　梁变形测试位置示意图

表 10-2　理论分析结果与现场实测对比

位置	有预应力(正常荷载)			有预应力(仅自重与恒载)			有预应力(仅自重)			
	弹性挠度(EI)	短期挠度(B_s)	长期挠度(B_l)	弹性挠度(EI)	短期挠度(B_s)	长期挠度(B_l)	弹性挠度(EI)	短期挠度(B_s)	长期挠度(B_l)	现场实测
A	56.0	58.9	112.1	48.5	50.9	101.9	32.0	33.5	65.9	—
B	42.0	44.1	84.1	35.5	37.3	74.6	22.3	23.2	45.9	左 21/右 18
C	51.0	53.6	102.1	44.0	46.2	92.5	30.0	31.2	61.74	14
D	61.0	64.1	122.1	52.5	55.2	110.3	35.0	36.4	72.0	—

注:表中 EI 为梁的抗弯刚度,B_s 为短期刚度,B_l 为长期刚度;表中数值单位:mm。

第 11 章　廊桥人致振动研究

11.1　人致荷载激励形式

通过时程分析方法来评价连廊的使用性能，而时程分析的关键在于确定合理的人致荷载的激励形式。步行荷载的确定是进行人致振动分析的基础，考虑结构工程中人为动力效应是一项新的研究课题，目前在结构工程领域尚无公认的人为动力学模型可供使用，很多学者正致力于这方面的研究，相信在不久的将来就会得到较为理想的适合结构工程的人为动力学模型。

当我们在结构工程中使用这些生物动力学模型时，有几个方面应该引起注意：

(1) 人是一个非线性体系，在不同的激励下会产生不同的动力学性质，因此需要使用在结构工程中常见的动力水平下的动力学人模型参数。

(2) 姿势不同其动力学性能也不同，站立或端坐的人的竖向振动主要以高阻尼振动为主，其频率在 4～6 Hz，阻尼比为 0.2～0.5。

(3) 所有的生物力学人模型都是单人模型，如何建立静态人群的动力模型尤为重要。

研究人员关注的大多是人在行走过程中的竖向力，人的步行曲线与人的落脚轻重、行走力、人的体重、性别、年龄有关。单步落足曲线是人行走时激振荷载模型最重要的。一种常见的荷载模型是根据单步落足曲线按照一定的行走步频和重叠时间构造出整个行走作用力的时程曲线。单步落足曲线一般以单足作用在地面上的竖向作用力和落足时间的形式给出，为便于分析和比较，把竖向作用力除以人在静止时候的体重(N)得到名义单步落足曲线，根据大量试验的结构，落足曲线一般有两个峰值，典型的名义单步落足曲线如图 11-1 所示，图中坐标原点 O 表示足跟开始接触地面，然后随人体重心的转移，曲线逐渐升高，曲线高度达到 1.2～1.25 倍人体静止状态下的体重时，达到第一个峰值 A，该峰值包括了人的体重和由于运动产生的惯性力的总和，然后随着人屈膝、摆动另一条腿和重心的转移，该曲线将逐步下降至点 B，B 点的力一般要小于人静止时的体重，接着人的脚掌蹬地，使得曲线再次上升到点 C，C 点作用力的大小约为人静止时体重的 1.15 倍，C 点以后，曲线迅速下降至 D 点——人的足尖完全脱离地面。

根据单步落足曲线、人行走时的步频和步幅，ELLINGWOOD 和 OHLSSON 在假定人左右脚产生的单步落足曲线相同的条件下，构造了行走过程激振力时程曲线，构造的行走时程如图 11-2 所示，表明连续两段单步落足曲线在时间上有一定的重叠，但是，需要注意的是，不同落足作用力的作用点在结构的不同位置。

MIDAS 程序中给出了多种步行荷载模式，包括步行一步(Baumann)的单步落足荷载模式、IABSE(国际桥梁与结构工程学会)提供的荷载模式(图 11-3)、日本建筑学会的冲击荷载模式以及 Allen 和 Rainer 提出的跳动冲击荷载模式(图 11-4、图 11-5)。考虑到大多数研究者的实测步行荷载数据,本章的分析主要采用 MIDAS 程序中单步荷载模式和 IABSE 提供的荷载模式。行走步幅取为 0.60 m 左右,不同步行频率下近似取相同的步幅。

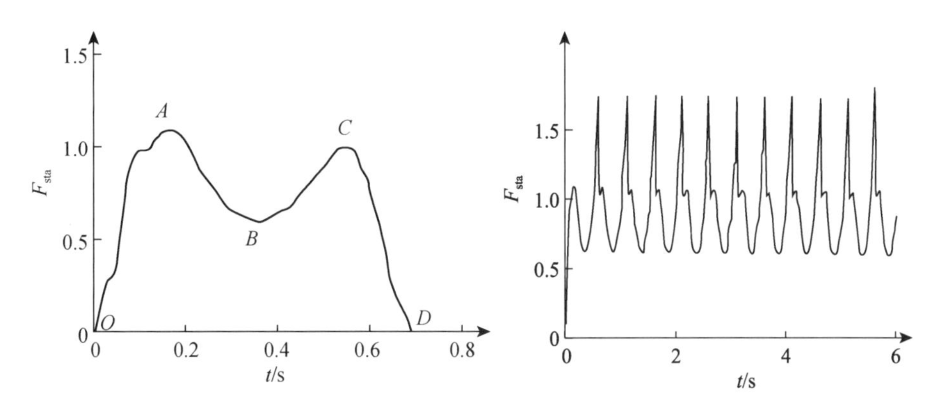

图 11-1　典型单步落足曲线　　　图 11-2　行走时程曲线

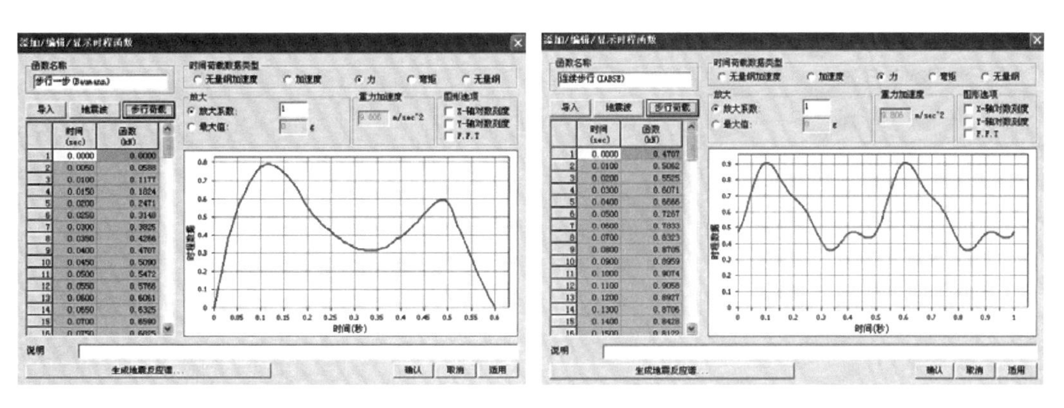

(a) $f_s = 2$ Hz 时的步行荷载(1 step)　　(b) $f_s = 2$ Hz 时的步行荷载(连续行走)

图 11-3　IABSE 提供的步行荷载

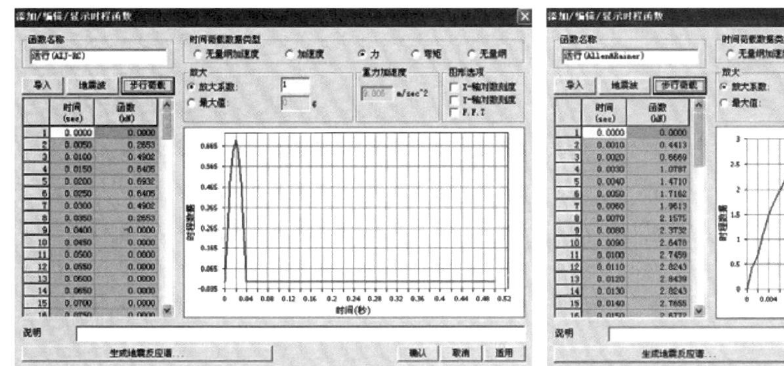

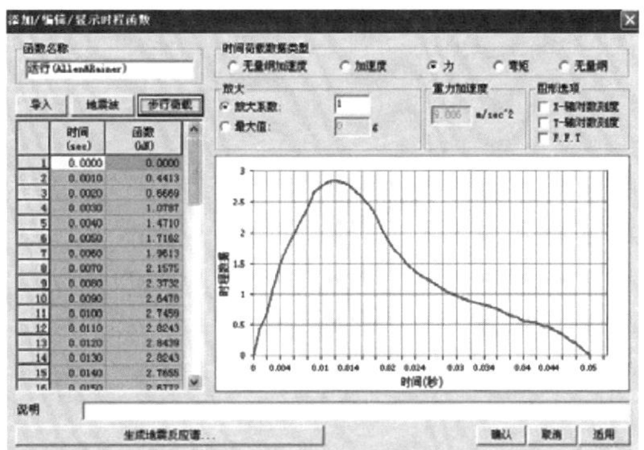

图 11-4　日本建筑学会的步行冲击荷载　　图 11-5　Allen 和 Rainer 的冲击荷载

11.2 连廊有限元分析

采用通用有限元程序 ANSYS 进行建模计算，楼板和墙体单元采用 shell63，梁及斜撑采用 beam44。电梯井底部固结，与主体结构相连处采用杆单元模拟耗能橡胶支座，如图 11-6 所示。

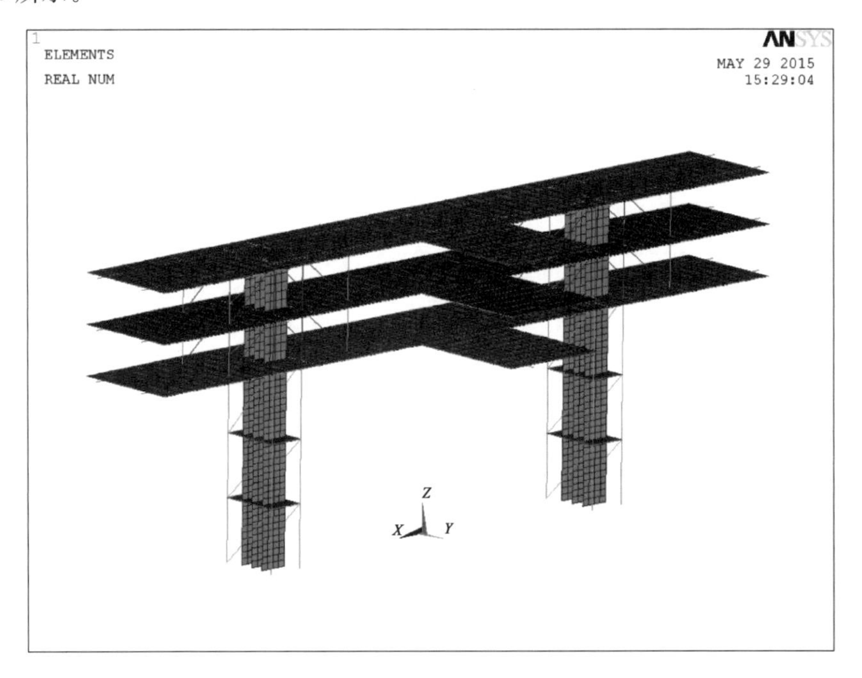

图 11-6 连廊 ANSYS 结构有限元模型

11.2.1 模态分析

采用 ANSYS 软件中的模态分析模块计算该连廊的自振频率与振型，以分析结构的自振性能。ANSYS 提供了 7 种模态提取方法：分块兰索斯(BlocK Lanczos)法、子空间迭代(Subspace)法、Powerdynamic 法、缩减(Reduced)法、非对称(Unsymmeric)法、阻尼(Damped)法和 QR 阻尼(QR Damped)法，以下采用 BlocK Lanczos 法分析模态。

表 11-1 ANSYS 计算前 10 阶自振频率

阶数	1	2	3	4	5	6	7	8	9	10
频率/Hz	1.492	1.552	2.002	2.478	2.490	2.602	2.720	2.904	2.970	3.145

钢楼梯竖向自振频率在 2.0 Hz 左右，如果参照我国《城市人行天桥与人行地道技术规范》要求天桥上部结构竖向自振频率不应小于 3.0 Hz，结构竖向自振频率不满足要求，同时为进一步明确保证行人在行走中的舒适度，同时积累类似大跨悬挑轻型连廊结构的特殊设计与计算经验，有必要对该结构进行特别的人致振动响应分析(图 11-7)。

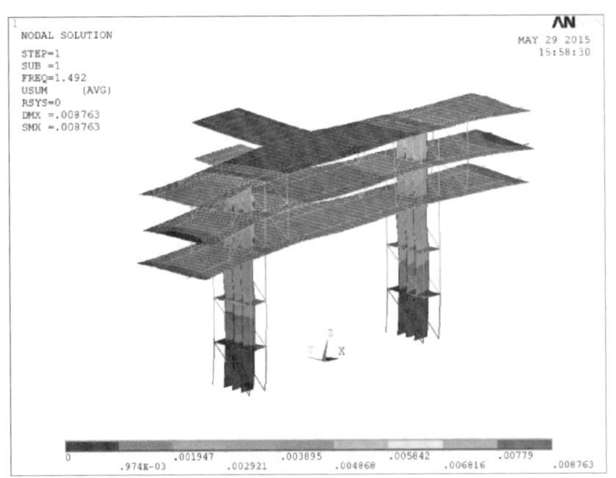

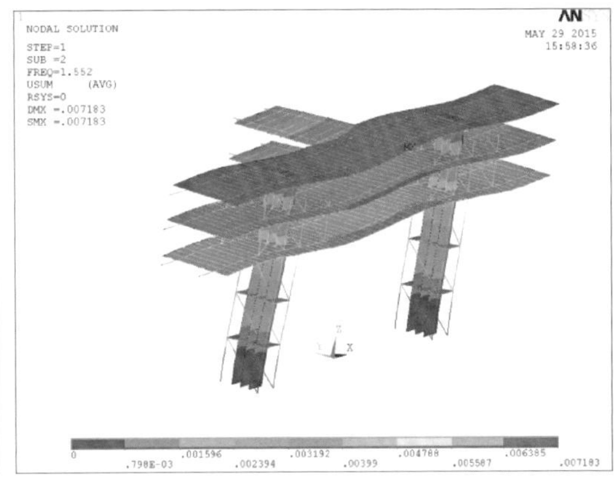

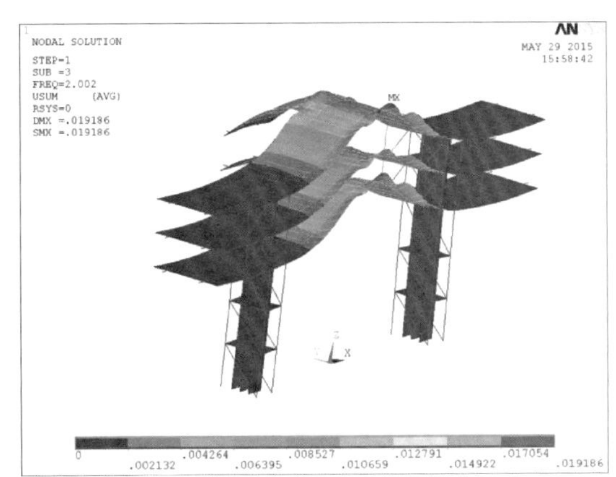

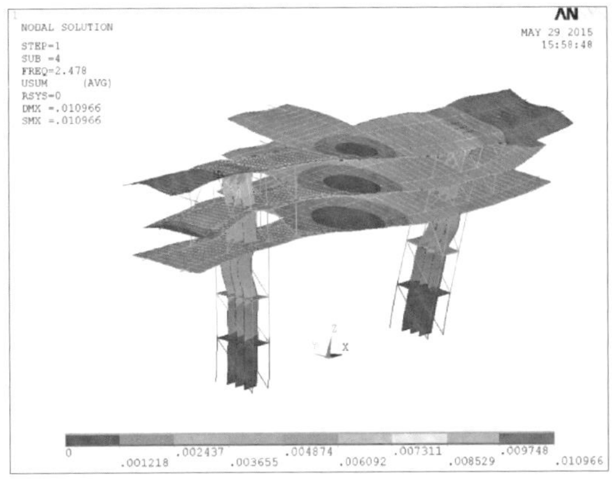

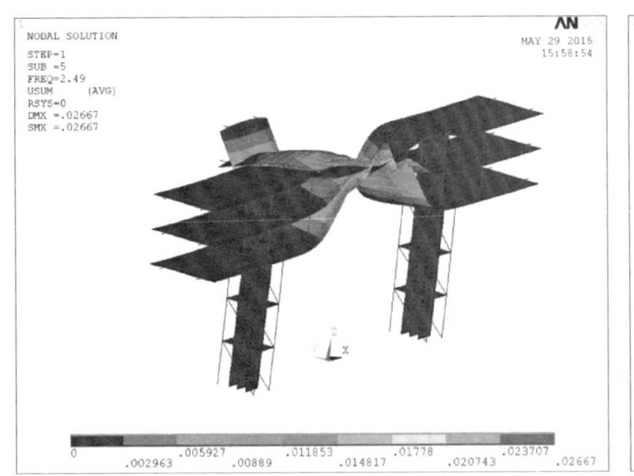

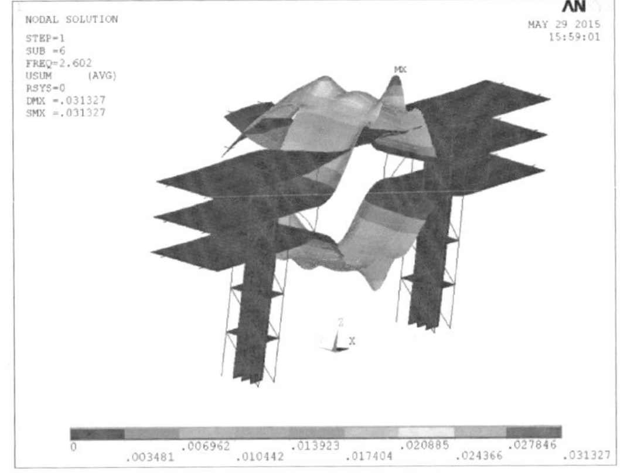

图 11-7　连廊前 6 阶振型

11.2.2　静力分析

对大楼梯进行静力荷载计算，考虑结构自重、满布人行活荷载工况，计算结果显示结构最大竖向位移发生在连廊的跨中，最大变形值为－10.9 cm。连廊竖向变形如图

11-8所示。

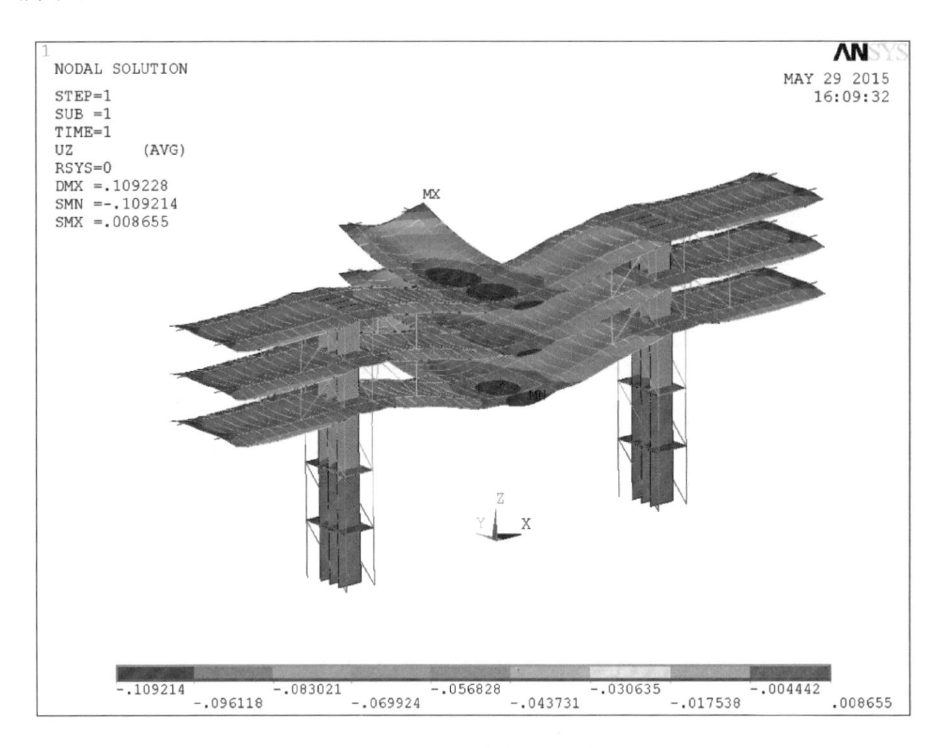

图 11-8 连廊竖向变形

11.2.3 单人行走路径全过程分析

本小节研究人沿一路径运行时的多点激楼板振动响应情况。行走路径选择如图11-9所示,行走步幅取0.6 m左右,步频取2.0 Hz,结构阻尼比固定为0.02。根据到达时间差,依次在路径上的不同位置输入步行激励,实现整体结构的不同时间、不同空间的荷载输入。单步步行荷载如图11-10所示,结构响应观察点取竖向振动比较敏感的跨中部位 *A* 点,如图11-11所示。采用ANSYS瞬态响应分析。步行不同位置对 *A* 点的响应不同,不同激励位置对 *A* 点加速度响应影响如图11-12、图11-13所示。

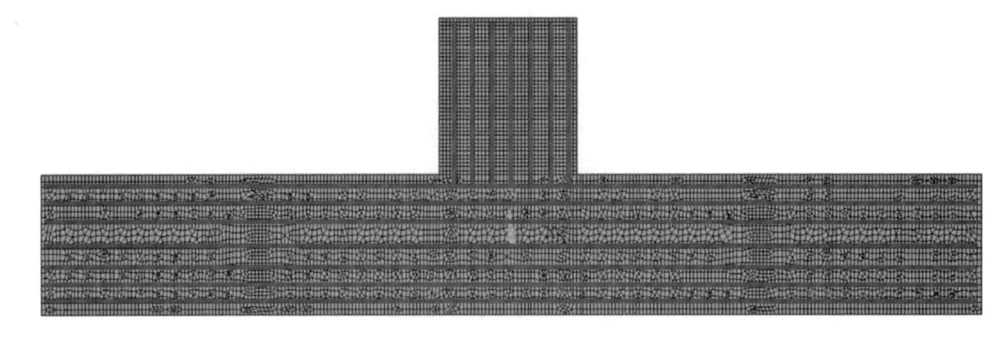

图 11-9 单人行走路线

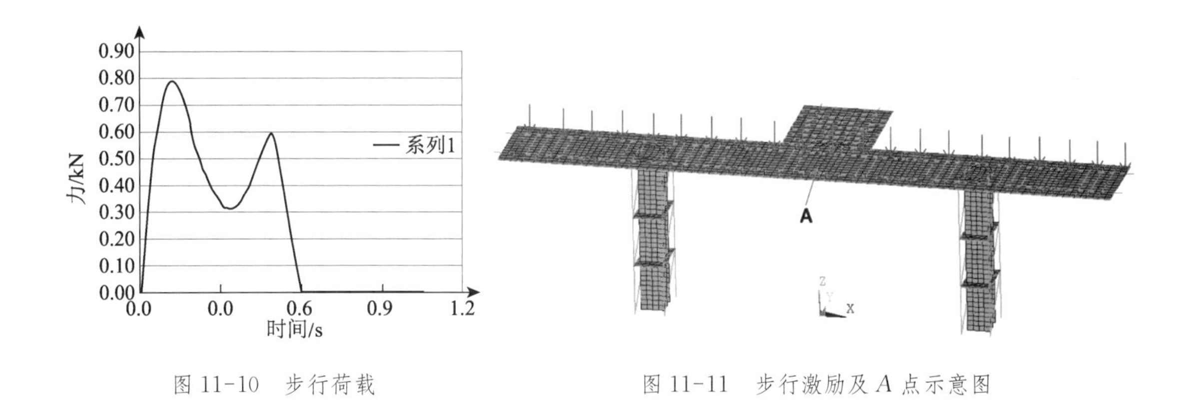

图 11-10　步行荷载

图 11-11　步行激励及 A 点示意图

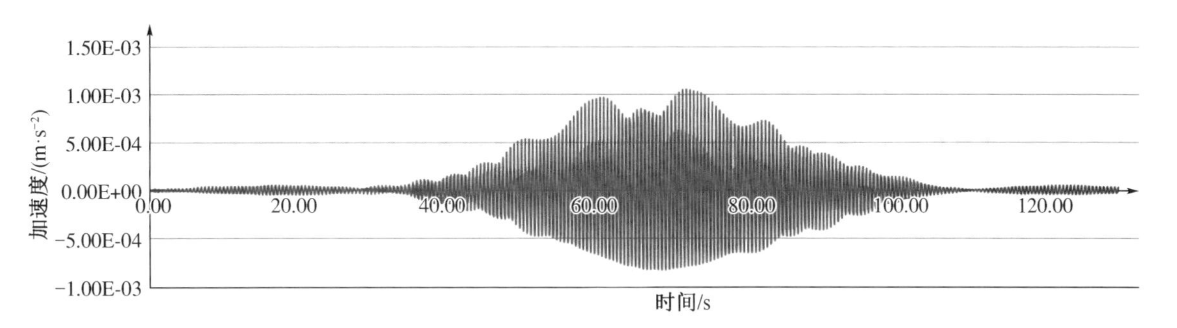

图 11-12　A 点加速度时程曲线

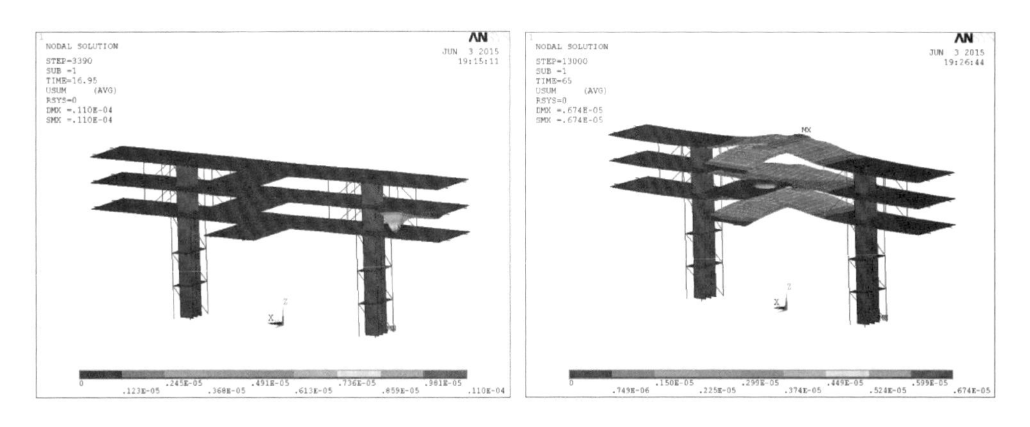

图 11-13　某时刻步行荷载响应

对于 A 点响应，当动荷载行动到 A 端附近时，该点激发出最大加速度，同时，当动荷载在跨中位置作用时，将激起本段楼梯较大响应，同时带动整体楼梯振动增大。

11.2.4　人群荷载响应分析

11.2.3 节较为详细地讨论了单人步行荷载作用对连廊振动的影响，但仅仅研究单人荷载响应是远远不够的。由于人群作用下各人行走的频率以及步伐有所不同，情况比较复杂，现有的试验和研究工作主要针对单人或人数较少的情况，国外规范或标准进行舒适度评价时所取的步行荷载大多是针对单人步行的，对人群行走下的情况研究较少。

当一群人同时作用时，所产生的荷载小于单人所致荷载的总和，这是由于各人产生的荷载并不是完全同步的，可以用一个滞后相位角或滞后时间来描述人群中两人之间的协调程度，滞后角或滞后时间的大小决定了人群荷载的大小，很多学者在理论和试验方面做了很大努力。

人群行走的作用模型可以按照以下思路进行简化：不同的人按照不同的步行频率走完全程，行人的分布和相互之间的相位差可以简化为相互之间行走起步时间的差异，即一群人以不同的步行频率并且相互之间有一定起步时间差的行走走完整个连廊。其中各人的步行频率和起步时间差异是随机抽样的，每一次抽样都可以得到与时间和空间有关的激励矩阵，作用到结构上进行计算可以得到一次响应时程曲线，经过多次抽样和结构计算可以得到多次的响应时程曲线。理论上说，抽样的次数达到一定的数量后，统计结果具有响应的精度，从而得到统计意义上的结构动力响应。

对于连廊结构，参考相关文献，单人步行频率基本出现在 1.6～2.5 Hz 之间，对该区间划分成 10 等份，每隔 0.1 Hz 一个数据点，共形成 10 个抽样点。由分析可知，连廊某一层的振动会带动相连楼层的振动，因此分析连廊的人致振动，要考虑相邻楼层的振动对某层连廊振动的影响。本节将分两部分分析连廊的人致振动：

(1) 某层人群荷载作用下的此层连廊人致振动分析。

(2) 某层及其相邻楼层人群荷载作用下的此层连廊人致振动分析。

1. 仅有某层人群荷载作用下的连廊人致振动分析

采用 ANSYS 单人步行荷载响应结果，在 MATLAB 中编制程序，计算仅有某层人群荷载作用下的连廊人致振动动力响应。首先根据试算确定合适的抽样次数，按设计时连廊人数控制 8 m^2/人确定，每层最大人数为 500 人。表 11-2 列出不同抽样次数得到加速度响应峰值的变化情况(500 人)，当抽样次数达到 10 000 次时，统计结果基本稳定，因此在下文计算中抽样次数均取 10 000。

表 11-2 不同抽样次数对抽样结果的影响

抽样次数	平均加速度峰值/($m \cdot s^{-2}$)				
	抽样 1	抽样 2	抽样 3	抽样 4	抽样 5
1 000	0.024 1	0.024 0	0.023 8	0.024 1	0.024 0
5 000	0.024 1	0.024 1	0.024 1	0.024 0	0.024 0
10 000	0.024 0	0.024 0	0.024 0	0.024 0	0.024 1

以 500 人为例，计算人群荷载连廊加速度峰值响应，从图 11-14 中可以看出，最大加速度峰值近似服从正态分布，所有抽样中最大值为 0.047 3 m/s^2，均值为 0.024 1 m/s^2，标准差 0.005 0 m/s^2，95%的置信值为 0.032 3 m/s^2，99.5%的置信值为 0.037 0 m/s^2。

2. 考虑相邻楼层人群荷载影响的连廊人致振动分析

采用 ANSYS 单人步行荷载响应结果，在 MATLAB 中编制程序，计算考虑相邻楼层

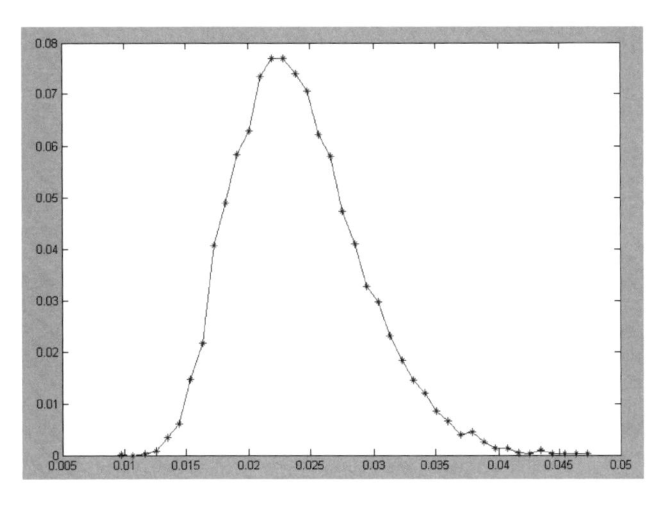

图 11-14　500 人步行最大加速度峰值分布图

人群荷载影响的连廊人致振动动力响应。首先根据试算确定合适的抽样次数，按设计时连廊人数控制 8 m^2/人确定，每层最大人数均为 500 人，三层人数共 1 500 人。表 11-3 列出抽样 10 000 次得到加速度响应峰值的变化情况。

表 11-3　不同抽样次数对抽样结果的影响

抽样次数	平均加速度峰值/($m\cdot s^{-2}$)				
	抽样 1	抽样 2	抽样 3	抽样 4	抽样 5
10 000	0.032 6	0.032 5	0.032 6	0.032 6	0.032 5

从表 11-3 中可以看出，最大加速度峰值近似服从正态分布(图 11-15)，所有抽样中最大值为0.068 5 m/s^2，均值为 0.032 5 m/s^2，标准差 0.008 1 m/s^2，95%的置信值为 0.045 8 m/s^2，99.5%的置信值为 0.053 3 m/s^2。

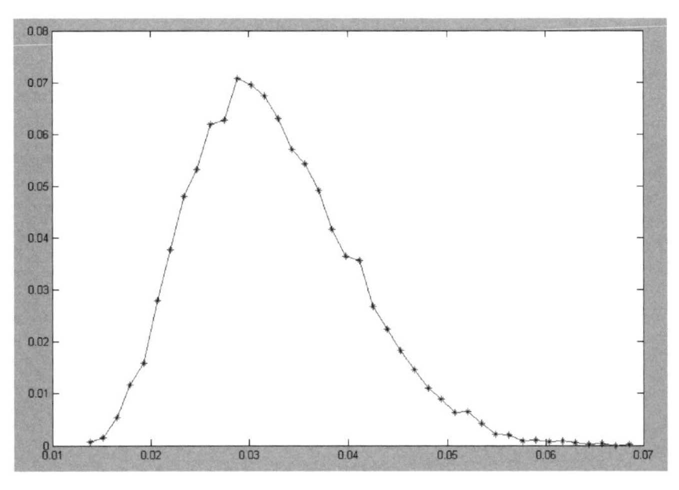

图 11-15　三层均有人群步行荷载最大加速度峰值分布图

11.2.5 人致振动舒适度评价

人群作用下荷载模式选用国际桥梁及结构工程协会(IABSE)步行荷载，阻尼比取0.02，按设计时连廊人数控制 8 m^2/人确定，每层最大人数为 500 人。计算仅有某层人群荷载作用时连廊最大加速度峰值近似服从正态分布，所有抽样中最大值为 0.047 3 m/s^2，均值为 0.024 1 m/s^2，标准差 0.005 0 m/s^2，95%的置信值为 0.032 3 m/s^2。连廊某一层的振动会带动相连楼层的振动，因此考虑相邻楼层的振动对某层连廊振动的影响时连廊最大加速度峰值近似服从正态分布，所有抽样中最大值为 0.068 5 m/s^2，均值为 0.032 5 m/s^2，标准差 0.008 1 m/s^2，95%的置信值为 0.045 8 m/s^2。

连廊楼板 95%的置信值最大峰值加速度为 45.8 gal，均未超过英国标准协会(BSI)发布的英国规范(70.71 gal)和美国钢结构协会(AISC)发布的 AISC 标准(49 gal)。通过以上分析，可以认为该连廊具有较好的人行舒适性。

11.3 现场实测

11.3.1 测试内容及方法

1. 振动测试原理

在连廊的地面每层布置 8 个测点如图 11-16—图 11-18 所示，每个测点只测量竖向的振动。

将传感器接入数据采集仪设置好采样参数后安开始采集数据，数据采集时间不少于 30 min，然后对采集到的时域信号进行傅里叶变换得到频域信号。

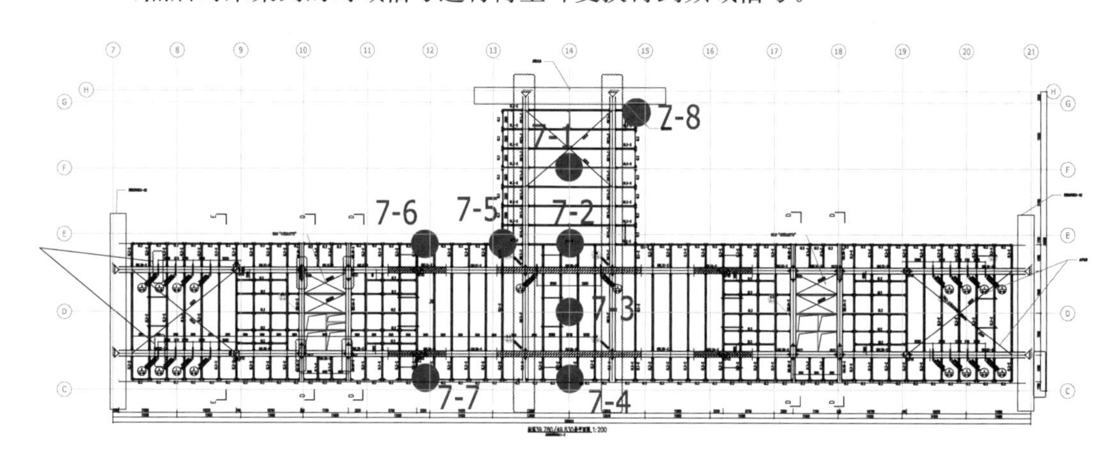

图 11-16 7 层连廊振动测点布置图

2. 振动测试原理

由于振动筛振动的作用使安装布置在监测质点上的传感器随质点振动而振动，是传感器内部的磁系统、空气隙、线圈之间相对的运动，变成电动势信号，电动势信号通过导

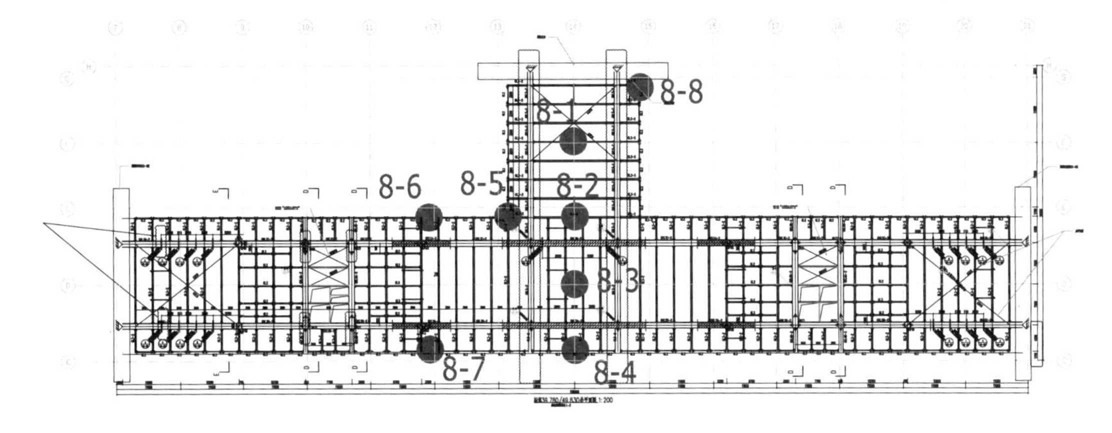

图 11-17 8层连廊振动测点布置图

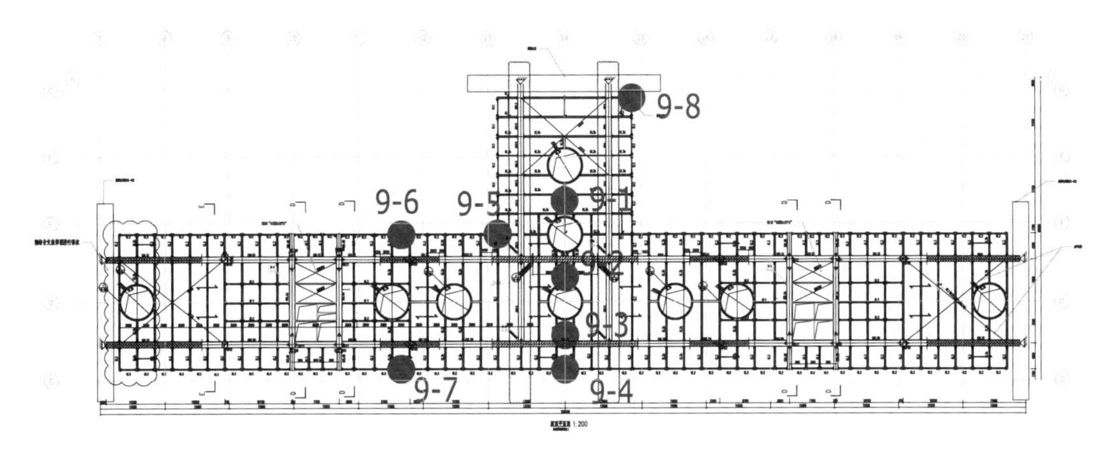

图 11-18 9层连廊振动测点布置图

线输入可变增益放大器将信号放大，进入AD转换，再通过时钟、触发电路，同时也通过储存器信号保护，再通过CPU系统输入计算机，采用波形显示和数据处理软件进行波形分析和数据处理，流程如图11-19所示。

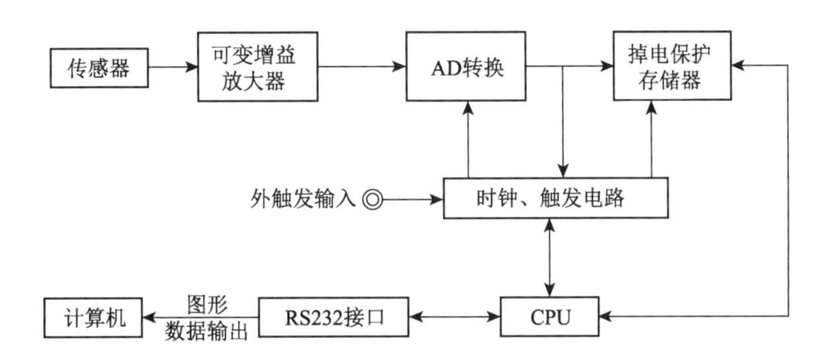

图 11-19 振动监测原理流程图

3. 传感器布置方法

传感器与测点表面应紧密连接，保证测试结果正确。在安装传感器时，应清除地表松散物体，测量地表平整度。单向振动速度传感器保持竖直。

4. 监测工况

本次振动测试拟按照表 11-4 所列工况进行数据测量。

表 11-4 工况监测

工况序号	激励层	工况名称	测试主要目的	备注
工况 1	—	自然脉动	获取结构自振频率	—
工况 2	7	单人单次跳跃	获取结构自振频率	体重 50～90 kg
工况 3	7	多人多次跳跃	测试多人极端激励工况下结构反应	20～30 人
工况 4	7	人群慢走	测试人群慢走工况下结构反应	200～210 人
工况 5	7	人群快走	测试人群快走工况下结构反应	200～210 人
工况 6	7	人群快跑	测试人群极端工况下结构反应	20～30 人
工况 7	—	自然脉动	获取结构自振频率	—
工况 8	8	单人单次跳跃	获取结构自振频率	体重 50～90 kg
工况 9	8	多人多次跳跃	测试多人极端激励工况下结构反应	20～30 人
工况 10	8	人群慢走	测试人群慢走工况下结构反应	200～210 人
工况 11	8	人群快走	测试人群快走工况下结构反应	200～210 人
工况 12	8	人群快跑	测试人群极端工况下结构反应	20～30 人
工况 13	—	自然脉动	获取结构自振频率	—
工况 14	9	单人单次跳跃	获取结构自振频率	体重 50～90 kg
工况 15	7	多人多次跳跃	测试多人极端激励工况下 9 层结构反应	20～30 人
工况 16	8	多人多次跳跃	测试多人极端激励工况下 9 层结构反应	20～30 人
工况 17	9	多人多次跳跃	测试多人极端激励工况下 9 层结构反应	20～30 人
工况 18	9	人群快跑	测试人群极端工况下 9 层结构反应	20～30 人

在测量工况 2、工况 3、工况 8、工况 9、工况 14、工况 15、工况 16、工况 17 等振动数据时，跳跃点应选在连廊每层的中间测点(测点 7-1～7-3，8-1～8-3，9-1～9-3)附近。

测量结构在自然激励和人工激励下的振动响应，具体激励工况如表 11-5 所示。

表 11-5 激励工况监测

工况分类	工况名称	激励工况
工况 1，7，13	自然脉动	环境激励下，采集人行桥振动加速度信号 20 min。在数据采集过程中，不得有人员上桥行走，周围不能有引起振动的施工活动
工况 2，8，14	单人单次跳跃	单人在测点附近跳跃。跳跃间隔 30 s 以上，跳跃 8 次。跳跃高度不宜过高或过低
工况 3，9，15，16，17	多人多次跳跃	0～30 人(间隔约 0.5 m)在测点附近原地跳跃，通过哨声保持同步。跳跃间隔 30 s 以上，跳跃 8 次。跳跃高度不宜过高或过低，尽量保持同步落地
工况 4，10	人群慢走	200 人列队(间隔约 0.5 m)在测点附近散步走，测试桥面的振动加速度响应。往返 3 次，连续采集
工况 5，11	人群快走	200 人列队(间隔约 0.5 m)在测点附近快步走，测试桥面的振动加速度响应。往返 3 次，连续采集。
工况 6，12，18	人群快跑	200 人列队(间隔约 0.5 m)在测点附近快跑，测试桥面的振动加速度响应。往返 3 次，连续采集

5. 现场工况测试

现场具体工况测试如图 11-20—图 11-23 所示。

图 11-20 原地多人跳跃

图 11-21　人群快跑

图 11-22　人群慢走

图 11-23　人群快走

11.3.2　测试结果

1. 7楼连廊楼板振动测试结果(表11-6、表11-7)

表11-6　7楼工况1和工况2各测点振动主频　　单位:Hz

工况	7-1	7-2	7-3	7-4	7-5	7-6	7-7	7-8
工况1	2.75	2.75	2.75	3.25	2.75	2.75	3.25	4.5
工况2	2.75	2.75	2.75	3.25	2.75	2.75	3.25	4.5

表11-7　7楼各工况下各测点振动加速度最大值　　单位:m/s^2

工况	7-1	7-2	7-3	7-4	7-5	7-6	7-7	7-8	平均值
工况1	0.142	0.095	0.021	0.018	0.023	0.068	0.019	0.069	0.057
工况2	0.728	0.561	0.621	0.099	0.111	0.032	0.019	0.056	0.278
工况3	0.8	1.417	0.78	0.221	0.405	0.086	0.151	0.13	0.499
工况4	0.279	0.236	0.177	0.121	0.597	0.048	0.071	0.202	0.142
工况5	0.218	0.099	0.289	0.046	0.156	0.045	0.048	0.095	0.125
工况6	0.22	0.237	0.461	0.114	0.082	0.027	0.016	0.043	0.15

2. 8楼连廊楼板振动测试结果(表11-8、表11-9)

表11-8　8楼工况7和工况8各测点振动主频　　单位:Hz

工况	8-1	8-2	8-3	8-4	8-5	8-6	8-7	8-8
工况7	3.5	3.5	2.75	3.25	2.75	2.75	3.25	4.5
工况8	3.5	3.5	3.5	3.5	3.5	4	4	4.5

表11-9　8楼各工况下各测点振动加速度最大值　　单位:m/s^2

工况	8-1	8-2	8-3	8-4	8-5	8-6	8-7	8-8	平均值
工况7	0.1	0.096	0.053	0.05	0.076	0.033	0.02	0.066	0.062
工况8	3.403	2.256	7.803	0.819	0.229	0.074	0.213	0.161	1.87
工况9	2.648	1.387	3.513	0.706	0.268	0.049	0.236	0.239	1.131
工况10	0.191	0.502	0.218	0.055	0.057	0.034	0.049	0.048	0.144
工况11	0.22	0.175	0.258	0.313	0.05	0.049	0.036	0.08	0.148
工况12	0.653	0.541	0.78	0.267	0.087	0.023	0.056	0.073	0.31

3. 9 楼连廊楼板振动测试结果(表 11-10、表 11-11)

表 11-10　9 楼工况 13 和工况 14 各测点振动主频　　单位:Hz

工况	9-1	9-2	9-3	9-4	9-5	9-6	9-7	9-8
工况 13	2.75	2.75	2.75	1.25	1.25	1.25	3.25	4.25
工况 14	3.25	2.75	2.75	2.75	2.75	2.75	2.75	4.25

表 11-11　9 楼各工况下各测点振动加速度最大值　　单位:m/s^2

工况	9-1	9-2	9-3	9-4	9-5	9-6	9-7	9-8	平均值
工况 13	0.328	0.236	0.242	0.058	0.062	0.041	0.043	0.112	0.14
工况 14	0.515	0.82	0.407	0.075	0.069	0.029	0.017	0.057	0.249
工况 15	0.109	0.07	0.076	0.071	0.057	0.036	0.028	0.058	0.063
工况 16	0.092	0.205	0.052	0.077	0.062	0.03	0.032	0.063	0.077
工况 17	0.631	1.151	0.497	0.146	0.149	0.03	0.043	0.106	0.344
工况 18	0.152	0.116	0.107	0.036	0.074	0.018	0.032	0.033	0.071

11.3.3 测试结果分析

参考规范限值及相关研究资料,对其振动现状进行分析评估,测试与分析结果表明:

(1) 正常使用情况下连廊能够满足规范与使用要求。

(2) 在极端工况(多人同时跳跃)下,廊桥的振动舒适度可以满足规范要求。

(3) 当连廊交付使用运营后,为保持廊桥振动舒适性,建议物业管理部门限制廊桥楼面发生每层超过 20 人的同时激烈运动。

(4) 为确保廊桥结构的强度,限定楼面荷载不超过原设计荷载,且使用活荷载不超过 3 kN/m^2。

第 12 章　廊桥抗连续倒塌研究

12.1　理论计算与分析

12.1.1　现有规范设计方法

目前,各国规范的结构抗连续倒塌设计方法可以划分成四类:概念设计、拉结强度设计、拆除构件设计和关键构件设计。但各国规范一般选择其中的一种或多种方法进行设计规定。对于同一设计方法,各国规范又进行了不同程度的修改。此外,由于对连续倒塌问题认识的侧重点不同,各国规范还采用了各自特有的抗连续倒塌设计要求。事实上,建筑结构的抗连续倒塌能力至少与结构的冗余度、薄弱部位和构件间的拉结有关,仅采用一种方法无法全面、有效地提高结构的抗连续倒塌能力,而现有的几个设计方法在设计目标、分析方法的准确度和复杂程度上已经具备一定的层次性和互补性,从而可以组成一个较为完善的设计体系。

1. 概念设计

概念设计主要从结构的布置方案、整体性、延性、冗余度和构造等结构设计概念来改善结构的抗连续倒塌能力或降低连续倒塌风险。各国规范和设计指南均强调了抗连续倒塌概念设计的重要性。概念设计主要包括两部分:

(1) 通过构造措施保证结构的连续性和延性,现有规范的构造措施以美国混凝土协会正式发布的混凝土结构设计规范(ACI 318R-08)最具代表性,对保证现浇和装配结构整体性的构造措施进行了详细规定,能在一定程度上避免连续倒塌的发生。

(2) 通过合理的结构方案设计保证结构的备用传力路径和抗连续倒塌承载力储备,现有规范的结构方案设计以美国土木工程师协会发布的美国荷载规范(ASCE 7—2005)最具代表性,避免薄弱部位的结构布置,提高冗余度的传力路径,阻断连续倒塌的结构分区和考虑反向荷载作用的构件设计等。

概念设计的缺点是难以量化,设计效果严重依赖于设计人员的水平和经验。

2. 拉结强度设计

拉结强度设计是对结构构件之间的连接强度进行验算,使其满足一定的强度要求,以保证结构的整体性和备用荷载传递路径的能力。拉结强度法对结构的不同部位进行拉结设计,包括内部拉结、周边拉结、墙/柱的拉结和竖向拉结(BSI, 2002),如图 12-1 所示。各种拉结的强度要求由悬链线机制的理论模型计算得到。拉接强度设计无需对整个结构进行受力分析,比较简便易行,但由于计算模型过于简化,其设计参数的经验性成分较多。

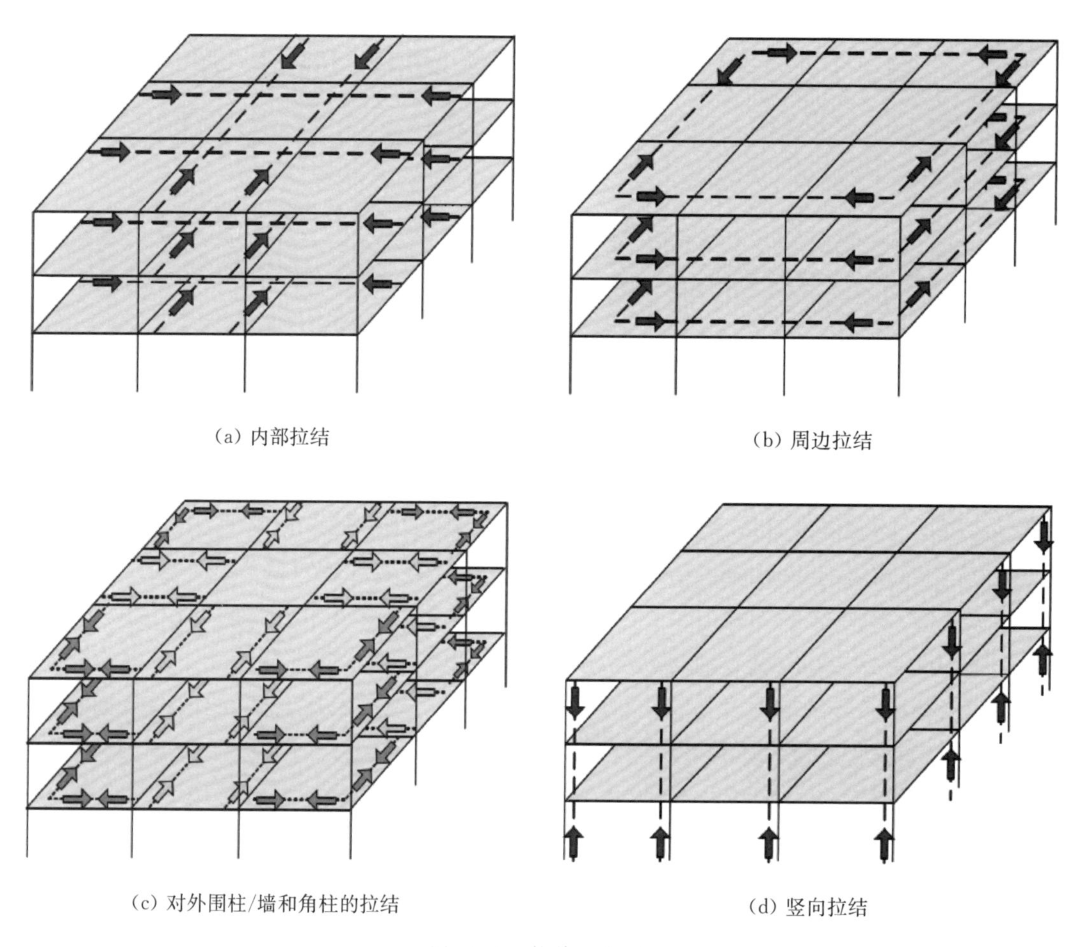

(a) 内部拉结

(b) 周边拉结

(c) 对外围柱/墙和角柱的拉结

(d) 竖向拉结

图 12-1 拉结示意图

3. 拆除构件设计

拆除构件设计是将结构中的部分构件拆除，通过分析剩余结构的力学响应，来判断结构是否会发生连续倒塌。如果结构发生连续倒塌，则通过增强拆除后的剩余构件的能力(承载力或延性)来避免连续倒塌，这种方法的实质是提供有效的备用传力路径，因此又称为“备用荷载路径设计法”。一般情况下，每次分析对易遭受意外事件破坏部位的一个竖向承重构件进行拆除，这些竖向构件包括每层的外围长、短边中柱和角柱以及底层的内部柱。同时规范允许设计者根据实际需要，自行确定拆除构件的规模和部位。拆除构件法根据其采用的计算方法可以分为线性静力(LS)、线性动力(LD)、非线性静力(NS)和非线性动力(ND)拆除构件法。其中非线性动力拆除构件法最准确，考虑了材料和几何非线性的影响以及动力效应，但是计算最复杂、计算量大；线性静力拆除构件法最简单方便，但是需要给出可靠的设计参数。Marjanishvili(2004)认为简单的线性静力方法适合结构布置较为简单的建筑，而对于复杂建筑应采用准确度较高的非线性动力方法。

4. 关键构件设计

对于破坏后无法找到合适替代路径或实现替代路径代价太大的构件，可以将其设为关键构件进行专门设计与加强，使其具有抵抗意外荷载作用的能力。现有规范中的关键构件规定中，关键构件需要具有承受各个方向意外荷载的能力，意外荷载取值为 34 kN/m^2，该值 Ronan Point 事件中承重墙的失效荷载。对于其他偶然荷载情况，则通过专门的风险分析来确定。

12.1.2　本项目适用方法分析

对于多高层结构，目前常通过拉结力设计、备用荷载路径分析或采用良好构造措施等方法实现结构抗连续性倒塌。拉结力设计法主要通过构造措施提高结构内部及周边的拉结力，依靠局部构件失效后结构的悬链线效应维持结构的基本承载能力，满足最低的抗拉强度要求达到抗连续性倒塌的目的。备用荷载路径法主要通过弹塑性分析研究局部构件失效后的内力重分布过程，强调通过提高构件及节点的延性达到抗连续性倒塌的目的。

本项目中的廊桥属于大跨钢结构，拟采用备用荷载路径法进行。使用时，将假定发生破坏的构件从结构体系中"移除"，计算结构在特定荷载工况作用下的内力分布，判定结构是否能够达到新的平衡状态。"移除"可采用将该构件的刚度或弹性模量乘以一个极小值(千分之一或更小)的方法。而特定荷载 S 工况可以采用：

$$S = 1.15S_{GK} + 0.5S_{Q1K} + 0.35S_{WK} \tag{12-1}$$

式中，S_{GK}，S_{Q1K}，S_{WK}分别为按荷载规范规定的恒荷载、活荷载和风荷载标准值所产生的荷载效应值。

常规来说，进行抗倒塌分析多采用弹塑性动力时程分析法。但由于发生局部构件破坏时，荷载可以沿预设的或其他传力路径传递，结构可能仍处于弹性小变形阶段。因此，为便于设计和分析，计算不一定要求采用弹塑性动力时程法，而可根据实际情况，采用静力线性分析、静力非线性分析和动力非线性分析。

由于本项目的大跨廊桥结构构架承载力富余度和冗余度较多，且原设计对结构的变形控制比较严格。初步估计，结构遭受可忽略突加意外荷载，构件移除后仍处理弹性小变形状态，因此拟采用静力线性分析。移除构件后，将与移除构件相关的荷载乘以动力系数 2.0，进行线性计算。

在廊桥结构中，从核心筒上连接大跨钢梁用于减小跨度的竖向斜拉杆是最关键的构件。因此，拟将这些支座斜拉杆作为关键的拆除构件，并进行后续分析。

12.1.3　拆除构件后的分析结果

廊桥结构的中部为超大跨度，图 12-2 中红色标识的斜撑构件对整体结构的安全性至为关键。因此，主要考察这八根杆件中其中一根失效，对主体结构安全性的影响。根据整个结构的对称性，只需考察单侧四根斜撑中一根失效即可。以下分析基于上述判断，设置了四种分析工况。分别是一层外侧支撑失效、一层内侧支撑失效、二层外侧支撑失效、二层内侧支撑失效。

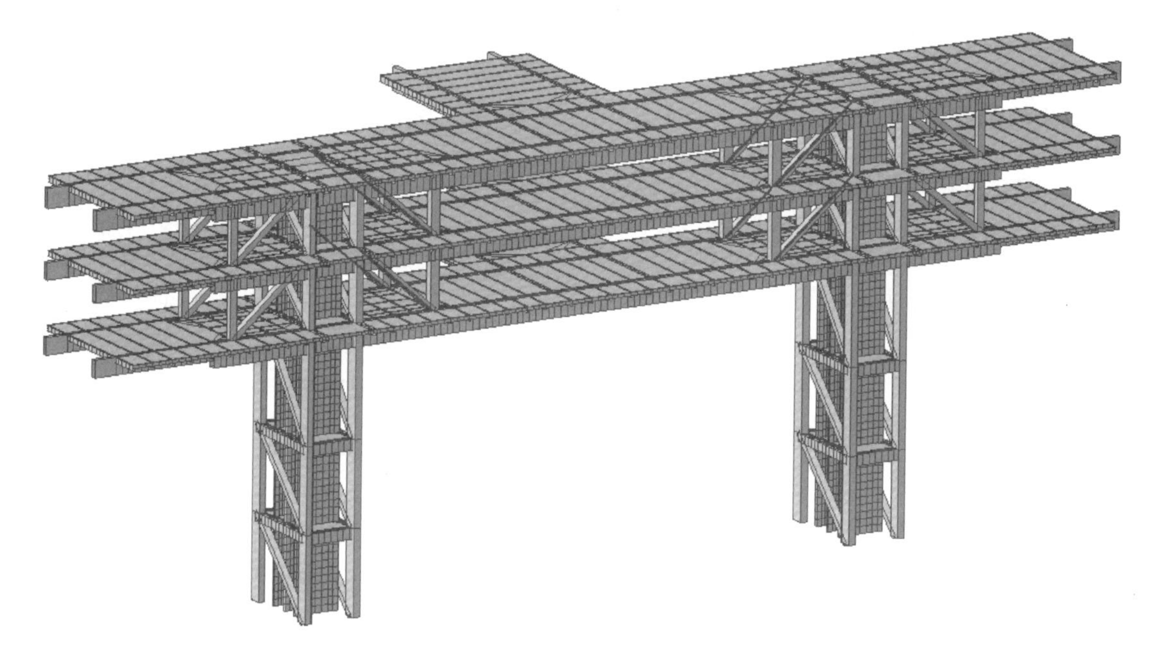

图 12-2 廊桥结构关键构件示意

1. 一层外侧斜撑失效

拆除一层外侧支撑后，结构的分析模型和分析结果如图 12-3—图 12-5 所示。

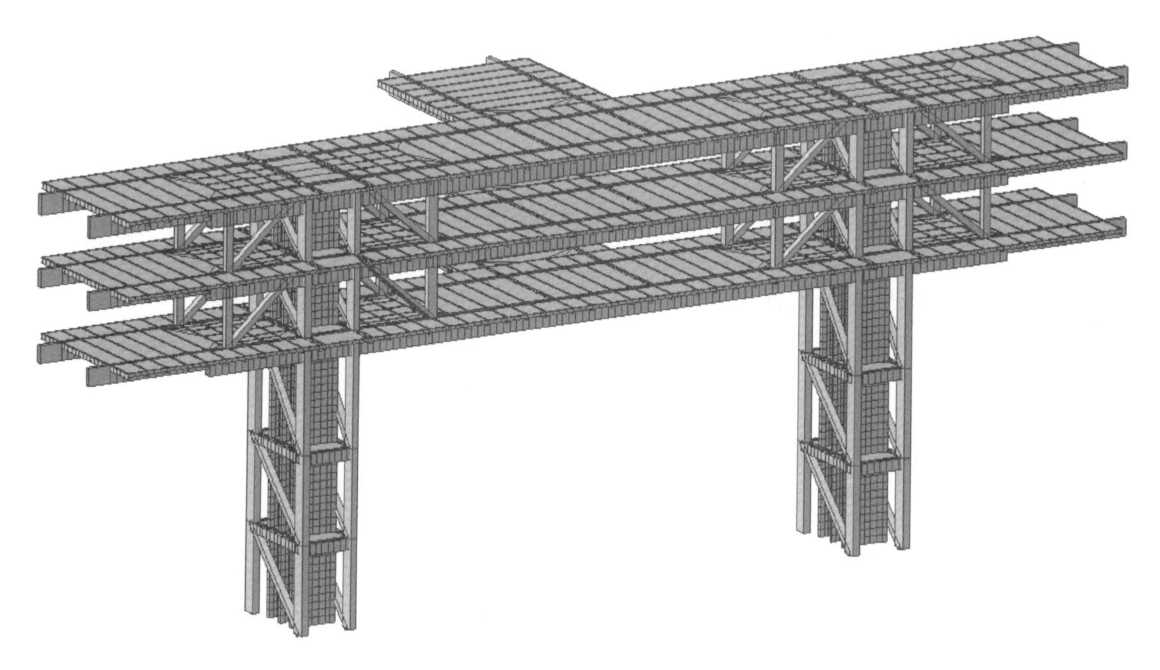

图 12-3 拆除一层外侧支撑模型示意

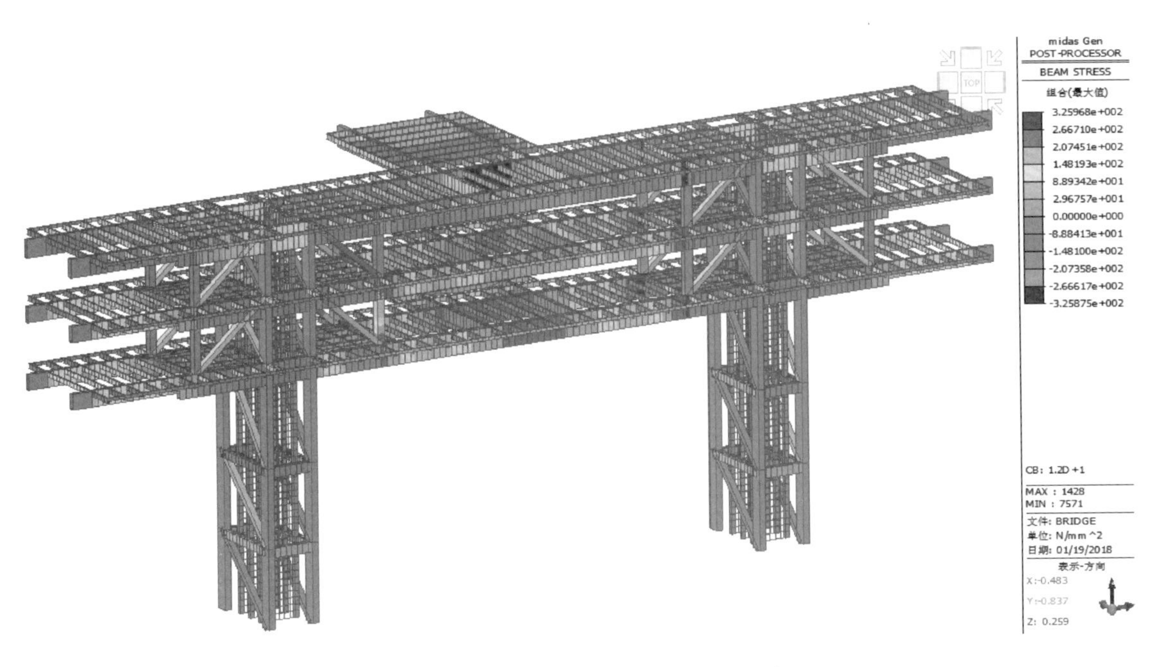

图 12-4　拆除一层外侧支撑后应力云图(最大应力 325 MPa)

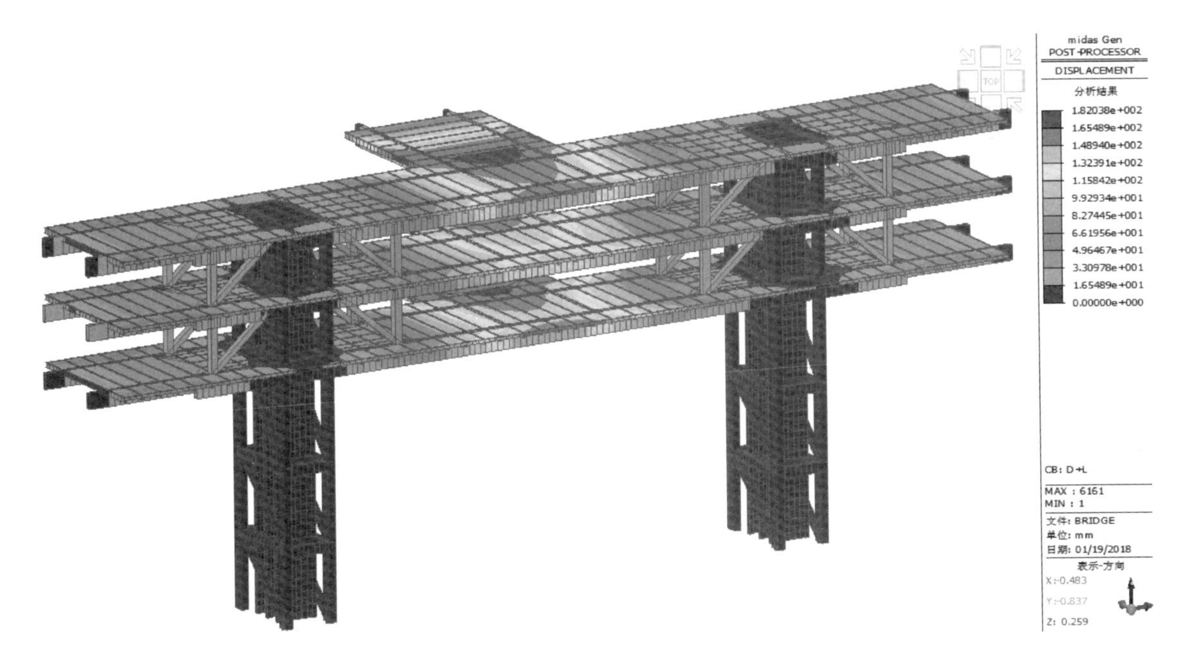

图 12-5　拆除一层外侧支撑后竖向变形云图(最大变形 182 mm)

2. 拆除一层内侧斜撑

拆除一层内侧支撑后,结构的分析模型和分析结果如图 12-6—图 12-8 所示。

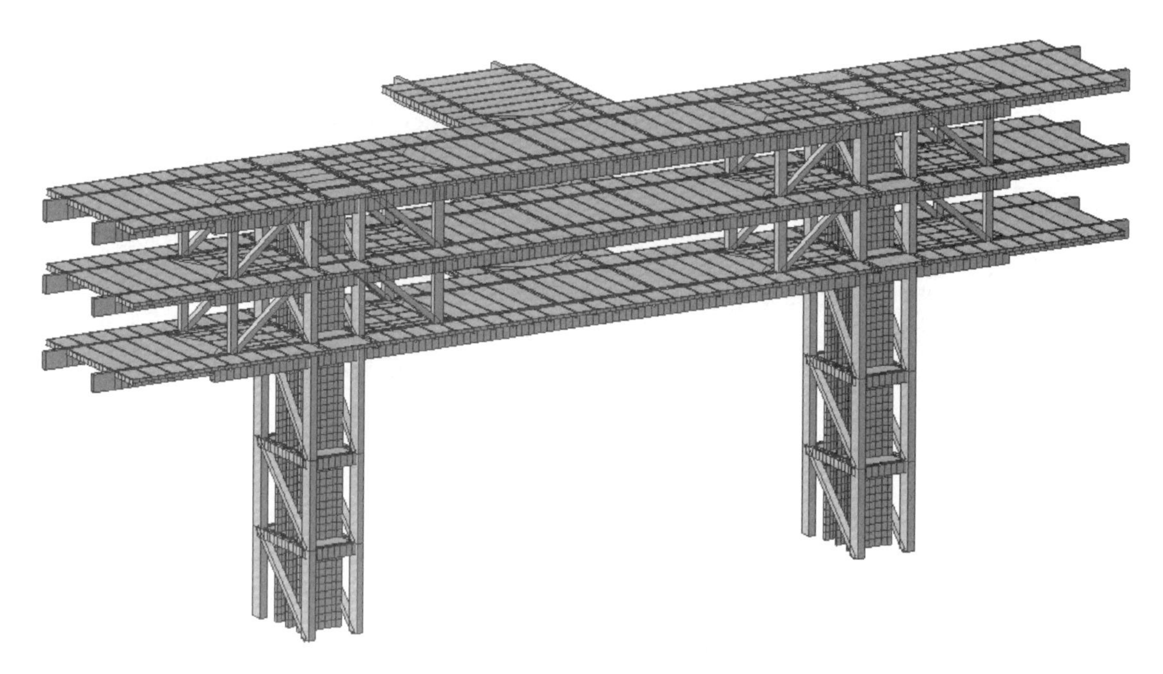

图 12-6 拆除一层内侧支撑模型示意

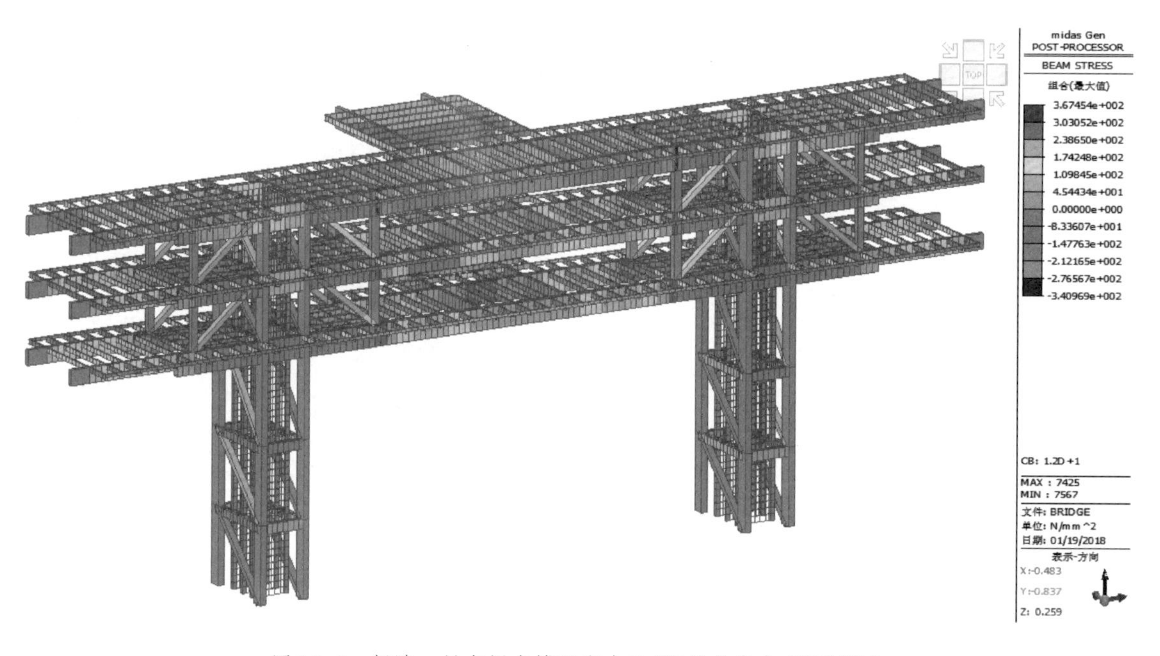

图 12-7 拆除一层内侧支撑后应力云图(最大应力 367 MPa)

图 12-8　拆除一层内侧支撑后竖向变形云图(最大变形 189 mm)

3. 二层外侧斜撑失效

拆除二层外侧支撑后,结构的分析模型和分析结果如图 12-9—图 12-11 所示。

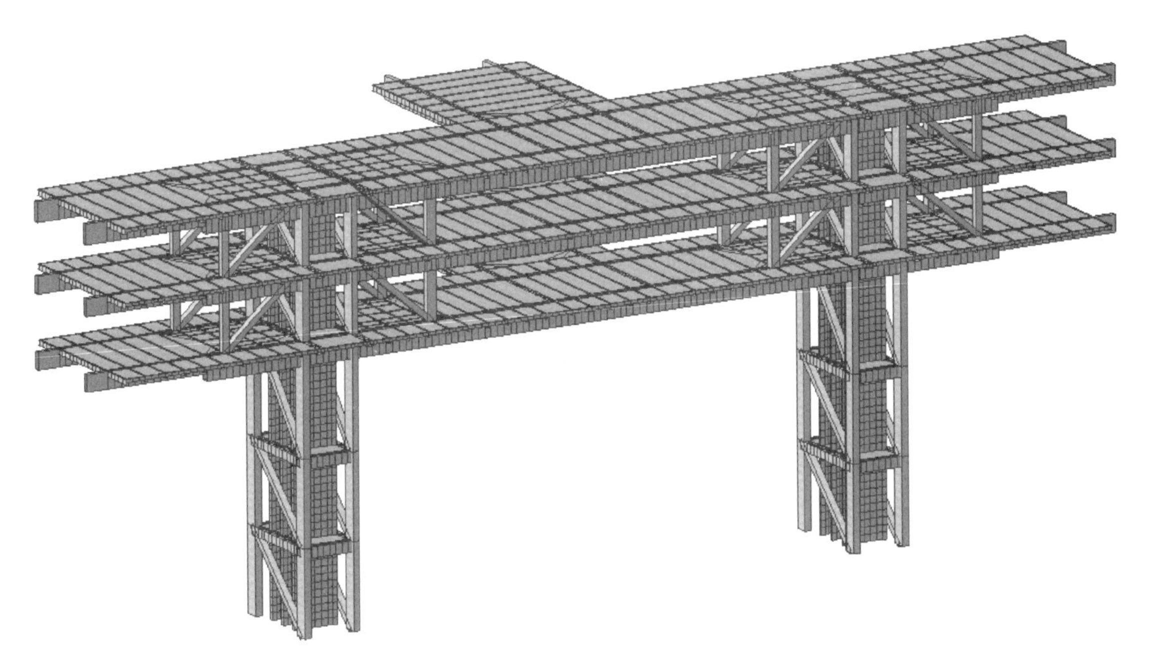

图 12-9　拆除二层外侧支撑模型示意

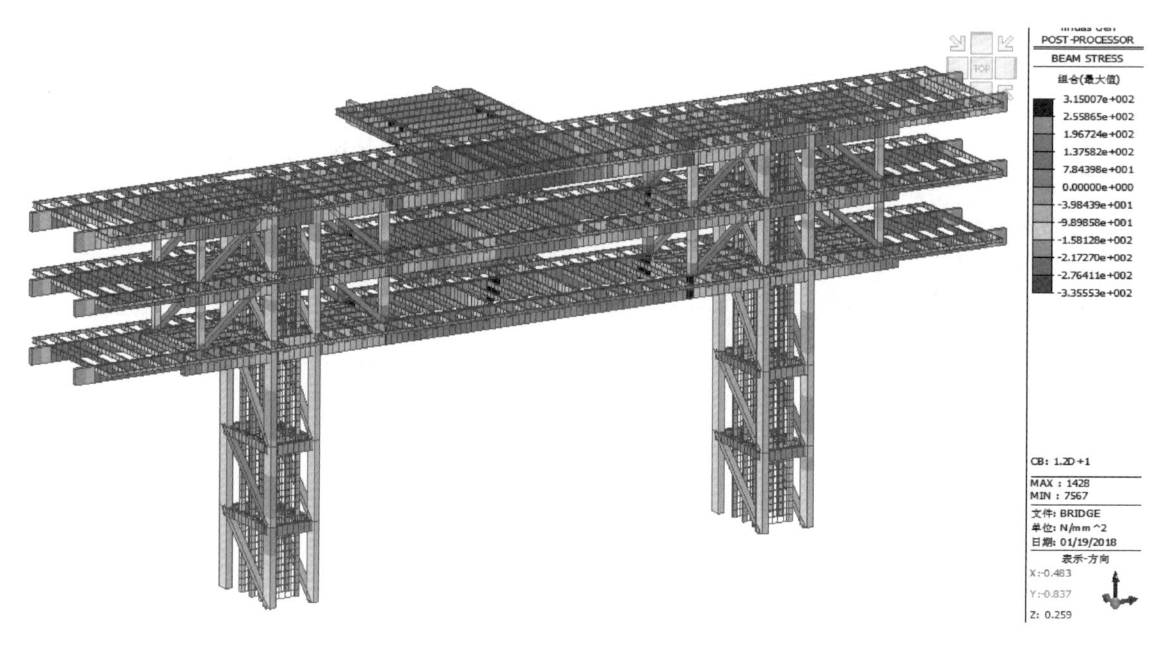

图 12-10 拆除二层外侧支撑后应力云图(最大应力 335 MPa)

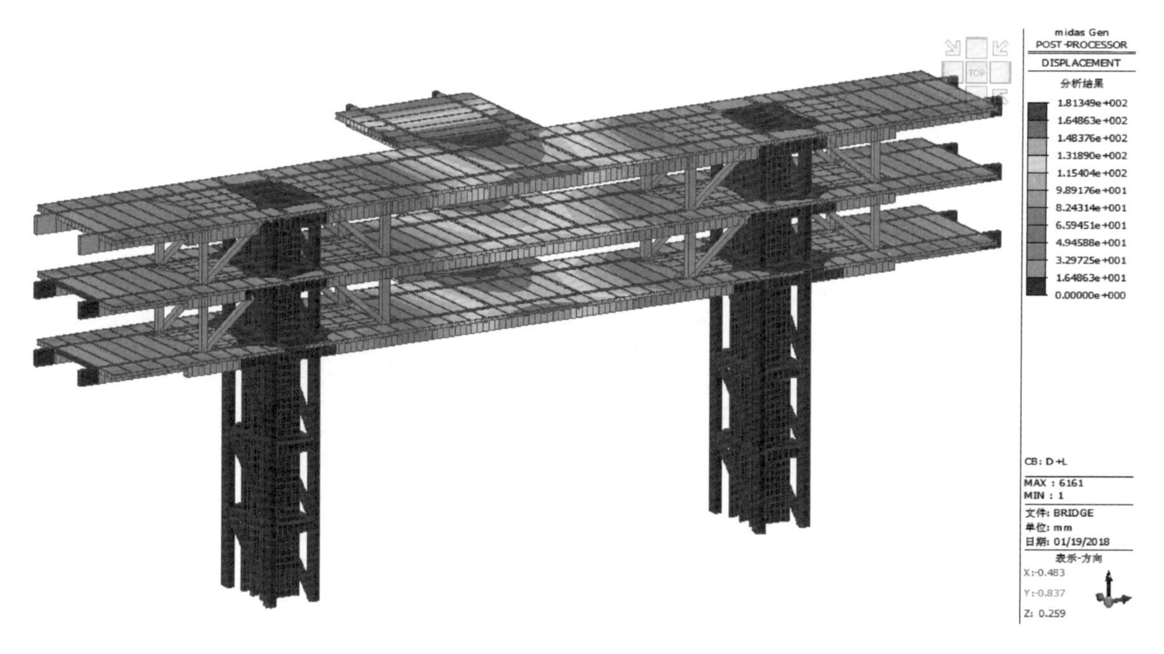

图 12-11 拆除二层外侧支撑后竖向变形云图(最大变形 181 mm)

4. 二层内侧斜撑失效

拆除二层内侧支撑后,结构的分析模型和分析结果如图 12-12—图 12-14 所示。

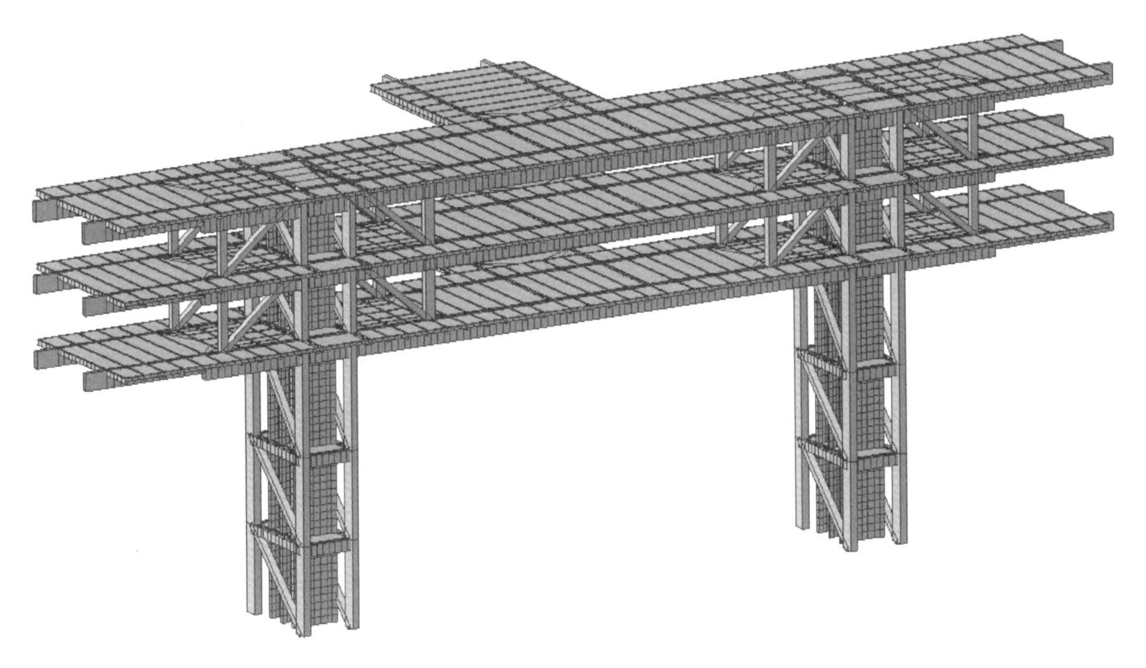

图 12-12 拆除二层内侧支撑模型示意

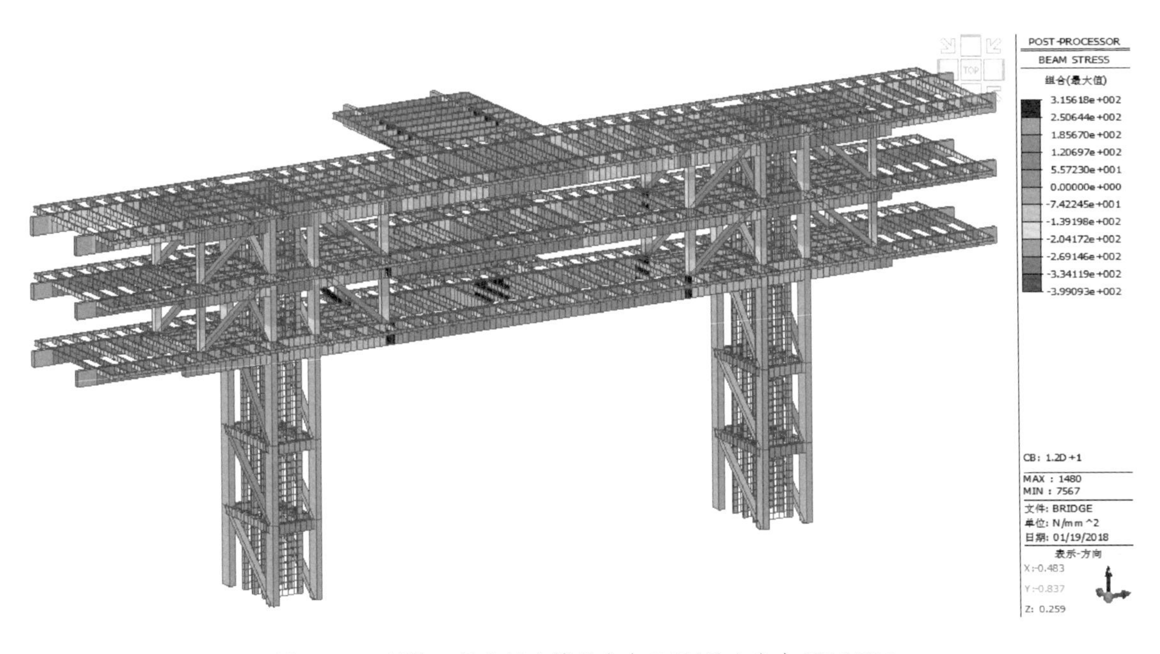

图 12-13 拆除二层内侧支撑后应力云图(最大应力 399 MPa)

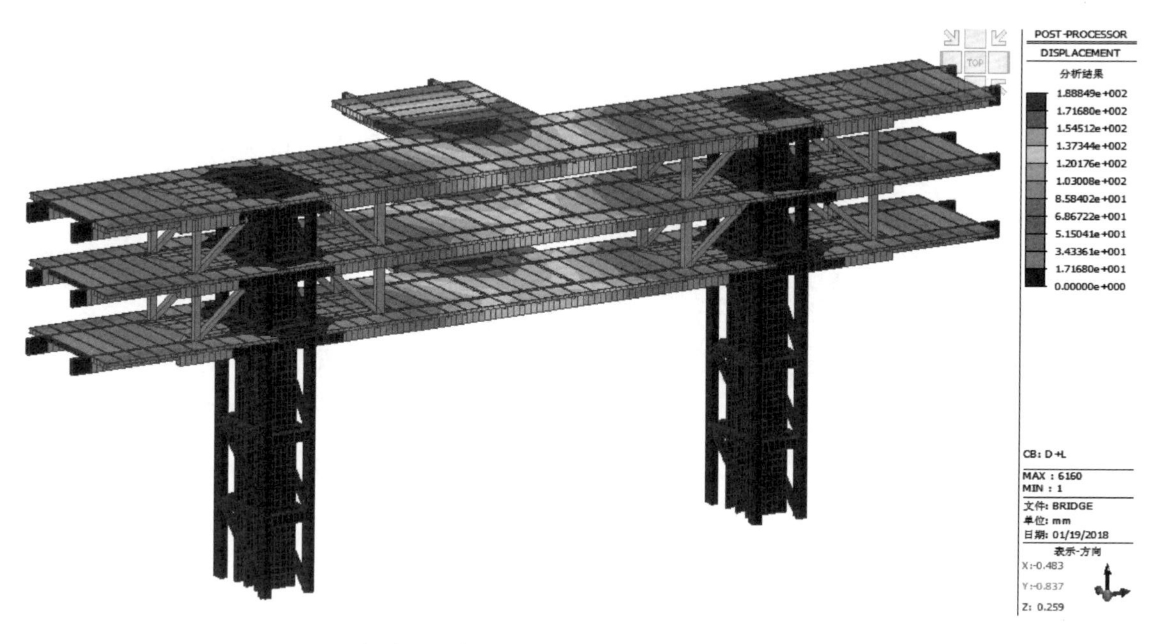

图 12-14　拆除二层内侧支撑后竖向变形云图(最大变形 189 mm)

12.2　抗倒塌分析结论

根据以上分析结果,拆除关键构件后,结构构件的强度小于材料的极限抗拉强度,且结构的变形增加较少。因此,可以初步认为廊桥结构具备抗倒塌的能力。

第 13 章　索网幕墙设计研究

13.1　索网幕墙设计概况

由于本项目中主体结构为双核心筒结构，且每个核心筒与其周边框架各自形成一个单塔，中间为多层跳空的空间。而拉索幕墙的横向索（主受力索）与两个单塔上的框架连接，单塔的相对或相向变形对横向索应有一定的影响。因此，有必要对主体结构与拉索幕墙间的作用进行分析。

工程拉索幕墙为全国最大的单索幕墙（图 13-1、图 13-2），其设计是项目一个大难点。拉索幕墙作用在 26 m（宽）×117 m（高）的立面区域（图 13-3），水平索为主受力索（单根拉索力达 1 600 kN），竖向索为次受力索，且水平索两端分别作用于两个核心筒所在单元的框架结构上。由于拉索预应力较大，拉索布置的位置及巨大的拉索力对主体结构造成的较大不利影响。在主体结构的设计中，需要对拉索力两侧水平和竖向结构的充分考虑和设计，实现其与主体结构的连接及其自身的安全性。

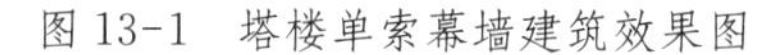

图 13-1　塔楼单索幕墙建筑效果图

图 13-2　索网幕墙施工过程

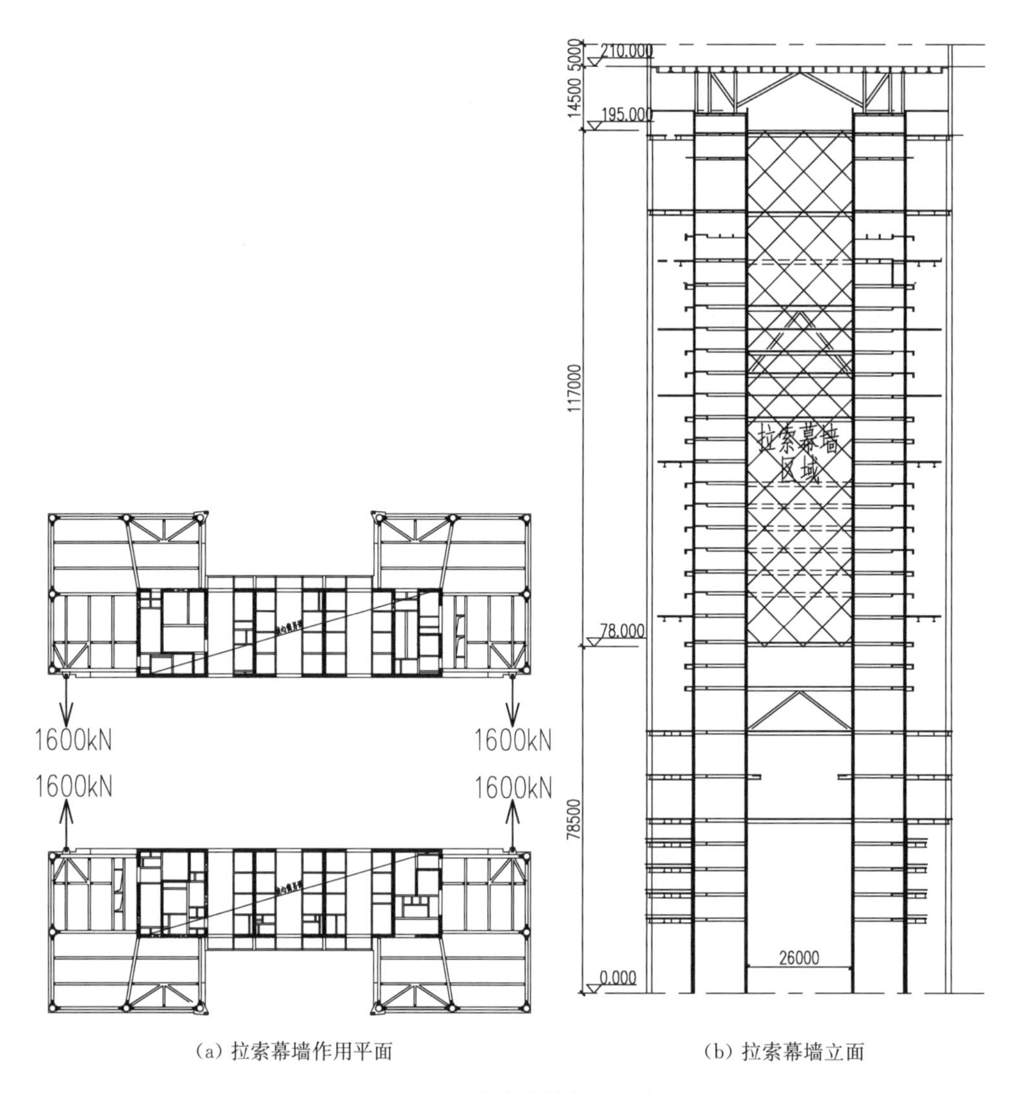

(a) 拉索幕墙作用平面

(b) 拉索幕墙立面

图 13-3 拉索幕墙位置示意

13.2 索网幕墙对主体影响分析

13.2.1 分析条件和参数

取上海证券交易所塔楼作为分析对象，索网幕墙分布在塔楼 4 个立面上，每立面的布置区域均为 26 m(宽)×117 m(高)，竖索间距为 1.5 m，横索间距为 2.5 m。立面上布置沿高度通长的立柱用于连接横索。

1. 主要材料

本索网幕墙拉索采用碳钢开放索表面高钒镀层。横索公称直径 59 mm，竖索公称直径 28 mm，如表 13-1 所示。索网周边构件为钢结构，材性为 Q390。

表 13-1　表拉索

索名	直径 /mm	有效面积 /mm²	最小破断 /kN	许用索力 /kN
碳钢开放索 20	20	244	342	171
碳钢开放索 28	28	463	649	324
碳钢开放索 59	59	2 020	2 988	1 499

玻璃面板为 10+1.52SGP+10+16A+10+1.52PVB+10 的中空钢化夹胶超白玻璃。各材料参数如表 13-2 所示。

表 13-2　各材料参数

材料	自重 /(kN·m^{-3})	弹性模量 /MPa	泊松比	抗拉强度 设计值/MPa	线膨胀系数
Q390	78.5	2.06×10^{5}	0.3	295	1.2×10^{-5}
碳钢开放索	78.5	1.60×10^{5}	0.3	—	1.2×10^{-5}
玻璃	25.6	—	—	—	—

2. 荷载条件

考虑的荷载包括自重及纵横索的预张力。拉索、主梁及边缘支承钢构件的自重由软件自动考虑，玻璃自重以节点荷载的形式施加在索网节点上。

玻璃面板重量为：$G_k=25.6\times0.04=1.024\ \mathrm{kN/m^2}$。考虑索夹夹具及夹胶的重量，取每个节点 $G_k=0.2\ \mathrm{kN}$。

3. 边界条件

本索网竖索底部为铰接支座，竖索顶部与钢梁连接，横索左右与边缘钢构件连接。边缘钢构件上端在楼层位置与主体结构铰接连接，下端在楼层位置与主体结构单向连接，释放构件的轴向变形。边缘钢构件的插芯位置紧邻支座，故忽略边缘构件与边缘构件的插芯共同工作效应。顶部钢梁两端为铰接支座。

13.2.2　分析模型

主体结构的模型为真实的原主体结构分析模型，其中楼板采用弹性板，以准确地考虑楼板平面内对主体结构的影响。塔楼的 4 个立面均布置拉索幕墙，如图 13-4 所示。

13.2.3　节点位移分析结果

通过分析发现，位于两个核心筒之间的立面相对位移受拉索幕墙影响更大，因此对于这个方向的拉索幕墙，考察横向拉索与主体结构相连处及相邻的梁柱节点处的变形情况，如图 13-5 所示。

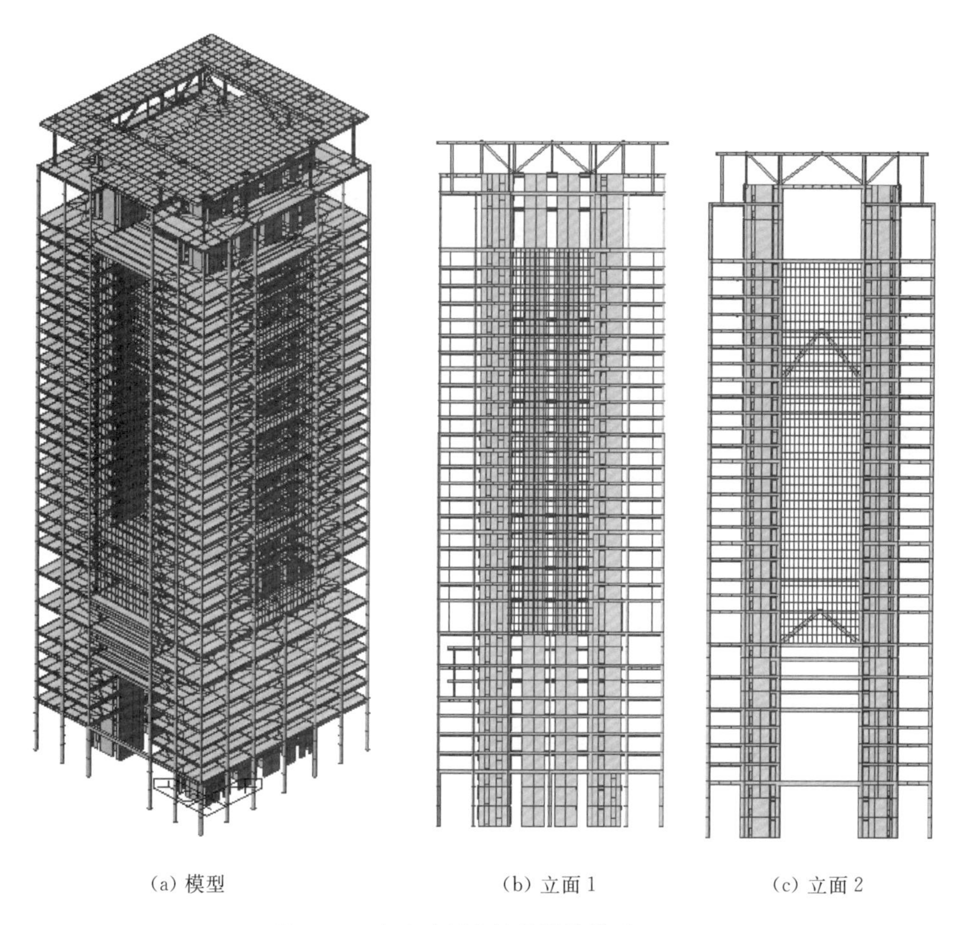

(a) 模型　　(b) 立面 1　　(c) 立面 2

图 13-4　包含索网幕墙的塔楼模型

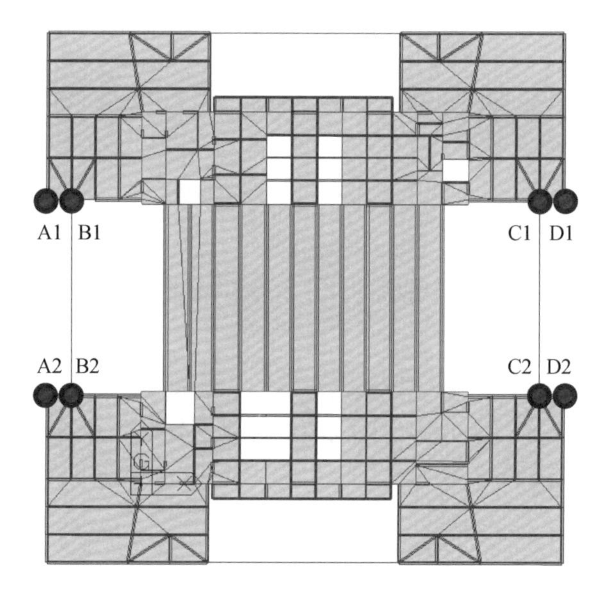

图 13-5　计算位移点平面布置图

在拉索幕墙张拉后主体结构的位移结果如表 13-3、表 13-4 所示，由表 13-4 可知，四个立面的最大相对位移均发生在 F19 楼层处，且拉索直接作用的 B1—B2 和 C1—C2 立面的相对位移值大于拉索未直接作用的立面 A1—A2 和 D1—D2。

表 13-3　节点水平 Y 向绝对位移值　　单位：mm

楼层号	A1	A2	B1	B2	C1	C2	D1	D2
F37	—	—	—	—	—	—	—	—
F36	0.09	0.10	—	—	—	—	−0.07	−0.06
F35	0.12	0.07	—	—	—	—	−0.03	−0.11
F34	0.33	−0.15	—	—	—	—	0.20	−0.34
F33	−0.01	0.18	−0.05	0.21	−0.16	0.08	−0.14	0.05
F32	−1.56	1.76	−1.79	1.99	−1.98	1.92	−1.76	1.69
F31	−1.99	2.22	−2.11	2.33	−2.33	2.29	−2.23	2.18
F30	−1.85	2.04	−2.02	2.20	−2.20	2.15	−2.05	2.00
F29	−1.78	1.96	−1.96	2.11	−2.09	2.00	−1.94	1.84
F28	−1.87	2.05	−2.03	2.18	−2.12	1.97	−1.98	1.83
F27	−1.77	1.93	−1.94	2.08	−1.99	1.81	−1.83	1.63
F26	−1.91	2.07	−2.08	2.21	−2.11	1.91	−1.95	1.74
F25	−2.36	2.51	−2.50	2.63	−2.54	2.35	−2.42	2.21
F24	−2.74	2.90	−2.89	3.03	−2.98	2.82	−2.84	2.68
F23	−3.40	3.59	−3.55	3.73	−3.71	3.62	−3.58	3.50
F22	−4.13	4.38	−4.25	4.49	−4.48	4.50	−4.37	4.42
F21	−4.48	4.71	−4.60	4.85	−4.86	5.00	−4.74	4.92
F20	−4.74	4.97	−4.86	5.11	−5.16	5.36	−5.04	5.28
F19	−4.86	5.12	−4.98	5.24	−5.33	5.52	−5.22	5.46
F18	−4.54	4.76	−4.69	4.92	−5.02	5.23	−4.87	5.13
F17	−4.03	4.21	−4.22	4.41	−4.50	4.70	−4.31	4.55
F16	−3.46	3.62	−3.65	3.81	−3.88	4.00	−3.68	3.83
F15	−2.46	2.60	−2.76	2.88	−2.87	2.89	−2.57	2.61
F14	−0.22	0.29	−0.35	0.43	−0.33	0.27	−0.14	0.09
F13	−0.22	0.23	−0.69	0.72	−0.54	0.47	−0.01	−0.05

（续表）

楼层号	A1	A2	B1	B2	C1	C2	D1	D2
F12	0.11	−0.09	−0.28	0.31	−0.26	0.17	0.21	−0.29
F11	−0.06	0.07	−0.14	0.16	−0.18	0.10	−0.09	0.01
F10	−0.04	0.05	—	—	—	—	−0.07	0.01
F9	0.01	0.01	0.01	0.01	−0.02	−0.02	−0.02	−0.02
F8	0.01	0.01	—	—	—	—	−0.01	−0.01
F7	0.02	0.00	0.02	0.00	0.00	−0.02	0.00	−0.02
F6	0.05	−0.04	0.06	−0.05	0.05	−0.06	0.04	−0.06
F5	0.06	−0.06	0.06	−0.06	0.07	−0.07	0.07	−0.07
F4	0.05	−0.04	0.05	−0.05	0.07	−0.07	0.07	−0.07
F3	0.01	−0.01	0.02	−0.02	0.05	−0.05	0.05	−0.05
F2	0.00	0.00	—	—	—	—	0.03	−0.03
F1	0.00	0.00	—	—	—	—	0.01	−0.01
Base	0.00	0.00	—	—	—	—	0.00	0.00

表 13-4 节点间相对位移 单位：mm

楼层号	A1—A2	B1—B2	C1—C2	D1—D2
F37	—	—	—	—
F36	0.01	—	—	0.01
F35	−0.05	—	—	−0.08
F34	−0.48	—	—	−0.54
F33	0.19	0.25	0.24	0.19
F32	3.32	3.78	3.89	3.45
F31	4.20	4.44	4.62	4.41
F30	3.89	4.22	4.35	4.05
F29	3.74	4.07	4.08	3.78
F28	3.93	4.21	4.09	3.81
F27	3.70	4.03	3.80	3.46

（续表）

楼层号	A1—A2	B1—B2	C1—C2	D1—D2
F26	3.98	4.30	4.02	3.69
F25	4.87	5.12	4.89	4.63
F24	5.64	5.91	5.80	5.52
F23	7.00	7.27	7.33	7.08
F22	8.51	8.74	8.98	8.79
F21	9.19	9.45	9.86	9.66
F20	9.71	9.97	10.52	10.32
F19	9.98	10.22	10.85	10.67
F18	9.30	9.61	10.25	10.00
F17	8.24	8.63	9.20	8.86
F16	7.09	7.46	7.87	7.51
F15	5.06	5.65	5.77	5.19
F14	0.51	0.78	0.60	0.23
F13	0.45	1.41	1.00	−0.04
F12	−0.20	0.60	0.42	−0.50
F11	0.13	0.30	0.28	0.10
F10	0.09	—	—	0.08
F9	0.01	−0.01	0.00	0.01
F8	−0.01	—	—	0.00
F7	−0.02	−0.03	−0.02	−0.02
F6	−0.09	−0.10	−0.11	−0.10
F5	−0.12	−0.12	−0.14	−0.14
F4	−0.09	−0.10	−0.14	−0.14
F3	−0.02	−0.05	−0.11	−0.11
F2	0.00	—	—	−0.07
F1	0.00	—	—	−0.02
Base	0.00	—	—	0.00

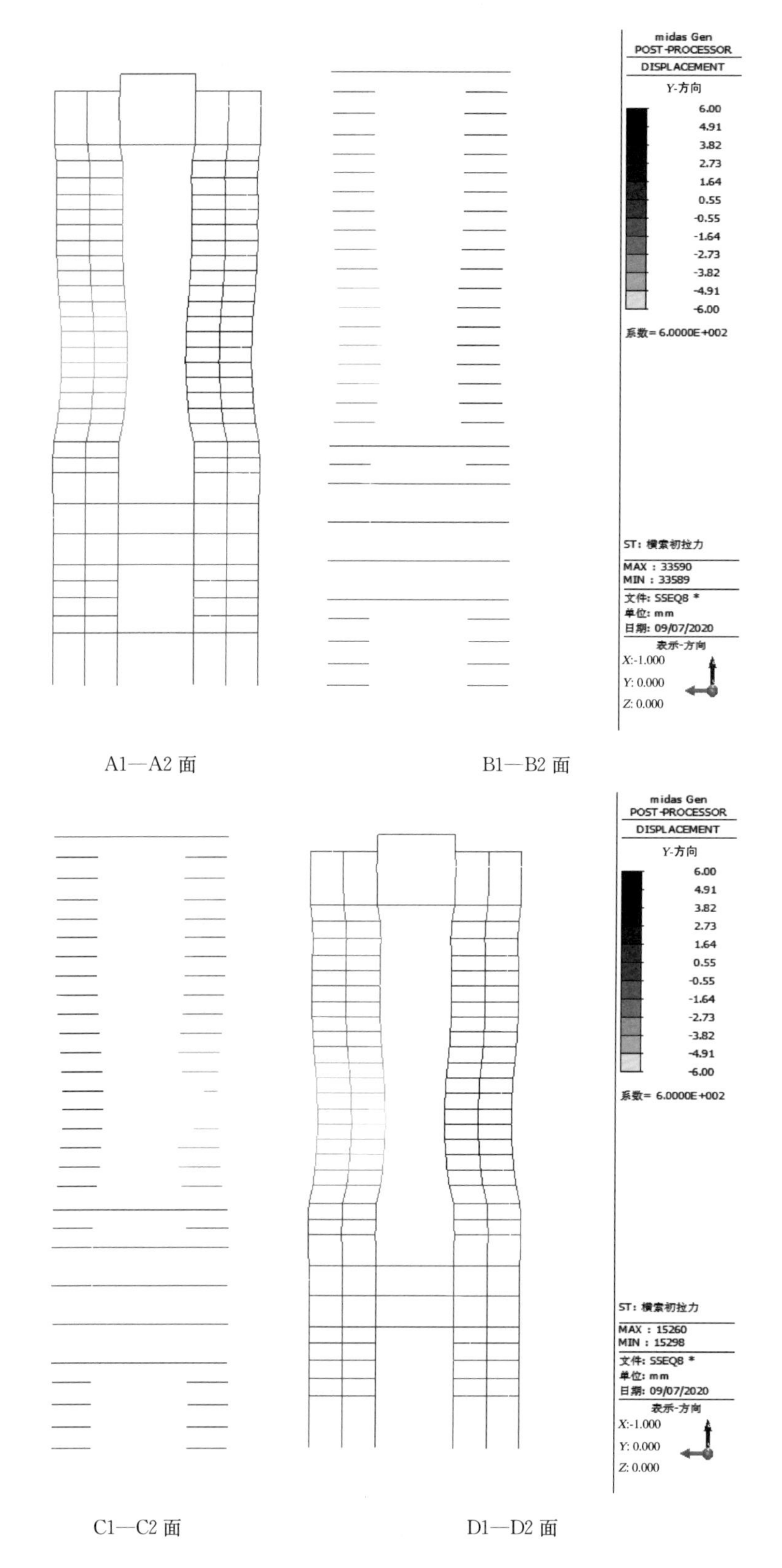

图 13-6 各立面横索作用下主体结构变形图(单位:mm)

13.2.4　楼层应力分析结果

由上文可知，F19 层楼层立面节点相对位移最大，取 F19 平面楼板有效应力云图如图 13-7 所示，楼板应力最大值发生在塔楼南、北立面与横索相连的位置，观察 F19 层平面（南侧框架）梁组合应力图（图 13-8），梁最大应力出现位置与板应力最大值出现位置吻合，梁最大压应力为 41.5 MPa，最大拉应力为 36.0 MPa。另外，楼层与横索连接部位的次梁截面应力也很大，该次梁布置的目的就是为了分担过大的节点力，因此它很好地发挥了作用。

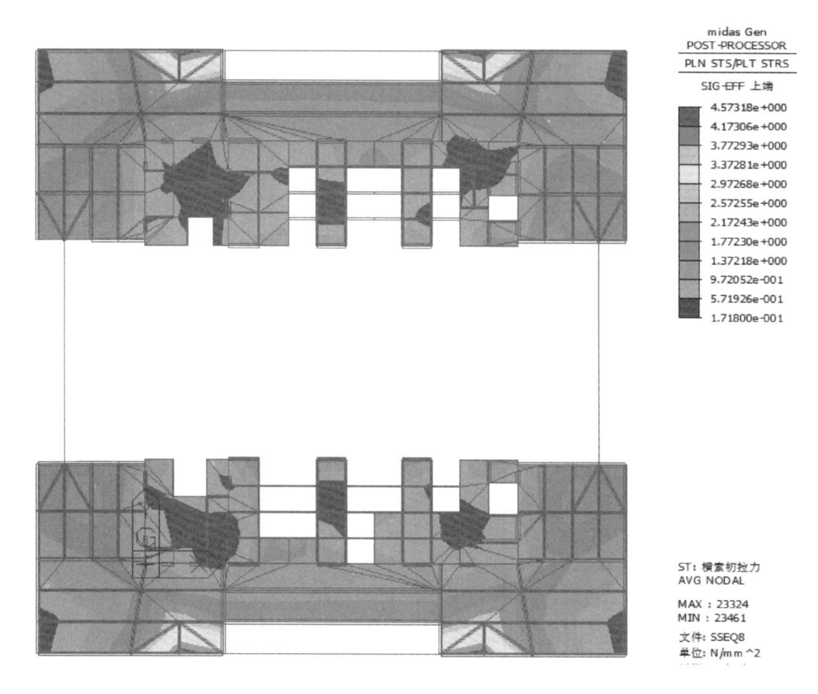

图 13-7　F19 平面楼板有效应力云图（单位：MPa）

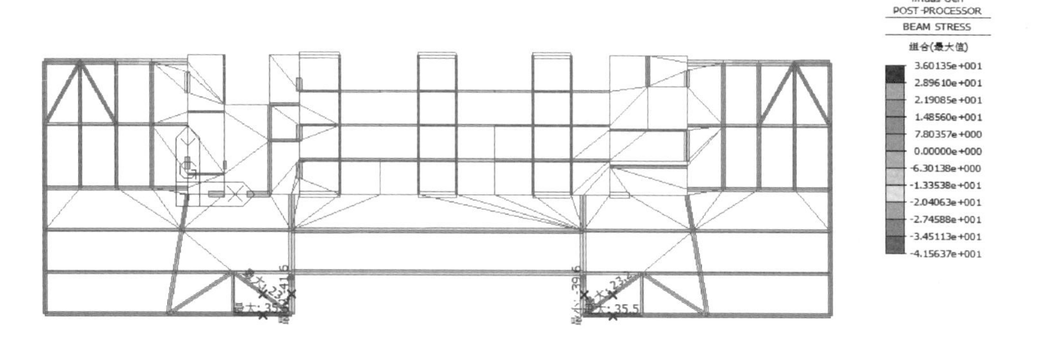

图 13-8　F19 平面（南侧）梁组合应力图（单位：MPa，显示前 20%的拉压应力位置）

13.2.5　结论

理论结果分析表明，拉索幕墙张拉对于主体结构变形影响较小，但是对拉索与主体结构相连处构件的局部应力影响较大，因此在设计中需要对这些位置的构件进行重点设计。

13.3 主体结构变形对索网幕墙影响

1. 计算结果

对于 B1—B2，C1—C2 立面，观察在主体结构发生变形后的横索剩余拉力，如图 13-9、图 13-10 所示。

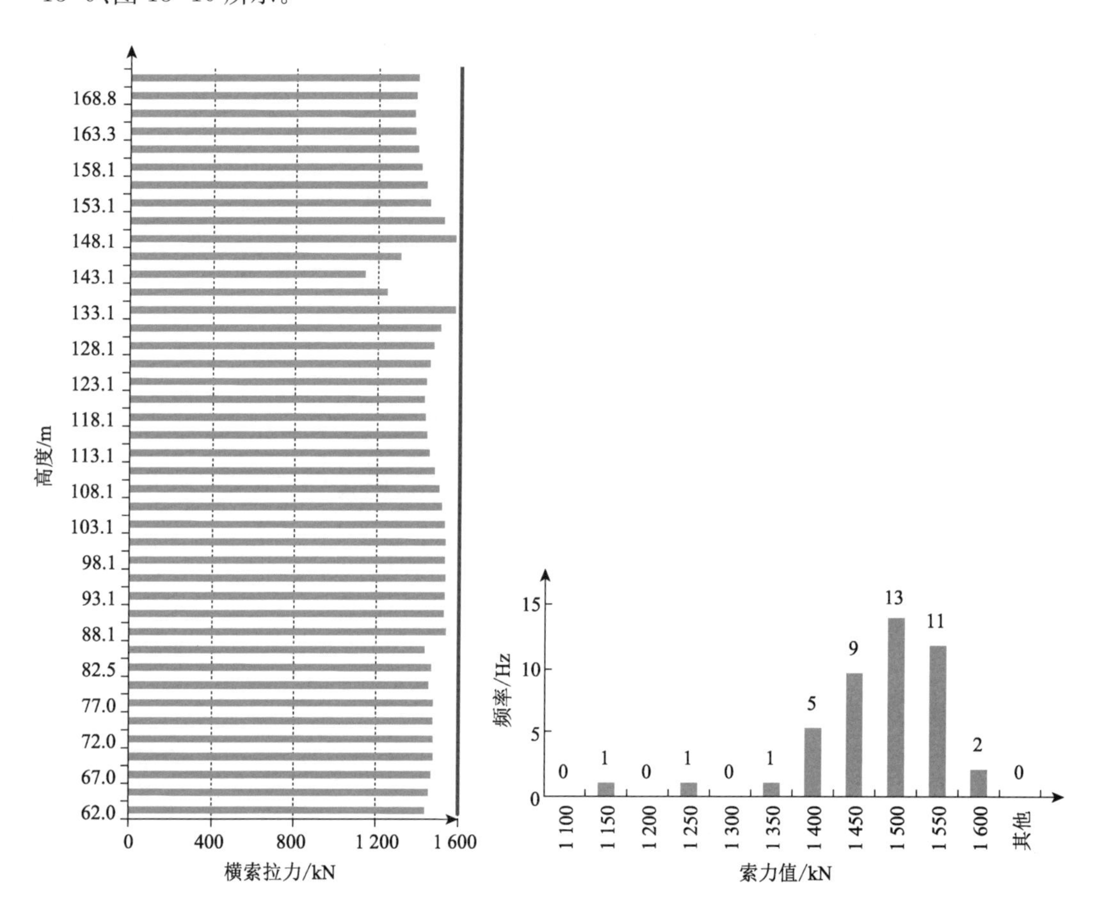

图 13-9　B1—B2 立面立体结构变形后横索拉力

已知目标横索拉力为 1 600 kN，由图 13-9 可知，主体结构在索网幕墙张拉后主体结构发生变形，索网幕墙张拉力与目标索力存在误差。由图 13-10 可知，B1—B2 和 C1—C2 立面横索拉力出现在 1 400～1 550 kN(与目标索力误差为 3.1%～12.5%)区间内概率均超过 76%，由表 13-4 可知，楼层相对位移最大值出现在各立面的 F19 处，对 F19 层横索拉力误差如表 13-5 所示，与目标索力误差约为 10%。

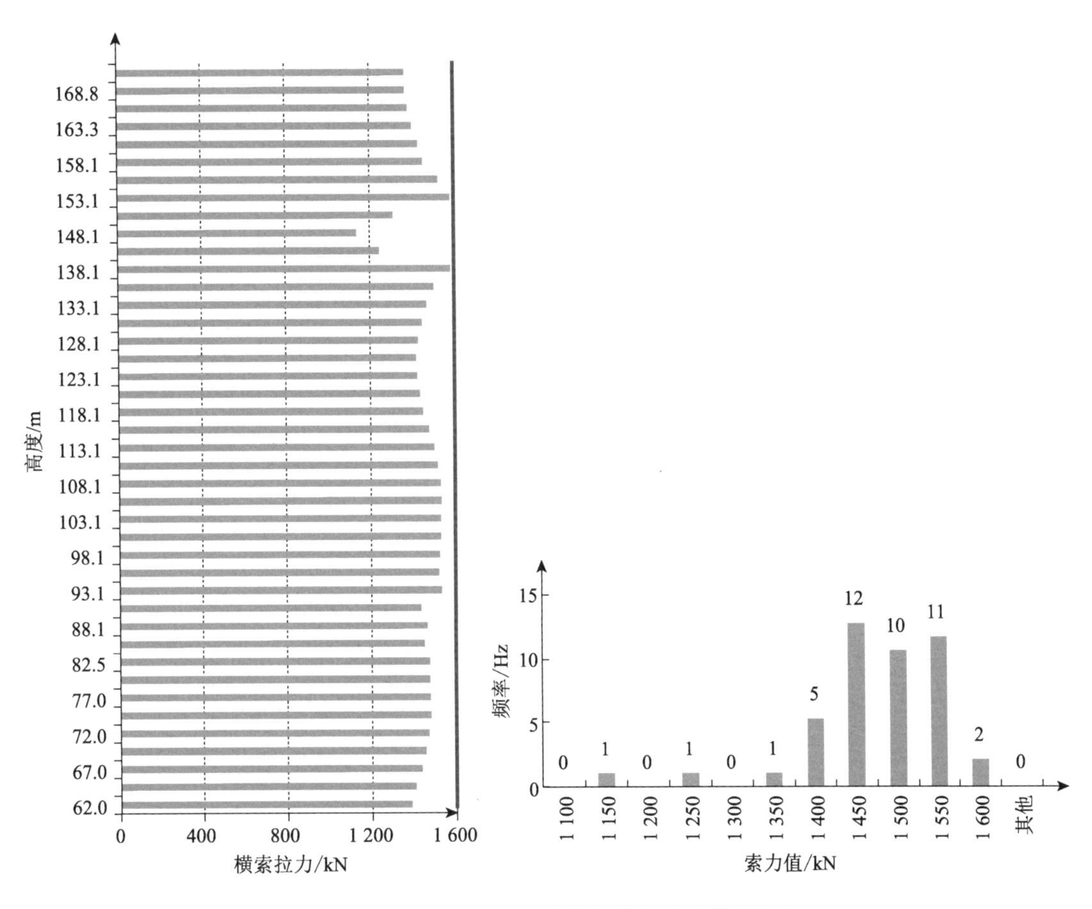

图 13-10　C1—C2 立面主体结构变形后横索拉力

表 13-5　楼层相对位移最大处横索拉力误差

层号	立面	E/(N·mm^{-2})	A/m^2	长度/mm	长度变化/mm	应变	目标力/kN	索力/kN	与目标索力误差
F19	B1—B2	1.61×10^{11}	0.002 02	26 000	10.22	3.93×10^{-4}	1 600	1 438	10.1%
F19	C1—C2	1.61×10^{11}	0.002 02	26 000	10.85	4.17×10^{-4}	1 600	1 428	10.7%

2. 结论

理论分析计算表明，主结构变形对引起的横索索力降低较小，因此主体结构变形对索网幕墙张拉影响较小，因此可以单独取出索网幕墙进行施工过程分析。

13.4　索网幕墙的施工过程分析

13.4.1　计算模型

张拉施工过程是分两级张拉(50%/100%)，本索网的初始状态为：在拉索和玻璃自重作用下，各索张拉到位后，索网处于横平竖直的状态。初始状态横索层间索初始预张力为 700 kN，楼层索初始预张力为 750 kN。为确保升温 30℃索网构件不退出工作，初始状态下底部竖索最小索力设为 40 kN，顶部索力因各索上挂重不同而略有不同。

13.4.2 初始态

初始态下的横索、竖索内力如图 13-11、图 13-12 所示。由图 4-1 可以看出，楼层横索内力均在 750 kN 附近(749.4～750.2 kN)，最大最小值与指定值差别不到 1 kN，满足既定的张拉要求；楼层间横索内力均在 700 kN 附近(699.4～700.7 kN)，最大最小值与指定值差别不到 1 kN，也满足既定的张拉要求。由图 13-12 可知，竖索内力在 40.0～230.3 kN之间，最底部竖索的内力与既定值 40 kN 相差非常小(40.0～40.2 kN)，满足既定的张拉要求，索力从下向上依次递增。

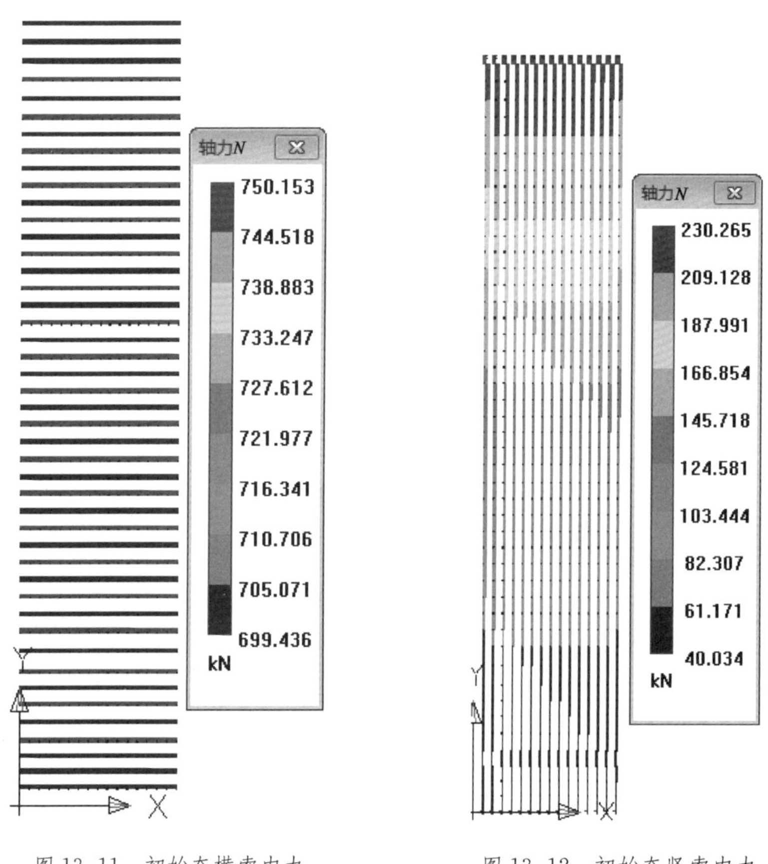

图 13-11 初始态横索内力　　图 13-12 初始态竖索内力

初始态下结构竖向位移如图 13-13 所示，可以看出，索夹位置节点的 Z 向位移在 −0.7～0.6 mm 之间，基本满足“横平竖直”的设计要求。

初始态下钢结构验算如图 13-14 所示。从图中可以看出，钢结构强度最大应力比为 0.374。绕 2 轴稳定验算最大应力比为 0.205。绕 3 轴稳定验算最大应力比为 0.271。

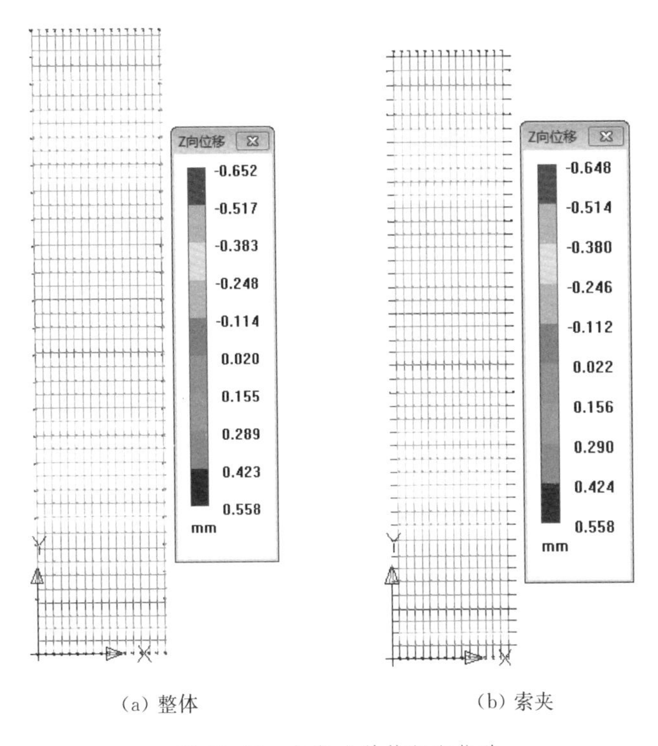

(a) 整体　　(b) 索夹

图 13-13 初始态结构竖向位移

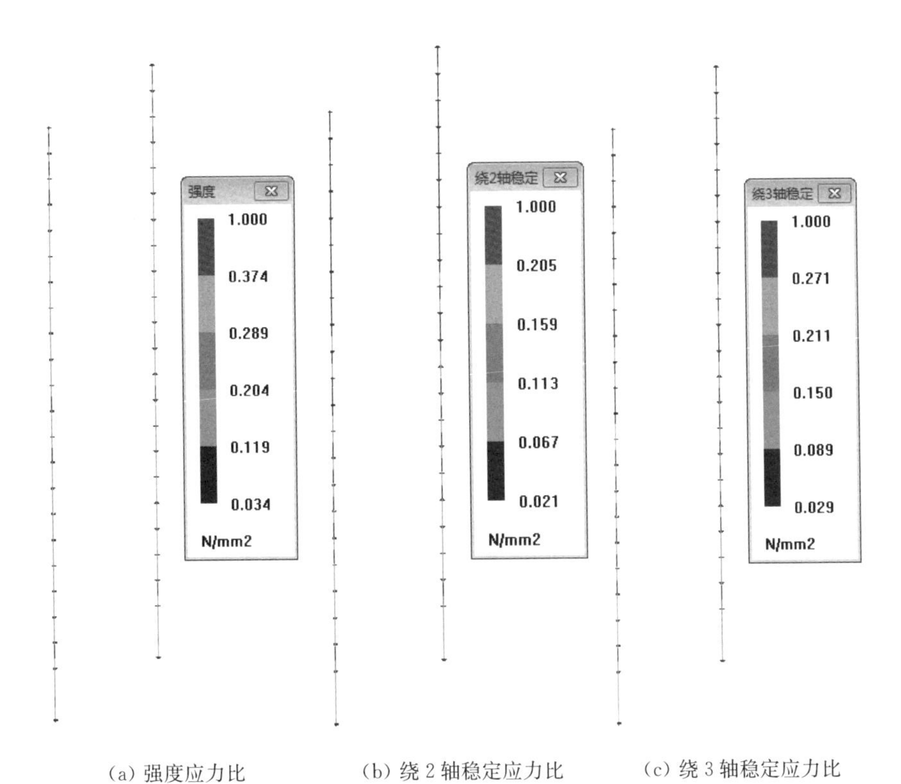

(a) 强度应力比　　(b) 绕 2 轴稳定应力比　　(c) 绕 3 轴稳定应力比

图 13-14 初始态钢结构验算

13.4.3 幕墙施工方案

1. 施工过程位移

在施工过程中，整体竖向位移如图 13-15 所示。

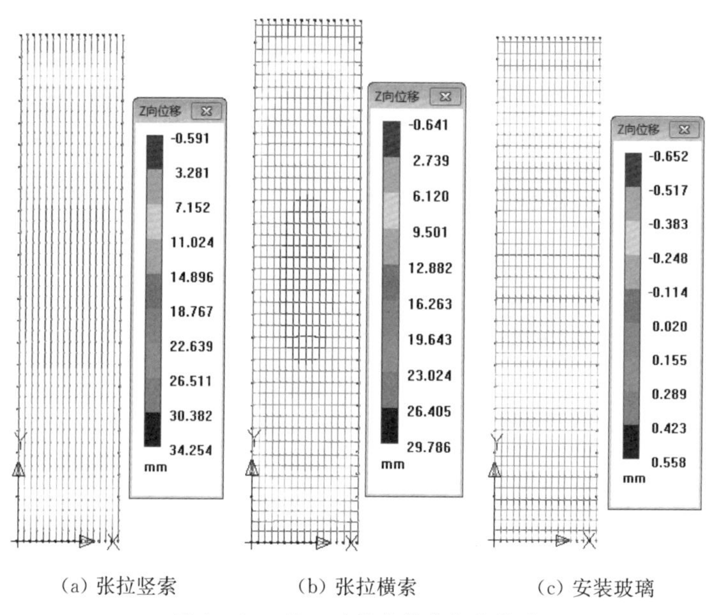

(a) 张拉竖索　　(b) 张拉横索　　(c) 安装玻璃

图 13-15　施工过程中整体竖向位移

2. 施工过程索内力

在施工过程中，竖索索力如图 13-16 所示，横索索力如图 13-17 所示。

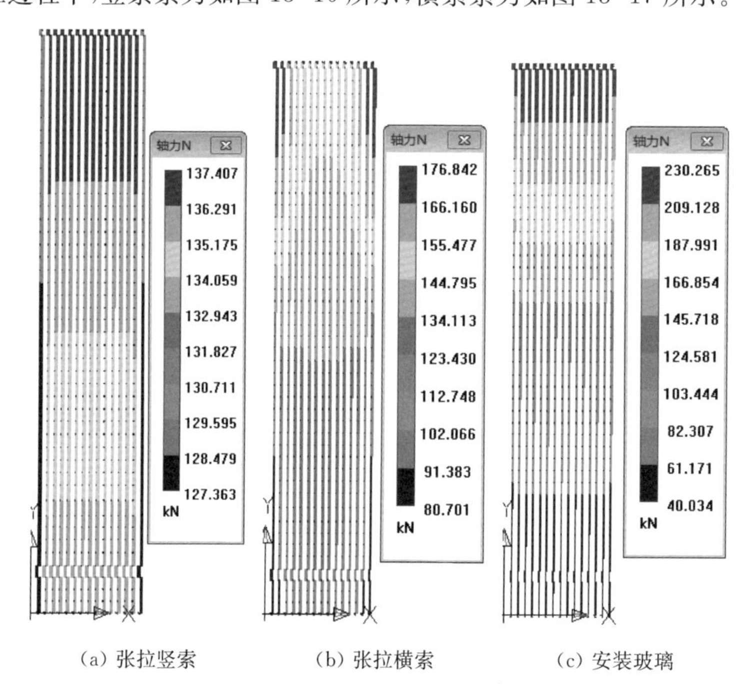

(a) 张拉竖索　　(b) 张拉横索　　(c) 安装玻璃

图 13-16　施工过程中竖索索力

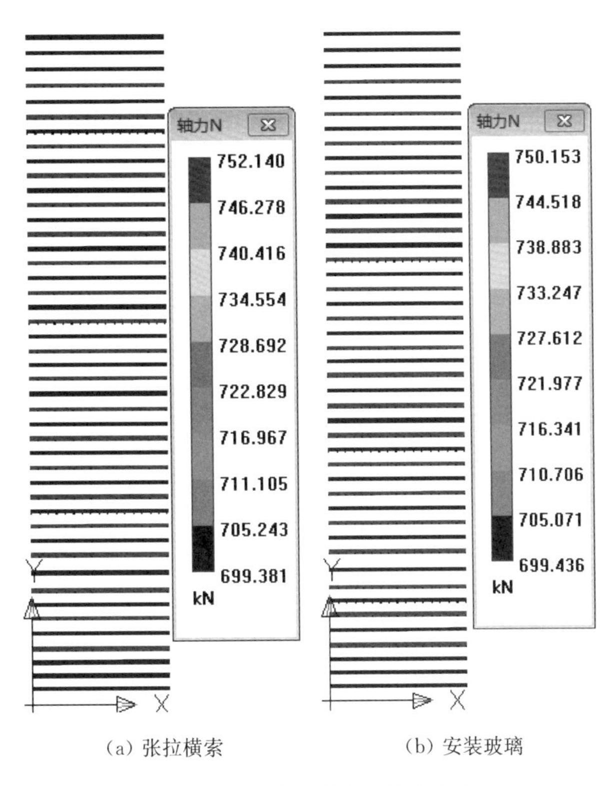

(a) 张拉横索　　(b) 安装玻璃

图 13-17　施工过程中横索索力

3. 施工过程验算

横、竖索张拉时边部钢立柱应力验算分别如图 13-18、图 13-19 所示。

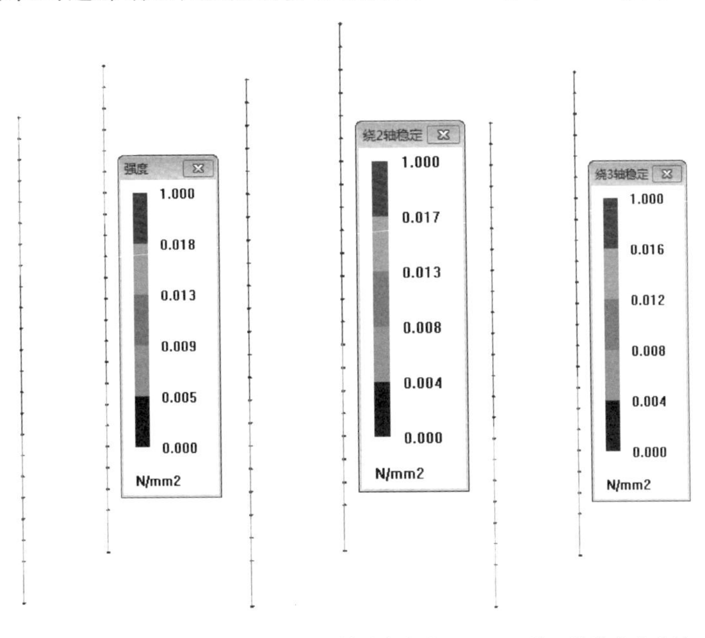

(a) 强度应力比　　(b) 绕 2 轴稳定应力比　　(c) 绕 3 轴稳定应力比

图 13-18　竖索张拉时边部钢立柱应力验算

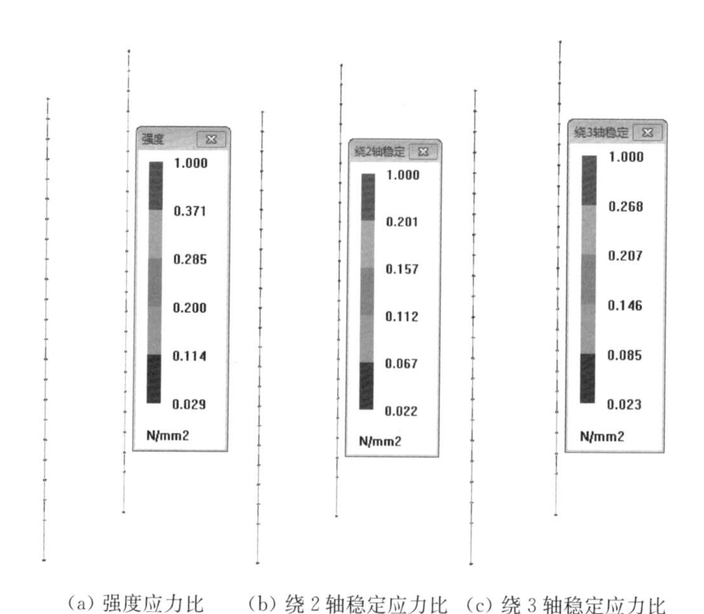

(a) 强度应力比　(b) 绕 2 轴稳定应力比　(c) 绕 3 轴稳定应力比

图 13-19　横索张拉时边部钢立柱应力验算

13.4.4　施工分析总结

通过上述三步施工过程，即①张拉竖索；②张拉横索，安装索夹；③安装玻璃，最终达到初始态，可以为实际施工提供指导和参考依据。

(1) 张拉竖索后，各竖索从上到下索力变化很小，下部索力大小由两侧 127.4 kN 到中央 133.5 kN；索夹位置节点竖向位移在－0.6～34.3 mm 之间，上下两端位移小，而中间位移较大。钢结构的验算也均满足规范要求。

(2) 张拉横索、安装索夹后，楼层横索内力均在 750 kN 附近(749.8～752.1 kN)，楼层间横索内力均在 700 kN 附近(699.5～702.4 kN)，满足既定的张拉要求；各竖索从上到下索力变化较大，索力大小由 80.7 kN 到中央 176.8 kN；索夹位置节点竖向位移在－0.6～29.8 mm 之间，中央位置的竖向位移较大。钢结构的验算也均满足规范要求。

(3) 初始态下的楼层横索内力均在 750 kN 附近(749.4～750.2 kN)，楼层间横索内力均在 700 kN 附近(699.4～700.7 kN)，满足既定的张拉要求；竖索内力在 40.0～230.3 kN之间，最底部竖索的内力也满足既定的张拉要求；索夹位置节点竖向位移在－0.7～0.6 mm 之间，满足"横平竖直"的设计要求。钢结构的验算也均满足规范要求。

综上所述，各施工步的横、竖索内力、结构位移均满足设计要求，钢结构验算也满足规范中的规定，因此该施工过程合理可行。

附录　工程大事记

从2011年初方案设计阶段开始，2012年9月通过结构超限抗震审查，2016年9月主体结构封顶，预计2020年正式投入使用，上海国际金融中心建设过程经历的主要事件如下：

2011年6月18日，上海岩土工程勘察设计研究院有限公司完成《岩土工程勘察报告（编号：2011—G—028）》、《试桩工程桩基检测报告》。

2011年12月20日，上海岩土工程勘察设计研究院有限公司完成《场地地震安全性评价报告》，通过上海市地震局地震安全性评定委员会组织的专项审查。

2011年3月3日，上海市城乡建设和交通委员会科学技术委员会组织岩土、结构设计等方面的专家，就上海国际金融中心100%结构概念设计方案进行了咨询。

2011年10月18日，上海市城乡建设和交通委员会科学技术委员会组织岩土、结构设计等方面的专家，就上海国际金融中心结构设计进行了咨询。

2012年5月31日，上海市城乡建设和交通委员会科学技术委员会组织抗震、结构设计等方面的专家，就上海国际金融中心时程分析作用地震波进行了咨询。

2012年7月27日，上海市城乡建设和交通委员会科学技术委员会组织抗震、结构设计等方面的专家，就上海国际金融中心超限高层建筑工程抗震设防廊桥方案进行了咨询。

2012年9月7日，通过上海市城乡建设和交通委员会组织的超限抗震审查。

2013年11月5日，"上海国际金融中心"基础施工完成。

2013年12月18日，"上海国际金融中心"地下连续墙施工完成。

2014年2月24日，"上海国际金融中心"地下部分开挖，开始第一道板和支撑（B0板和支撑）施工。

2015年1月21日，"上海国际金融中心"地下室基础底板混凝土浇筑全部完成。

2015年1月29日，上交所、中金所、中结算三个塔楼顺作区域钢结构吊装施工正式开始。

2015年8月20日，上交所塔楼核心筒正式开始浇筑混凝土。

2015年8月31日，中金所塔楼核心筒正式开始浇筑混凝土。

2015年9月19日，中结算塔楼核心筒正式开始浇筑混凝土。

2016年6月8日，中结算项目核心筒主体结构封顶。

2016年7月29日，中金所项目核心筒主体结构封顶。

2016年9月12日，上交所项目核心筒主体结构封顶。

2017年1月18日，廊桥钢结构主跨段合拢，3月12日廊桥钢结构T形段合龙。

上海国际金融中心主体结构施工过程中的照片如附图1—附图21所示。

附图 1　围护施工完毕

附图 2　地下室底板钢筋绑扎及竖向构件插筋施工

附图 3　中金所大底板混凝土浇筑

附图 4 地下一层地墙开挖完毕

附图 5 地下一层逆作法梁板与立柱连接

附图 6 预留的地面试桩

附图 7 塔楼核心筒内钢板剪力墙施工

附图 8 塔楼地上施工中

附图 9 巨型廊桥钢构件吊装

附图 10　金融剧院混凝土模板搭设

附图 11　金融剧院屋面钢筋板扎完毕

附图 12　大跨度预应力金融剧院屋面混凝土浇筑完毕

附图 13　拉索幕墙在主体结构侧边的钢立柱

附图 14　拉索幕墙立柱及与主体结构连接

附图 15　塔楼内空中连廊施工

附图 16　现场巨型拉索幕墙玻璃安装

附图 17　大跨悬挑雨篷

附图 18　塔楼顶部采光天窗

附图 19　上交所内巨型索网幕墙及侧边中庭

附图 20　从塔楼俯视廊桥屋面

附图 21　项目竣工后实景图

参 考 文 献

[1] 上海建筑设计研究院有限公司."上海国际金融中心"结构抗震超限审查报告[R].2012.

[2] 中国建筑科学研究院.高层建筑混凝土结构技术规程:JGJ 3—2010[S].北京:中国建筑工业出版社,2010.

[3] 张坚,刘桂然.上海国际金融中心结构设计[J].建筑结构,2017(12):48-52.

[4] 张坚,苏朝阳,丁颖.复杂大跨圆形剧院预应力体系设计与内力分析[J].建筑结构,2017(12):74-77.

[5] 张坚,安东亚.T 字形大跨度连廊结构抗震性能分析[J].建筑结构,2013(S1):1119-1123.

[6] 安东亚,张坚.复杂连体结构连廊与塔楼的碰撞分析研究[J].土木建筑工程信息技术,2014,6(6):8-12.

[7] 张坚.连廊不同连接方式对结构影响分析[C]//上海建筑空间结构工程技术研究中心学术交流会论文集,2016:415-421.

[8] 陈伟军,刘永添,苏艳桃.带连廊高层建筑连接方式设计研究[J].建筑结构学报,2009(S1):73-76, 120.

[9] 中华人民共和国住房和城乡建设部.建筑抗震设计规范:GB50011—2010[S].北京:中国建筑工业出版社,2010.

[10] 陆新征,李易,叶列平,等.钢筋混凝土框架结构抗连续倒塌设计方法的研究[J].2008, 25(SⅡ): 150-157.